내 몸을 찾아 떠나는

의학사 여행

내 몸을 찾아 떠나는

의학사 여행

2500년 몸의 신비를 탐사하다

예병일 지음

효형출판

의학과 과학이 선사하는 인체 탐험에 초대하며

"Life is short, the art long."

'의학의 아버지' 라 칭송받는 히포크라테스는 이 말 한마디로 2400년의 시간을 건너 오늘도 살아 숨 쉰다. 여기서 'art' 는 흔히 '예술' 이라 해석되지만, 더 정확히 말하자면 '의술' 을 뜻한다. 그렇다. 유한한 인간의 삶은 짧기 그지없지만, 인류가 탄생시킨 '의학' 은 대를 이어 빛을 발한다. 어디 의학 혼자만인가? 과학의 힘을 빌려 보폭을 더욱 넓혀 성큼성큼 나아간다.

가끔 인류가 자신의 몸을 의식하고 병든 육체를 '치료' 해야겠다고 결심한 첫 순간을 떠올린다. 그 첫 사람에게 지식은 없었지만 본능이 그를 치료행위로 이끌었을 것이다. 동물도 상처가 나서 피가 흐르면 지혈을 시도하는데, 하물며 사람이야! 그러나 대부분의 고대인은 치료가 아니라 신에게 간청하는 것을 택했다. 직접 질병과 싸워보겠다며 인류가 팔을 걷어붙인 때는 히포크라테스가 나타난 뒤다. '신' 이 아니라 인간 스스로 몸을 변화시킬 수 있다는 확신을 불어넣어준 것이야말로 히포크라테스의 업적이다.

의학은 '과학' 이라는 훌륭한 동료와 함께 동고동락해왔다. 과학을 학문의 도구로 사용하면서 우리 몸을 더 '정확히', '자세히' 보게 되었고, 치료법을 마련하는 데도 큰 힘을 받았다. 과학이 인류 문명에 이바지한 바는 일일이 열거할 수 없을 만큼 지대하지만, 인간의 소중한 생명을 지켜준 점이야말로, 가장 큰 선물일 터. 그러므로 인체에는 의 · 과학이 걸어온 역사와 현장이 생생히 살아 숨 쉰다. 이때 역사는 과거에 함몰되지 않고 모든 과거를 아우르기에 현재와 동의어라 할 수 있다.

이 책은 의 · 과학의 세계로 떠나는 탐험 지도다. 인간 탄생의 비밀에서 출발한 여정은 얼굴과 내장기관, 혈액과 성性을 거쳐 마지막으로 인간 유전체 프로젝트에 다다른다. 그 길에서 인체 내부를 직접 눈으로 보기 위해 중세사회와 목숨을 건 투쟁을 벌여야 했던 의학자들, 실험을 위해 헬리코박터 파일로리균을 직접 마셔버린 배리 마셜, 눈감는 순간까지 실험용 피펫pipette을 놓지 않았던 ABO식 혈액형 분류법의 발견자 란트슈타이너 등을 만날 것이다. 모두 인류가 질병에서 해방될 그날을 위해 전력투구했던 주인공들이다.

하지만 과학의 발전이 언제나 행운만 가져오지는 않았다. 인간 개조를 위해 두뇌 일부분을 잘라내는 뇌엽절제술의 창안자 모니스의 예에서 보듯 의·과학은 때로 섬뜩할 정도의 비극을 만들어내기도 했다.

이 책은 오늘날 우리 몸에 대해 얼마나 아는지, 이러한 지식이 어떠한 과정을 거쳐 생겨났는지 다루고 있다. 최근의 연구 경향뿐 아니라, 고대와 중세의 의·과학도 등장한다. 이러한 옛 이야기를 꺼내놓는 까닭은, 학문의 발전 과정에 대한 이해가 오늘의 학문을 받아들이고 미래를 예측하는 데 도움을 주기 때문이다.

모쪼록 이 책을 통해 의·과학이 골치 아픈 학문이 아니라, 일상과 가장 가까이 자리한 '우리 이야기'임이 알려졌으면 하는 바람이다. '알면 사랑하게 된다'는 말이 있듯, '내 몸'을 알려는 노력이 나 자신, 더 나아가 온 생명체에 대한 사랑으로 이어진다면 더 바랄 것이 없겠다. 마지막으로 전공 분야를 벗어나는 내용을 집필할 때 도움을 주신 여러 선생님과, 거친 원고를 모아 잘 정돈해준 효형출판에 감사의 말을 전한다.

예병일

차례

05 생체 에너지의 공급자, 내장기관

06 인체 순환의 신비, 혈액

07 생명 탄생의 비밀, 성

08 우리 몸의 새로운 지도, 유전자

일러두기

1. 인체기관의 이름은 의학계의 경향을 따라 우리말 용어로 적었다.
   단, 독자의 이해를 돕기 위해 처음 나오는 부분에 한자어 용어를 함께 썼다.
   예) 샘창자(십이지장), 넓다리뼈(대퇴골)
2. 필요한 경우를 제외하고 도서명의 원어는 생략했다.

01

몸의 탄생과 의학의 발전

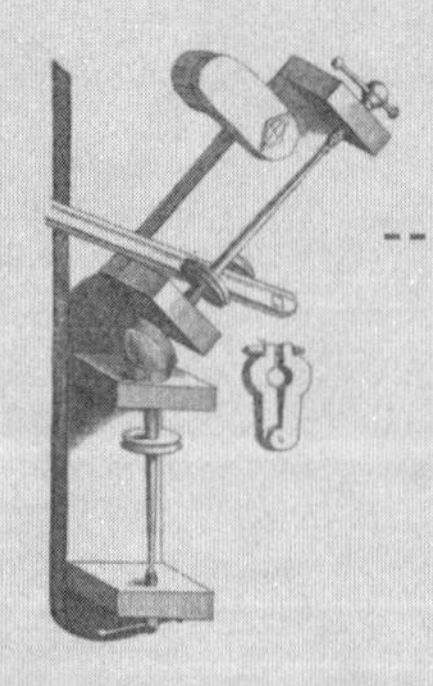

인류의 탄생과 함께 시작된 의학. 고대그리스부터 중세시대까지, 히포크라테스에서 갈레노스까지, 의학은 계속 발전했다. 인류의 탄생과 주요 의학자의 삶을 찾아보자.

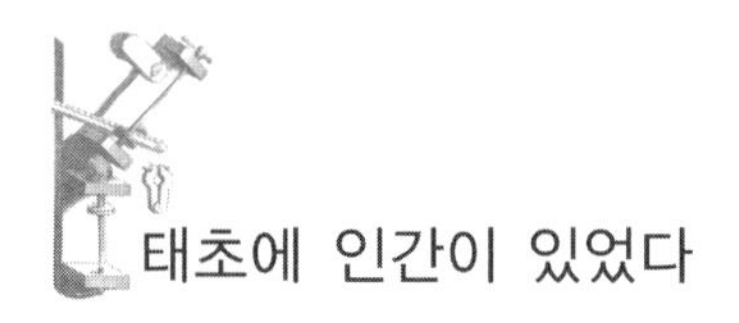

태초에 인간이 있었다

인간 탄생에 얽힌 궁금증

오늘날 '지구' 라는 공간을 지배하는 종은 인간이다. 하지만 오래전 소행성 충돌이 공룡을 멸종시켰듯, 어느 날 갑자기 지구에 급격한 변화가 일어나면 인간도 한순간에 사라질 수 있다. 그러면 곤충이 지구의 새 주인공으로 등장하거나, 눈에 보이는 모든 생명체가 사라지고 미생물만 살아남을지도 모른다.

그때도 인간이 지구를 지배했다 말할 수 있을지 알 수 없지만, 인간의 눈으로 보면 오늘날 지구를 지배하는 종種은 분명 '인간' 이다. 지구 밖으로의 모험을 감행한 인간은 광활한 우주에서 자신들이 극히 좁은 공간을 차지한 얼마나 미약한 존재인지를 확인했지만, 그래도 인간이 위대하다는 사실에는 이론의 여지가 없다. 우주의 기원에서 미래까지 꿰뚫어 보기 위해 노력하기 때문이다.

인간은 어떻게 생겨났을까? 만약 중세의 누군가가 이런 물음을 던졌다면, 아마 목숨을 걸어야 했을 터다. 적어도 기독교가 지배한 유럽 지역에서는 그렇다. 유대교도 이슬람교도 세상을 보는 눈이 조금 다를 뿐, 사람이 어떻게 생겨났는지에 대해서는 의문을 달지 않았다. 누구나 답을 알고 있기 때문이다. 이는 원시종교를 믿었던 종족도 마찬가지였다. 프랑스 인류학자 그리올(Marcel Griaule, 1898~1956)에 따르면, 아프리카 말리의 도곤족 역시 인간이 창조되었다고 믿었다. 다만 창조의 주체가 반인반어伴人半魚인 괴물신 '놈모Nommo' 라는 점만 달랐다.

인간이 중심에 있는 르네상스의 물결이 찾아오던 무렵, 이탈리아의 페트라르카(Francesco Petrarca, 1304~1374)는 중세가 인간의 창조성이 철저히 무시된 '암흑시대' 라고 말하며, 중세의 종말을 고했다. 중세가 몰락한 뒤 과학이 학문의 중요한 도구로 등장하면서, 그 발전 속도는 더욱 빨라졌다. 과학 중심의 근대화가 이루어진 것이다.

19세기가 되자 다윈(Charles Robert Darwin, 1809~1882)이 출현했다. 스물두 살에 비글호를 타고 세계 곳곳을 항해하며 '진화' 라는 새로운 사상의 기초를 닦은 그는, 1859년 인류 역사를 뒤흔든 명저 《종의 기원》을 발표하여 인간은 창조가 아니라 진화되었다는 새로운 학설을 내놓았다. 신이 인간을 탄생시켰다는, 인간 기원에 대한 단 하나의 이론에 다윈이 반기를 든 것이다. 오늘날 사람을 포함한 모든 생명의 기원을 논할 때, 진화론의 우세 속에 창조론이 추격하는 모습이지만, 다윈이 그랬듯 미래의 누군가가 현재의 이론에 맞설지도 모를 일이다.

실제로 '진화' 와 '창조' 이외에도 인간 기원에 대한 새로운 이론은 이미 발표되었다. 고고학자인 시친(Zecharia Sitchin, 1922~) 등이 외계생명체에 의해 인간이 탄생했다는 이론을 내놓은 것이다. 우주의 열두 번째 행성에서 날아온 외계생명체가 수메르 문명을 탄생시켰고, 인간은 그들에게서 태어난 새로운 생명체라는 주장이다. 물론 외계생명체에 의한 인간탄생설은 학계에서 인정받지는 못한다. 근거가 부족한 탓이기도 하지만, 외계생명체로부터 인간이 탄생했다 해도 그 생명체 역시 진화되었는가, 창조되었는가 하는 문제에 부딪친다. 결국 진화와 창조의 갈림길에서 벗어나지 못하는 셈이다.

창조론 대 진화론

하나님이 말씀하시기를 "우리가 우리 형상을 따라서, 우리 모양대로 사람을 만들자. 그리고 그가, 바다의 고기와 공중의 새와 땅 위에 사는 온갖 들짐승과 땅위를 기어다니는 모든 길짐승을 다스리게 하자." 하시고, 하나님이 당신의 형상대로 사람을 창조하셨으니, 곧 하나님의 형상대로 사람을 창조하셨다. 하나님이 그들을 남자와 여자로 창조하셨다.

—창세기 1장 26~27절

주 하나님이 말씀하셨다. "남자가 혼자 있는 것이 좋지 않으니, 그를 돕는 사람, 곧 그에게 알맞은 짝을 만들어주겠다." 주 하나님이 들의 모든 짐승과 공중의 모든 새를 흙으로 빚어서 만드시고, 그 사람에게로 이끌고 오셔서, 그 사람이 그것들을 무엇이라고 하는지를 보셨다. 그 사람이 살아 있는 동물 하나하나를 이르는 것이, 그대로 동물들의 이름이 되었다.
(…) 주 하나님이 남자에게서 뽑아낸 갈빗대로 여자를 만드시고, 여자를 남자에게로 데리고 오셨다. 그때 그 남자가 말했다. "이제야 나타났구나, 이 사람! 뼈도 나의 뼈, 살도 나의 살, 남자에게서 나왔으니 여자라고 부를 것이다."

—창세기 2장 18~23절

창조설의 절대적 근거가 담겨있는 《성경》의 내용이다. 창세기 1장을 보면 남녀가 동시에 창조된 듯하지만, 창세기 2장에는 익히 알고 있듯 남자가 먼저 태어나고 여자가 남자의 외로움을 달래기 위해 태어난 듯한 느낌을 준다. 게다가 짐승을 창조할 때 암수를 구별했다는 이야기는 없으니, 다른 짐승은 모두 암수를 동시에 창조하면서 사람만 유독 남녀를 다르게 했다는 이야기다. 창조설을 믿으려 하지 않는 사람들을 이해시키기 쉽지 않은 대목이다. '절대자'인 하나님이 남자를 창조한 뒤, 짝이 없음을 '뒤늦게' 알고 갈빗대 하나를 뽑아서 여자를 창조했다는 사실도 받아들이기 쉽지 않다. 창세기 1장과 2장의 내용이 이렇게 다른 이유는 서로 다른 원전을 따랐기 때문이라고 설명하는 사람도 있다. 하지만 그런 성서학적 설명도 창조론을 과학적으로 이해하는 데는 아무런 도움이 되지 않는다.

미국 등에서는 창조론을 가르치지 않은 특정 학교가 위법 판정을 받았다거나, 창조론을 진화론과 같은 비중으로 가르치기로 했다는 뉴스를 접할 수 있다. 우리나라에서는 창조론을 학교에서 배울 수 없으니, 학교 교육에서 창조와 진화의 의문을 해결할 수 없다. '인간이 창조되었는가'라는 질문에는 쉽게 답할 수는 없지만, '인간이 창조로 태어난 것이 과학인가'라는 질문에는 '과학이 아니다'라고 단언할 수 있다. 그렇다고 창조론이 틀렸다거나, 진화론이 곧 '과학'이라는 뜻은 결코 아니다. 혹시 과학 선생님이 인간은 진화의 과정에서 태어났다고 한다면, 과학의 정의가 무엇인지 한 번 더 질문을 해보라. 정의를 명확히 내리고 나면 진화론이 과학의 정의에 합당한지 알 수 있을 테니 말이다.

"인간이 원숭이에서 태어났다면, 당신 조상은 원숭이요?"

처음 진화론을 주장하자 다윈은 이렇듯 엉뚱한 질문을 받았다. 그는 원숭이가 인간의 조상이라 말한 적이 없다. 단지 원숭이와 인간이 동일한 조상에서 유래했을 '가능성'이 있다고 주장했을 뿐이다. 진화론에 입각해 영장류의 계통도를 작성하면 한 조상에서 개코원숭이, 긴팔원숭이, 오랑우탄, 고릴라 순서로 계통이 분리되며, 다음이 침팬지, 보노보(Bonobo, 피그미침팬지)다. 이중 인간과 가장 가까운 동물은 보노보와 침팬지다.

인류의 역사를 이야기할 때 가장 앞부분에 자리하는 영장류와 사람 사이에는 수많은 개체가 있다. 분류표 작성도 어려울 정도로 많은 탓에 일반적으로는 단순화해서 이야기한다. 학자마다 차이가 있지만, 대략 지난 50만 년간 살았던 인간의 조상을 모두 호모 사피엔스(Homo sapiens, 지혜를 지닌 사람이라는 뜻)로 구분한다. 만약 인간의 특징을 조금이라도 지닌 선행인류를 찾는다면 인류의 역사는 600만 년 전으로 거슬러 올라간다. 현재 가장 오래된 원인猿人인 오로린 투게넨시스(Orrorin Tugenensis, 2004년 에티오피아의 오모강변에서 발견된 오스트랄로피테쿠스Australopithecus속에 해당되는 멸종한 원인 화석)에서 호모 사피엔스가 출현하기까지는 500만 년. 그사이 오스트랄로피테쿠스류와 호모 하빌리스Homo habilis, 호모 사피엔스 네안데르탈렌시스Homo sapiens neanderthalensis 등 헤아릴 수 없이 많은 인간의 조상이 지구상에 나타났다 사라졌다.

오스트랄로피테쿠스는 라틴어로 '남쪽의'라는 뜻의 'australis'와 그리스어로 유인원을 의미하는 'pithekos'가 합쳐진 말이다. 대략 300~400만 년 전 출현한 원인猿人이 이 종에 속한다. 종과 속을 구분하는 이유는 발견된 유인원의 유골에 미세한 차이가 있기 때문이지만, 때로 이 구분이 명확하지 않아 학자들 사이에서 논쟁이 벌어지기도 한다. 호모 하빌리스의 경우 오스트랄로피테쿠스에 더 가까우므로 오스트랄로피테쿠스 하빌리스라 불러야 한다는 주장이 있다. 네안데르탈인에 속한다고 알려진 호모 사피엔스 네안데르탈렌시스라는 이름도 일부 학자들은 호모 사피엔스와 구별하기 위해 '호모 네안데르탈렌시스'라 부르기도 한다. 현존하는 모든 인류는 호모 사피엔스에 들어가지만 정확히 말하면 호모 사피엔스 사피엔스에 속한다.

진화론으로 인간의 탄생을 설명하는 쪽에서는 약 600만 년 전부터

오스트랄로피테쿠스의 유골. 현생 인류의 직접 조상을 찾는 일은 그리 간단하지 않다. 미세한 차이로도 다른 '속' 또는 '종'으로 분류될 수 있기 때문이다.

'직립보행', '큰 두뇌', '무기와 언어의 사용' 같은 인간의 특징을 지닌 생명체가 서서히 출현하여 오늘에 이르렀다고 말한다. 그런데 여기에도 허점이 있다. 진화에 의한 인간의 출현은 유골을 토대로 추적해본 것일 뿐, 연결고리가 분명하지 않다. 호모 네안데르탈렌시스에서 호모 사피엔스가 나타난 과정은 '돌연변이'라는 가정 외에는 존재하지 않으며, 이를 과학적으로 증명할 수도 없다.

앞에서 인간이 창조되었다는 이론이 과학이 아니라는 점을 언급하면서, 진화론도 과학이 아니라고 지적한 이유는 그것이 과학의 정의에 들어맞지 않기 때문이다. '지식 체계를 수치화하는 학문', '반복된 실험·관찰로 같은 결과를 얻을 수 있으며, 새로운 이론이 다른 실험·관찰에도 적용되는 현상'이라는 과학의 정의를 생각한다면, 창조론이나 진화론 모두 인간의 탄생을 설명하기에는 과학과는 한참 거리가 멀다는 사실

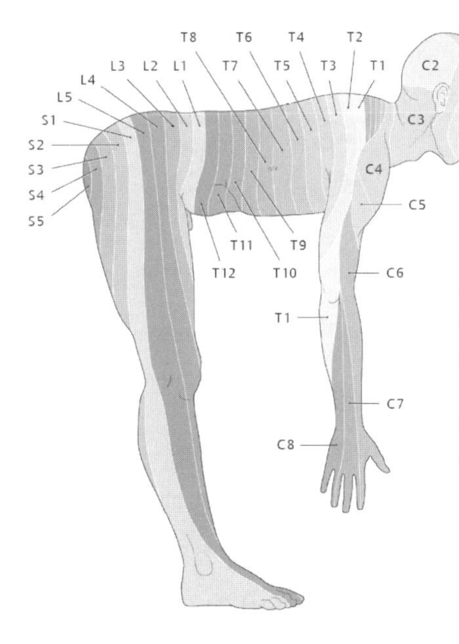

신경의 분포를 나타낸 피부 절편지. 사람의 척추는 목뼈 7개, 가슴뼈 12개, 허리뼈 5개, 엉덩이뼈 5개로 구성되는데, 그 사이사이로 신경이 빠져나간다. 목신경C은 첫 번째 목뼈의 위에서 다섯 번째 엉덩이뼈 아랫부분까지 신경이 빠져나가서, 뼈보다 한 개 더 많은 8개가 존재한다. 가슴신경T, 허리신경L, 엉덩이신경S은 뼈와 같은 수가 존재한다. 사람을 네발짐승처럼 엎드리게 하면 피부 절편지가 목에서 엉덩이 쪽으로 내려가면서 신경 순서대로 분포함을 알 수 있다. C1은 머리 뒷부분에 위치하나, 현재 그림에서는 보이지 않는다.

을 알 수 있다.

그러나 과학이 아니라고 진화론이 틀렸다는 뜻은 아니다. 과거와 현재의 인간이 키와 신체모양에 차이가 있듯, 미래의 인간 역시 현재의 인간과 다른 모습일 것은 분명하다. 이는 인간이 진화하고 있다는 부정할 수 없는 증거다. 네발짐승에서 진화해 두 발로 걷는 인간이 되었다는 증거는 얼마든지 많다.

인체의 신경분포도 그 예다. 말초신경 하나하나가 담당하는 부위를 피부면에 표시하는 경우, 사람이 서있는 상태에서는 그 분포 모양을 쉽게 알 수 없다. 하지만 네 발로 땅을 짚은 형태로 사람을 엎드리게 한 뒤 말초신경 분포모양을 표시하면, 네발짐승처럼 머리 위에서 엉덩이 쪽으로 신경분포가 순서대로 위치한다. 이는 네발짐승에서 인간이 진화되었다는 유력한 증거다.

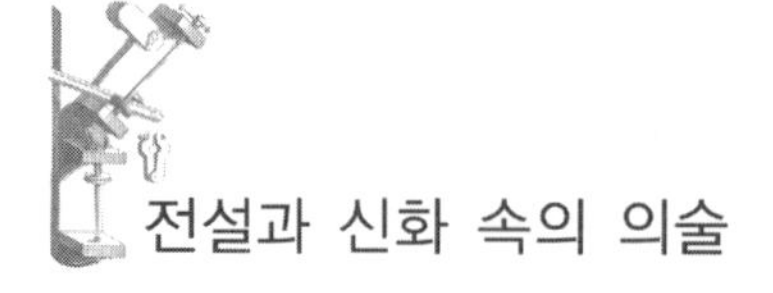

전설과 신화 속의 의술

뱀이 감긴 지팡이의 주인공 헤르메스와 아스클레피오스

'태초에 인간이 있었다.', '그리고… 질병이 있었다.'

인간이 탄생하면서 질병의 역사가 시작되었다. 질병에 대한 구체적인 분석은 할 수 없더라도 사냥하다 상처가 생기면 피가 흐르고, 자연스레 이를 멈추려고 노력하면서 질병과 치료의 역사가 시작되었을 것이다. 대전의 유성온천에는 백제시대에 날개를 다친 학이 온천수에 들어가 상처를 적시는 데서 힌트를 얻은 한 어머니가 온천수로 외아들을 치료했다는 전설이 있다.

이렇듯 동물도 나름대로 상처를 치료하는 방법을 터득하고 있다. 상처 부위를 핥거나 진흙을 바르는 행동은 동물의 일반적인 행동이다. 그러니 최초의 인간도 질병에 대응할 능력이 있었을 것이다. 물론 현재와 같은 과학적인 방법은 아니었더라도 말이다. 질병을 치료하고자 하는 옛 선인들의 노력을 신화와 전설 속에서 찾아보자.

그리스 신화에는 다양한 능력을 지닌 수많은 신이 등장하는데, 이 가운데는 질병을 치료할 수 있는 능력을 지닌 신도 있다. 의학의 역사를 이야기할 때 자주 거론되는 신은 의술의 상징인 뱀이 감긴 지팡이를 들고 다녔다. 뱀 한 마리가 감긴 것과 두 마리가 감긴 것 이렇게 두 종류였다. 뱀 한 마리가 감긴 지팡이는 아스클레피오스Asclépios의 것이고, 두 마리가 감긴 지팡이는 헤르메스Hermes의 것이다.

헤르메스는 지구를 받치고 있는 아틀라스Atlas의 딸 마이아와 제우스Zeus 사이에서 태어났다. 지능이 뛰어나 어려서부터 음악, 언어, 수학, 천문, 체육 등에서 두각을 나타냈다. 제우스를 비롯한 여러 신의 사자使者 역할을 했으며, 죽은 사람을 저승으로 안내하기도 했다. 헤르메스는 날개가 달리고 차양이 넓은 모자를 쓰고 다녔으며, 신발에도 날개가 달려있었으므로 하늘을 마음대로 날 수 있었다. 헤르메스는 다산, 풍요, 상업 등을 상징하는 신이며, 미와 풍요의 여신 아프로디테와 사랑을 나누었다고 전한다. 그의 날개와 뱀이 달린 지팡이는 오늘날 상업을 상징할 때 흔히 사용되지만, 의학을 상징하기도 한다.

고대그리스 신화에 등장하는 아스클레피오스. 의술을 상징하는 뱀 지팡이를 들고 있다. 5세기에 발굴된 상아 조각으로 영국 리버풀박물관에 있다.

아스클레피오스는 태양의 신 아폴로Apollo와 인간인 코로니스Koronis 사이에서 태어났다. 이렇게 신과 인간을 부모로 둔 탓에 한편으로는 신으로, 다른 한편으로는 인간으로 취급되는데 일부에서는 족보를 찾을 수 없는 상상 속의 신이라고 여기기도 한다. 또 어떤 사람들은 그가 완전한 인간이며 '히포크라테스Hippocrates의 조상' 이라고 소개한다. 아스클레피오스의 의술이 뛰어났던 이유는, 그를 키운 켄타우로스(Centauros, 상반신은 인간이고 하반신은 말인 야만적인 종족)가 약초를 비롯한 갖가지 의학 지식에 뛰어났기 때문이라고 한다.

'의술의 신' 이라 불릴 정도로 뛰어났던 아스클레피오스의 능력은 마침내 죽은 사람을 살려낼 수 있을 정도로 발전했다. 이로 인하여 죽는 사람이 없어지자 저승의 신 하데스Hades가 할 일이 없어져버렸다. 이 사실을 알고 불같이 노한 제우스는 손자뻘인 아스클레피오스에게 벼락을 내려 목숨을 앗아갔다.

아스클레피오스가 뱀 지팡이를 항상 지닌 이유는 확실치 않다. 다만 이 지팡이는 아스클레피오스의 상징이 되었고, 지금은 국제보건기구, 미국 의사협회, 영국 의사협회, 캐나다 의사협회에서 표장으로 쓰고 있다. 호메로스Homeros가 쓴 《일리아스Ilias》에는 아스클레피오스가 인간으로 묘사되어있으나 이후 기록에는 신으로 등장한다. 이는 아마도 고대인의 신격화 작업에 따른 것이 아닐까 한다.

국제연합UN 산하 세계보건기구WHO의 표장. 아스클레피오스의 지팡이 문양은 현재까지 많은 의료 기관에서 사용한다. 세계보건기구는 1948년 4월 7일 창설되어, 현재 스위스의 제네바에 본부를 두고 있다.

아스클레피오스는 에피오네Epione와 결혼하여 2남 2녀를 두었는데 모두 의학과 관련 있다. 장남 마카온Machaon은 외과, 차남 포달레이리오스Podaleirios는 정신과와 내과를 담당하는 신이 되었다. 장녀 하이게이아Hygeia는 건강을 돌보는 여신, 차녀 파나케이아Panacea는 약물을 관장하는 여신이었다. 하이게이아는 오늘날 '위생hygiene'이라는 단어에, 파나케이아는 '만병통치약panacea'이라는 단어에 그 이름이 남아있다. 포달레이리오스와 함께 트로이전쟁에 참전했던 마카온은 디오클레스Diocles의 딸 안티클레이아Anticleia와 결혼하여 니코마코스Nikomachos와 고르가소스Gorgasos 두 아들을 두었으며, 이들 모두 의술에 뛰어났다. 아스클레피오스의 집안이야말로 그리스 신 가운데 '최고의 의사 집안'이었던 셈이다.

아스클레피오스의 능력으로 질병에서 해방되기를 원한 그리스 인은 곳곳에 그를 모신 신전을 지었다. 신전은 공기 맑고 수려한 경치를 자랑하는 곳에 있었다. 여기 몰려든 사람들은 몸을 깨끗이 씻은 후 기도하며 건강을 빌었으니, 신전이 일종의 요양소 역할을 한 셈이다. 성직자들은 이곳에서 질병을 치료하기 위한 점성술을 행했으며, 약물 치료를 하기도 했다. 또 질병을 치료하겠다며 피를 빼는 사혈瀉血 같은 '돌팔이' 의료 행위를 하기도 했다.

이집트 의학의 시초, 토트와 임호텝

그리스보다 앞서 고대문명의 꽃을 피웠던 이집트. 그리스만큼 다양하지는 않지만 그곳에도 신화가 존재했다. 특히 의학과 관련해서는 '신들의 중재자'로 알려진 토트Thoth라는 괴물이 있었다. 사람 몸에 새 머리를 한 토트는 고대이집트에서 '지혜의 신'으로 일컫으며, 초생달 모양의 관을 쓰고 있었다. 따오기와 비비(개코원숭이)가 그를 상징하는 동물이다. 나일강 삼각주에 위치한 헤르모폴리스Hermopolis에 그를 숭배하는 성지가 있었다. 토트는 콥트Copt교도(에티오피아에 있는 기독교의 종파로, 인성人性을 신

《죽은 자의 책》의 그림. 기원전 1250년경 그려진 서기관 아니의 파피루스에서 발췌한 이 장면은 아누비스가 최고 서기관인 토트 신 앞에서 죽은 자의 심장 무게를 다는 모습을 보여준다.

성神性에 융합되었다는 그리스도의 단성설單性說을 믿는다)가 사용한 콥트력(알렉산드리아력이라고도 한다)에서 1월을 의미한다. 현대 그레고리력의 9월 11일에서 10월 10일에 해당하는 이 시기에 나일강이 자주 범람했다. 토트는 마술, 음악, 의학, 기하학, 천문학 등에 뛰어났다. 문자를 처음 발견했다고도 전하는 토트는 지구 크기를 측정하고 별의 수를 세었으며, 여러 기록을 문자로 남겼다고 전한다. 토트는 그리스의 헤르메스와 동일한 신으로 여겨지기도 한다.

그리스의 '아스클레피오스'에 해당하는 이집트의 신은 바로 임호텝(Imhotep, 이집트어로 '평화롭게 온 자'라는 뜻)이다. 이집트 고왕국 시대인 3왕조 때의 정치가이자 건축가 · 의사 · 천문학자 · 철학자 · 점성술사였으며, 특히 피라미드를 처음 설계한 인물로 유명하다. 임호텝은 자신의 뛰어난 역량을 다방면으로 발휘하여 고대이집트 문화의 전성기를 연 주인공이다. 태양신의 대제사장이 되어 각종 종교 관련 행사를 주관하기도 했다. 이렇듯 위대한 업적을 남긴 중요 인물이다 보니, 의자에 앉아있거나 두루마리 모양의 파피루스papyrus를 무릎에 걸친 임호텝의 모습을 이집트 벽화를 통해 흔히 볼 수 있다.

의학사의 초창기를 장식한 임호텝은 머리, 손, 배, 방광 등 사람의 열여덟 부위에 대한 200가지 이상의 질병을 진단하고 치료했다고 한다. 여러 기록으로 미루어보면 의술에 관한 매우 뛰어난 능력을 지닌 것이 분명하다. 후세에는 신격화되어 학문과 의술의 신으로 받아들여졌다. 그리스의 프로메테우스Prometheus에 해당하는 이집트의 네페르툼Nefertum, 아스클레피오스도 임호텝이 변한 것에 지나지 않는다는 주장이 있을 정도로, 그는 고대 의학사를 화려하게 장식하는 인물이다.

메소포타미아 문명의 의학

고대의 4대 문명발생지 가운데 하나인 메소포타미아의 티그리스 강과 유프라테스 강 주변으로 기원전 약 4000년경 수메르를 중심으로, 고유문자를 사용하는 도시문명이 발전하기 시작했다. 이후 바빌론Babylon을 중심으로 발전한 이 문명은 이집트의 파피루스보다 더 보존 상태가 좋은 점토판(쐐기문자)으로 기록을 남겨 당시 의술에 대해 더 많은 사실을 알려준다. 바빌론 지방에서 의학이 발달한 시기는 그리스보다 더 이르다.

다른 고대문명지에서처럼 이곳에도 '질병은 신이 내린 벌'이라는 통념이 일반적이었다. 여기서는 바빌론의 가장 영향력 있는 신이었던 마르

두크Marduk의 아들 나부Nabu가 의학을 포함한 모든 기예를 관장했고, 아스클레피오스를 상징하는 뱀 지팡이 문양도 사용했다. 질병을 가져오는 악마들 가운데 실수를 일으키는 일곱 악마를 특히 두려워해서, 의사들은 7로 나뉘는 날에는 진료하지 않았다. 의사들이 환자의 증상을 관찰하기는 했으나, 과학적 치료보다는 경험, 참회, 기도, 종교의식, 점 같은 치료법을 시행했다.

이들은 식물, 광물, 동물의 분비물 등을 약제로 사용했지만 실제로 효과가 있었는지는 확실하지 않다. 외과 수술 도구에 대한 기록이나 수술용 칼이 발굴되기도 했다. 질병에 걸린 사람은 악마의 눈을 피한다며 격리시키기도 하고, 환자 접촉을 금하기도 했는데 당시 전염병이 많았던 점을 감안하면 비교적 타당한 조치였던 셈이다. 의술을 담당한 사람은 주로 성직자였는데, 진단하는 사람, 마귀를 쫓는 사람, 약물요법과 수술을 시행하는 사람 이렇게 세 부류로 나눌 수 있었다. 의사가 되려면 나부의 신전을 중심으로 발전한 의학교에서 교육받아야 했다.

바빌론 제1왕조의 제6대 왕인 함무라비Hammurabi 집권기(기원전 1792~기원전 1750)에 만든, 현존하는 가장 오래된 법전인 함무라비법전에는 의사의 보수와, 의료사고를 일으킨 의사의 처리 문제에 대한 여러 기록이 남아있다. 그 당시는 계급사회였던 까닭에 신분에 따라 의사가 책임져야 하는 정도가 달랐다. 의사가 중병 치료를 위해 칼로 수술하다 환자를 죽게 하거나 시력을 잃게 하면 의사의 손을 잘랐다. 다만 그 환자가 노예인 경우에는 노예 값의 절반을 물어주어야 했다. 아니면 자신의 노예를 죽은 노예 대신 제공하기도 했다. 당시 의사는 성직자, 마법사 등과 함께 귀족 계급에 속했으므로 노예를 소유하고 있었다.

여기서 잠깐 의사의 신분에 대해 이야기하고 넘어가자. 고대는 시기와 지역에 따라 다양한 의료인이 존재했으므로 지금의 기준으로 의사가 어떤 계층이었다고 말하기란 어렵다. 바빌론의 의사는 귀족계급이었으나 히포크라테스가 활약한 그리스에서 의사는 자유민이었지, 노예나 귀족은 아니었다. 물론 귀족 출신이면서 의술에 흥미를 느껴 치료 활동을 한 사람은 있을 수 있다. 그리스의 뒤를 이은 로마에서는 그리스 의사들을 데려다가 노예로 쓰기도 했다.

함무라비법전에는 평민이 귀족의 눈을 멀게 하면 그의 눈도 멀게 하고, 이를 부러뜨리면 그의 이도 부러뜨리며, 귀족이 평민의 이를 부러뜨리면 은 3분의 1미나를 지불해야 한다는 규정이 있었다. 그 당시 법의 밑바탕에 '보복'이라는 무시무시한 대전제가 깔려있었음을 알 수 있다. 그러나 실제로 이 법은 제대로 지켜지지 않았기에 바빌론 의사들은 거리낌없이 많은 수술을 시행했다. 함무라비법전에는 치료가 성공했을 때 얼마를 지불할 것인가에 대한 기록도 있다.

그리스의 역사가 헤로도토스Herodotos는 바빌론 의학에 대해 이렇게 설명했다. "그 시대에는 의사가 없어 환자가 발생하면 사람들이 붐비는 거리에 데려가 눕혀 놓았다. 지나가는 사람들은 그 환자의 이야기를 듣고 자신이 그 병에 걸린 경험이 있으면 치료법을 가르쳐주었다." 사실 여부는 확신할 수 없으나 '만인의 경험'이 '만인'을 치료하는 시대였다.

의학의 아버지, 히포크라테스

의학 성인의 탄생

"인생은 짧고 예술은 길다Life is short, the art long."

이 명문장을 못 들어본 사람은 거의 없을 것이다. 히포크라테스의 이 그리스어 문장은 영국의 번역가가 영어로 옮기면서 세상에 널리 알려졌다. 그런데 여기서 'art'를 '예술'이 아니라 '의술'로 옮겨야 한다는 주장도 있고, 히포크라테스 시대에는 학문의 구분이 모호했으므로 의술도 예술의 한 부분으로 보아야 한다는 주장도 있다. 어느 쪽이든 히포크라테스가 의술이 인생보다 더 수명이 길며 그만큼 중요하다고 설파했다는 데는 이의가 없을 것이다.

히포크라테스의 두상. 그는 의학의 발달뿐 아니라 의사로서의 윤리와 가치관을 확립하는 데 지대한 공헌을 한 위대한 의사였다.

고대그리스를 대표하는 의사 히포크라테스는 '의학의 아버지' 또는 '의학의 성인聖人'으로 널리 추앙받는다. 의학의 역사를 이야기하면서 그를 빼놓을 수는 없다. 그는 기원전 460년에 태어나서 기원전

375년에 사망했다고 알려졌지만 확실한 기록은 아니다. 그래서 전설 속 인물처럼 여겨지기도 하고, 심지어 그의 존재 자체를 부정하는 학자들도 있으나 학계의 인정은 받지 못하고 있다. 히포크라테스가 이렇듯 높은 평가를 받는 이유는 대체 무엇일까?

그것은 바로 의학에 대한 고정관념을 깬 최초의 인물이기 때문이다. 히포크라테스는 이성적인 판단을 통해, 철학의 영역에 머물던 의학을 분리해 인류의 지적 발달에 신기원을 이루었다. 고대인의 신비주의를 좇지 않고 인체 관찰 결과를 의술에 직접 적용함으로써 의학을 과학의 한 분야로 끌어올렸던 것이다. 인류의 의학사에 있어서는 최초의 개혁이었다.

그 당시까지 질병은 신이 내린 천형이므로 가장 좋은 치료 방법은 신에게 비는 것이었다. 하지만 히포크라테스는 질병이 인체와 주변 환경의 이상에서 발생한다고 생각하고 신선한 공기, 적절한 식사, 목욕으로 치료해야 한다고 주장했다. 실제로 이러한 방법을 쓰자 획기적인 성과를 얻었다. 신의 영역에 자리하던 질병을 인간의 영역으로 가져왔다는 점이야말로, 히포크라테스의 위대함이다. 후대 의사들이 그를 '의학의 아버지'라 부른 이유도 여기에 있다.

히포크라테스는 소아시아 연안 부근의 코스 섬에서 의사인 헤라클레이데스Heracleides의 아들로 태어났다. 히포크라테스가 남긴 강연 기록에 따르면 당시 코스 섬은 신화적인 분위기가 가득했다. 그가 숨을 거둔 기원전 3세기경 이 마을에는 아스클레피오스 신전이 세워져 고대 의학의 유적지로 자리잡았다. 히포크라테스가 아스클레피오스의 15대손이라는 기록이 있지만 확인할 길은 없다. 하지만 할아버지와 아버지 모두 의사였으므로 어려서부터 의학을 자연스럽게 접할 수 있었을 것이다. 아버지에게 의학의 기초를 배운 히포크라테스는 크안도사의학교에서 본격적으로 의학을 공부했다.

히포크라테스는 학문적으로 많은 수확을 올린 고대그리스의 황금기에 활약했다. 인물이 시대를 만들고 시대가 인물을 낳는 법. 히포크라테스는 이렇듯 시대를 잘 타고 태어난 덕분에 의학사의 첫 페이지를 화려하게 장식할 수 있었다. 신학이 모든 것을 지배하던 중세 암흑기에 그가 태어났다면 지금처럼 이름을 떨치기 힘들었을지도 모른다.

히포크라테스가 살던 시대는 '고대 르네상스'라 불러도 아무런 부족함이 없을 정도로 많은 인물들이 세상을 풍미했다. 철학자 데모크리토스, 소크라테스, 엠페도클레스, 정치가 페리클레스, 조각가 폴리클레이토스와 페이디아스, 역사가 헤로도토스와 투키디데스, 시인 핀다로스, 극작가 아이스킬로스, 소포클레스, 에우리피데스 등 수많은 학자와 예술가들이 히포크라테스와 같은 시대에 활약했다. 이러한 그리스식 백가쟁명百家爭鳴의 시대적 분위기는 일반인에게도 널리 퍼져, 누구나 원하면 공부할 수 있었다. 물론 노예는 제외였다.

히포크라테스는 그리스 곳곳을 여행하며 각지의 의학자 · 철학자와 우정을 나눴고, 지식과 견문을 넓혀갔다. 학습과 임상경험, 여러 훌륭한 학자와의 교류를 바탕으로 방대한 지식의 세계를 만들어가며 '상상할 수 없을 정도'의 의학 지식을 쌓았다. 그뿐 아니라 의사의 숭고한 인격을 중시하고, 병자와 약자 중심의 의술을 베풀어 만인의 존경을 받았다.

선진 의학기술의 모범, 《히포크라테스 전서》

히포크라테스는 라리사Larissa에서 생을 마감할 때까지 170여 편의 논문

그때그때 다르다, 히포크라테스 선서

대학에서 서양의학을 공부하는 학생들은 졸업할 때 '히포크라테스 선서Hippocratic Oath'를 한다. 그뿐 아니라 많은 의과대학 건물에는 히포크라테스 선서를 새긴 동판이 한쪽 벽면을 장식한다. 의술을 행하기 전에 반드시 거쳐야 하는 일종의 '양심선언'처럼 느껴지는 히포크라테스 선서. 하지만 가만히 생각해보면 이런 딴지(?)를 걸어볼 수 있다. 히포크라테스 선서는 히포크라테스가 만들었을까? 의과대학 벽면을 장식하는 히포크라테스 선서는 모든 내용이 같을까? 대체 언제부터 히포크라테스 선서를 하기 시작했을까?

우선 결론부터 이야기하면 히포크라테스 선서를 히포크라테스가 만들었다는 확실한 증거는 없다. 《히포크라테스 전서》처럼 후대인이 첨삭한 내용이 오늘날까지 전한다는 것이 중론이다. 시대에 따라 그 내용도 조금씩 변했을 것이다. 지금도 히포크라테스 선서라고 딱히 정해진 형태는 없다. 그러니 의과대학마다 걸린 동판의 내용도 다를 수밖에!

오늘날 의대생들이 졸업할 때 행하는 히포크라테스 선서는 예부터 전하는 히포크라테스 선서를 줄인 이를테면 '축약본'이다. 1948년 세계의사협회에서 현대 감각에 맞게 새로 제정한 히포크라테스 선서는 총회 개최 장소 이름을 따서 '제네바선언'이라고도 부른다.

히포크라테스 선서를 한 최초의 졸업식은 1804년 몽펠리에 의과대학 졸업식이었다. 의젓한 의사가 되기 위한 통과의례에 히포크라테스 선서가 사용된 지는 불과 200년 남짓인 셈이다.

을 남겼다. 히포크라테스가 세상을 떠난 뒤 알렉산드리아의 의학자들은 그의 저서와 관련 자료를 기원전 4세기경부터 백 년에 걸쳐 정리해 《히포크라테스 전서Hippocratic Corpus》를 발간했다. 이 책은 증세에 따라 질병을 계통적으로 분류하고 치료 방법을 기록했다. 또 의사로서 지녀야 할 사명감과 자세 같은 의학 윤리에 대한 기초적인 내용도 담았다. 이러한 사상이 후세에 큰 영향을 주었음은 물론이다.

총 72권으로 알려진 이 방대한 전서를 히포크라테스 혼자 쓰지는 않았다. 히포크라테스가 죽은 후 두 세기 이상 지나서 알렉산드리아가 학문

히포크라테스가 발명한 의료용 벤치. 11세기 코덱스(서적의 원형)에 담긴 치료 장면으로, 다리를 다친 환자가 '히포크라테스의 벤치'에 누워 치료를 받고 있다.

의 중심지가 되었을 때 그곳에서 활약하던 의학자들이 그 시기 의학적 지식을 모두 모은 뒤, 당시 위대한 의사로 추앙받던 히포크라테스의 이름을 붙인 것으로 보인다. 내용 가운데는 서로 모순된 것도 많아, 후대에 오면서 첨삭하거나 각색했음을 말해준다. 고대그리스 과학서적이 거의 전하지 않는 상황에서 현대 의학연구자들에게 히포크라테스 전서는 각별한 의미를 지닌다.

히포크라테스는 질병을 급성과 만성으로 나누고, 전파 범위에 따라 전염병과 풍토병으로 분류했다. 의료기구도 고안해냈는데, 뼈와 근육의 상처를 치료하기 위한 침대 모양의 기구, '히포크라테스의 벤치'가 그 예다. 또 그는 자신의 오진이나 잘못을 모두 기록으로 남겨 후대인이 그의 업적을 연구하고 발전시키는 데 밑거름이 되게 했다. 그렇다면 《히포크라테스 전서》의 몇몇 내용을 직접 살펴보자.

> 의사는 언제나 금전적 이익이 아닌 명예를 추구하는 마음가짐으로 의료에 임해야 한다. 질병으로 고생하는 환자에게 신속한 처치를 하는 것은 죽음을 눈앞에 둔 사람으로부터 유산을 받는 것보다 유익하다.
>
> 천박한 의사들은 진료행위가 좋은 결과를 보이면 거만해지면서 신분 상승과 경제력 확보를 위해 의료인답지 못한 행동을 시작한다. … 어리석은 의사는 다른 의사의 도움을 청하는 것을 꺼리는 편이다. … 훌륭한 의사는 환자에게 불신을 당하지도 않고, 자신의 능력이 부족하다고 해서 잘못된 의술을 베풀지도 않는다.
>
> 대중 앞에서 강연을 하려는 마음 자세는 바람직하지 못한 일이다. 그렇게 하는 것은 의술이라는 전문적인 일에 대해 자신의 능력 부족을 드러내는 것에 지나지 않는다.

《고대그리스의 의학과 철학》이라는 책을 쓴 존스W. H. S. Jones는 미신, 엉터리 철학, 웅변술이 고대그리스 의학의 3대 적이라고 규정했다. 그러니 후대에 "고대그리스 의학의 3대 적에서 탈피해 새로운 의학을 정립시켰다."는 평을 받는 히포크라테스가 웅변술을 경계한 것은 어쩌면 당연하다. 하지만 오늘의 상황과는 조금 맞지 않다. 최선을 다해 환자를 질병의 고통에서 해방시키는 일도 중요하지만, 질병에 대한 지식을 전해주는 일도 만만치 않게 필요하기 때문이다. 다만 주객主客이 뒤바뀌어 방송매체를 통해 '얼굴'을 알리는 데만 급급한 것은 주의해야겠지만.

> 유전이란 부모에게 나타난 현상이 자식에게 전하는 것이다. 건강한 자식은 건강한 부모에게서, 허약한 자식은 허약한 부모에게서 나온다. 대머리 부모는 어른이 되어 대머리가 될 자식을 낳고, 회색 눈동자를 가진 부모는 회색 눈의 자식을 낳는다. … 그러나 지금같이 사람들 사이의 교류가 많아지면 유전적으로 더 우수한 형질이 사라지기도 한다.

유전에 대한 히포크라테스의 견해가 나타나있는 이 구절은 멘델(Gregor Johann Mendel, 1822~1884)의 발견과 비교해도 큰 차이가 없다. 다만 마지막 문장은 의미가 모호한데, 유전적으로 더 우수한 형질이 세상에 남는다는 말인지, 키가 큰 인자와 키가 작은 인자가 만났을 때 키가 큰 자손이 나타날 가능성이 높다는 식의 결과적인 우성을 가리키는지는 확실하지 않다.

> 신성병神聖病은 신이나 신성한 것이 아니라 다른 질병처럼 단순히 자연적 원인에 의해 발생한다. … 신성병을 신성화한 사람들은 아마도 마술사,

> 주술사, 약장사 등이었을 것이다. 이들은 사람들에게 자신의 능력을 과시하려 했고, 자신의 거짓과 무능력을 감추기 위해 질병을 신성시했으며, 신의 이름을 빌어 자신들을 안전하게 유지하려 했다.

히포크라테스가 설명하고 있는 것은 '신이 내린 질병' 이라는 신성병이다. 오늘날로 말하면 간질을 뜻한다. 요즘도 '간질은 유전된다' 는 식의 잘못된 상식이 많은데, 히포크라테스 시대에도 그러했다. 간질과 관련한 엉터리 의술을 경고하는 히포크라테스의 신중함과 통찰력이 돋보인다.

> 중병을 앓는 환자를 치료하는 것을 꺼리는 의사들이 있어 비난의 대상다. … 그러나 의사는 모든 질병을 평등하게 대해야 한다.

사회가 발전할수록 의료법은 점점 더 세밀한 사안까지 다룬다. 하지만 부작용이 나타날 경우 잘잘못을 구분하는 일은 오늘날에도 쉽지 않다. 질병이 쉽게 치료되지 않거나, 부작용이 예상될 경우 의사도 인간인 이상 부정적인 상황을 가정할 수밖에 없다. 앞으로 발생할지도 모를 법적인 문제를 피하기 위해 환자를 눈앞에 두고도 소극적으로 일관하는 '방어 진료' 를 해야 할까? 아니면 조금이라도 가능성이 있다면 최선을 다해 시술하는 '소신 진료' 를 해야 할까? 법과 도덕 사이에 선 의사들에게는 고민이 아닐 수 없다.

앞에서 히포크라테스는 중병에 걸린 환자들을 외면해서는 안 된다고 이야기한다. 하지만 오늘날처럼 의사의 책임 여부가 법으로 분명히 규정되는 상황에서 소신진료는 말처럼 쉽지 않다. 어떤 측면에서 보면 의사의 적극적 치료가 '법' 이라는 족쇄에 묶여있는 셈이다.

> 인체에는 혈액, 점액, 노란 담즙, 검은 담즙 등 네 가지 서로 다른 액체가 존재한다. 인체는 이 액체의 상황에 따라 질병에 걸리거나 건강을 유지한다. 건강을 유지하는 것은 액체의 양과 기능이 적절한 때다. 어느 것의 양이 너무 증가 또는 감소하거나 인체에서 분리되어 전체와 적절히 혼합되지 않은 경우에 질병에 걸린다.

알쏭달쏭하기 짝이 없는 '4체액설'이다. 히포크라테스를 필두로 다음에 소개할 갈레노스Galenos까지 4액체설을 따랐다. 인체에는 네 가지 액체가 존재하고, 이것이 질병을 일으킨다는 내용이다. 물론 현대 의학이론에는 맞지 않지만 인체의 항상성恒常性을 중요시했다는 점에서 의미가 있다. 그러면 이보다 더 수수께끼 같은 내용을 소개하며《히포크라테스 전서》이야기를 마치려 한다. 현대 연구자들도 곤혹스러워하는 내용이니만큼, 이 암호문을 해독하는 일은 의학사적으로 '대단한 발견'일 것이다.

> 짝수일에 증상이 악화되는 병은 짝수일에 회복 양상을 보이고, 병세가 홀수 일에 악화될 경우에는 홀수 일에 회복 양상을 보인다. 짝수일에 회복 양상을 보이는 질병의 첫 회복일은 4일째이고, 그 다음은 6, 8, 10, 14, 20, 24, 30, 40, 60, 80, 120일째다. 홀수일에 회복하는 질병의 첫 회복일은 3일째고 그 다음은 5, 7, 9, 11, 17, 21, 27, 31일째다. 만약 위의 날짜 이외에 회복 양상을 보인다면 반드시 재발하거나 사망한다는 사실에 유의하여야 한다.

가장 허무맹랑한 이론, 4체액설

고대그리스 사람들은 이 세상이 무엇으로 이루어졌는지에 관심이 많았다. 히포크라테스보다 30년가량 먼저 활약한 엠페도클레스는 물, 불, 공기, 흙 이렇게 4가지 요소가 만물의 근원이라고 보았다. 이것이 바로 4원소설이다. 히포크라테스와 동시대에 활약한 데모크리토스는 이보다 더 사실(?)에 가까운 원자론을 확립했지만, 아리스토텔레스Aristoteles를 비롯한 당시 학자들은 엠페도클레스의 4원소설을 받아들였다. 그 바람에 1803년 돌턴(John Dalton, 1766~1844)이 원자설을 주장할 때까지 데모크리토스의 견해는 받아들이지 않았다.

4원소설의 영향으로 히포크라테스 역시 만물이 차고 뜨겁고 마르고 습한 네 가지 체액으로 구성된다고 생각했다. 이 네 가지 체액이 균형을 이루면 건강을 유지하는 상태이며, 어느 한 가지가 더 많아지면 반대 체액을 보충하여 치료한다는 내용이 4체액설의 핵심이다. 히포크라테스가 인체의 질병과 건강을 결정하는 요인으로 생각한 4체액은 혈액·점액·황담즙·흑담즙이다. 혈액은 뜨겁고 습한 성질, 점액은 차고 습한 성질, 황담즙은 뜨겁고 건조한 성질, 흑담즙은 차고 건조한 성질이라는 이론이다.

간에서 생산되는 담즙은 노란색이므로 '검정색 담즙' 이란 근거를 알 수 없는 표현이다. 히포크라테스와 갈레노스가 주장한 4체액설은 근대 무렵까지 질병의 원인을 설명할 수 있는 유력한 이론이었다. 하지만 역설적으로 현대 의학으로 보면 그의 이론 가운데 가장 터무니없는 것이 바로 4체액설이다.

아리스토텔레스와 켈수스

기원전 5세기경부터 1000년 가까운 기간 동안 지중해 동쪽에는 그리스 문명이 꽃피었다. 그리스문명은 서양철학이 탄생한 중심지다. 소크라테스와 플라톤Platon을 잇는 최고의 철학자 아리스토텔레스 역시 그리스문명권인 마케도니아의 스타게이로스에서 태어났다. 열일곱 살에 플라톤이 교사로 있던 아테네의 아카데미아Academeia에 들어간 그는 스승이 죽은 뒤 철학은 물론, 논리학, 정치학, 윤리학, 자연과학 등 모든 분야에 걸쳐 탁월한 업적을 남겼다. 기원전 335년에는 아테네에 리케이온Lykeion을 열어 학생들을 가르치면서 생을 보냈다. 현재 전하는 그의 저작은 대부분 이 시기 작성된 강의노트다.

요즘은 철학과 과학을 완전히 분리하지만 고대그리스는 그렇지 않았다. 우리는 옛 위인들의 업적을 기준으로 의학자 히포크라테스, 수학자 피타고라스Pythagoras, 천문학자 아낙사고라스Anaxagoras라고 이야기하지만, 근본적으로 그들 모두 철학에 조예가 깊었다. 자연과학자와 사회과학자의 구별이 사실상 어려웠던 셈이다. 소크라테스가 '너 자신을 알라' 고 따끔하게 충고하기 전에도 그리스학자들은 '인간이란 무엇인가', '사람은 무엇으로 이루어지는가?', '사람은 어떻게 작동하는가?' 라는 의문으로 가득 차있었다. 그리고 이를 통해 인체의 안정성과 변화의 능력을 설명하려 했다. 인간 세상에는 질병과 건강을 설명하고 치료할 수 있는 거대한 흐름이 존재한다고 생각했던 것이다.

의학자와 철학자 모두 신체와 마음으로 건강과 질병을 이해했고, 이 둘의 적절한 균형이 건강 유지에 중요하다고 생각했다. 그리스에서는 의사와 철학자가 밀접한 관련을 맺고 각자의 역할을 행했으며, 뼈·혈액·근육의 차이, 건강과 질병의 차이를 인체 구성요소의 조합으로 설명하려 했다.

마케도니아 왕가의 주치의였던 니코마코스의 아들로 태어난 아리스토텔레스는 대부분의 그리스 철학자들처럼 철학 이외의 자연과학에도 많은 업적을 남겼다. 생물의 발생 과정을 연구하고, 사람과 동물의 해부를 기술한 《동물의 역사》에서 남성이 여성보다 이가 더 많다는 재미있는 내용을 남기기도 했다. 엠페도클레스의 4원소설에 우주공간에 존재한다는 에테르라는 물질을 추가해 5원소설을 주장하기도 했다.

아리스토텔레스는 심장을 인체의 중심기관으로 생각했으며, 성장혼, 감각혼, 이성혼을 지닌다고 주장했다. 성장혼은 성장과 생식을, 감각혼은 운동과 감각을, 이성혼은 사고와 이성을 담당한다는 것이 그의 주장이었다. 아리스토텔레스를 본격적인 의학자라고 보기는 어렵지만, 동물과 인체 생리를 기록하고 후대 그리스 의학자들에게 철학적이면서도 과학적인 연구 태도를 물려준 만큼, 고대그리스의 중요한 의학자였다고 할 수 있다.

히포크라테스 이후 로마에서 활약한 최고의 의학자는 켈수스Celsus였다. 유능한 의사라기보다는 훌륭한 의학서적의 저자로 널리 알려진 켈수스는 《백과사전De Arbitus》을 편찬했다. 《백과사전》은 농업, 의학, 법률, 병학, 수사학, 철학 이렇게 여섯 분야로 구성된다. 그가 쓴 저서 가운데 가장 유명한 것은 《의학De medicina》으로, 인쇄기로 찍은 최초의 의학서였다. 《백과사전》 가운데 의학에 대한 여덟 권만이 완전한 형태의 사본으로 전하며, 프랑스 국립도서관, 바티칸 도서관 등지에 보관되어 있다. 《의학》에는 병의 종류에 따른 식이요법, 질병에 대한 병리학적 견해, 상처와 독에 대한 처방, 머리에서 발뒤꿈치까지 각 부위의 병리와 치료법, 눈에 대한 설명, 외과학적 관점에서 본 골학, 골절·탈구의 치료법 등이 들어있다. 특히 그가 기술한 외과에 대한 내용은 약 1500년 후 역사에 등장하는 '외과학의 아버지' 파레(Ambroise Paré, 1510~1590)가 남긴 외과학 수준에 필적한다는 평가를 받는다.

중세 초기에는 켈수스에 대한 평가가 히포크라테스나 갈레노스에 비해 현저히 낮았지만, 구텐베르크의 인쇄술 발명으로 《의학》이 출간되면서 그 명성이 널리 퍼졌다. 오늘날 염증은 통증, 부종, 열, 홍조, 기능 상실로 정의되는데, 켈수스는 이미 기능 상실을 제외한 네 가지 개념을 이용했다. 또 외과의사의 자세를 이렇게 설명했다.

> 외과의사는 젊어야 하고 절대로 떨지 않는 튼튼하고 침착한 손이 있어야 하며, 왼손을 오른손만큼 능숙하게 사용해야 한다. 예리하고 밝은 시력을 지니고 대담한 기개를 보이며, 연민에 가득차 환자를 간절히 치료하고 싶어해야 한다. 그렇다고 환자가 고통을 호소하는 데 흔들려 건성으로 수술하거나 덜 잘라내서는 안 되며, 고통의 호소에 흔들리지 않는 한, 필요한 모든 수술을 해야 한다

이렇듯 켈수스는 훌륭한 의서를 남겼지만, 실제로 의술 행위를 했느냐에 대해서는 이견이 있다. 훌륭한 임상의사로 일했다는 기록과 함께,

다만 의학지식을 백과사전식으로 저술한 부유한 귀족계급이라는 설도 있다. 당시 로마는 의사와 돌팔이의 구별 없이, 자기 직업을 의사로 택하면 질병 치료를 할 수 있었다. 그중에는 노예 출신도 많았다. 의사 면허제도가 시행된 지 겨우 한 세기가 지난 현실에서, 오늘날의 눈으로 그가 의사였는지 토론하는 것은 사실상 부질없는 일이기도 하다.

의학사의 최장수 지배자, 갈레노스

갈레노스는 가장 오랜 기간 의학을 지배한 인물로 페르가몬Pergamon에서 태어났다. 그는 알렉산드리아 유학으로 의학과 철학을 공부했으며, 로마에서 개업의사로 활약하면서 명성을 얻었다. 그리하여 영화 〈글래디에이터〉에도 등장하는 로마 황제 아우렐리우스Aurelius의 전속 의사로 활약했고, 의학뿐 아니라 철학, 수학 등에도 많은 업적을 남겼다.

갈레노스가 활약한 2세기 로마는 그리스문화, 언어, 지식에 정통해야 지식인으로 대우받던 시절이었다. 건축가이자 지방 유지이던 갈레노스의 아버지는 열네 살이 될 때까지 직접 문학·철학·수학 등을 가르칠 정도로 아들 교육에 열심이었다. 갈레노스가 열다섯 살이 되자 철학을 중점적으로 가르쳤는데, 어느 날 꿈에 아스클레피오스를 본 뒤 아들을 의학자로 키우겠다고 결심했다.

152년에 알렉산드리아로 건너간 갈레노스는 체계적인 교육을 받으며 독창적인 연구와 집필을 시작했다. 그는 곧 히포크라테스 의학의 이론과 실천에 대한 전문가가 되었고, 158년에 귀향하여 외과의사로 활약하면서 골절과 탈구 치료법, 머리 외상을 수술하는 방법, 찢어진 상처를 실로 봉합하는 방법, 잘린 혈관을 실로 묶는 법, 종양과 낭포 등을 절단

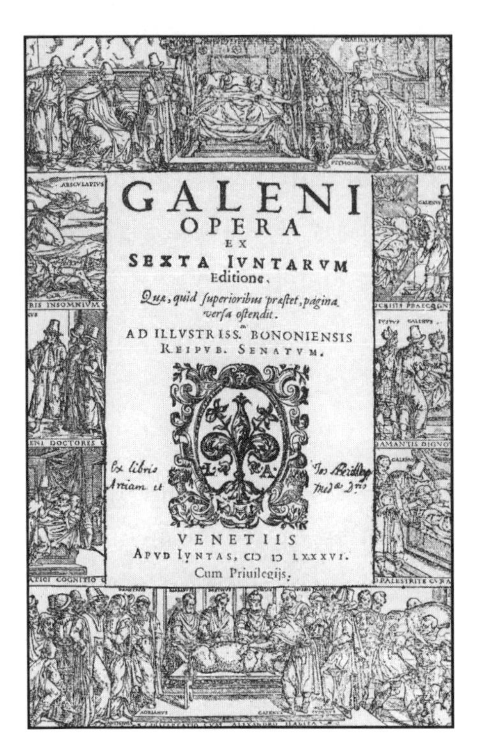

GALENI
OPERA
EX
SEXTA IVNTARVM
Editione,
Quæ, quid superioribus præstet, pagina versa ostendit.
AD ILLVSTRISS.mi BONONIENSIS
REIPVB. SENATVM.
VENETIIS
APVD IVNTAS, CIↃ IↃ LXXXVI.
Cum Priuilegijs.

《갈레노스 전집》. 갈레노스의 위대한 의학적 업적을 그림으로 나타냈다.

하는 방법, 방광 결석 수술법 등 많은 치료법을 개발했다. 또 검투사를 치료한 의사로도 유명하다.

162년 갈레노스는 부푼 꿈을 안고 그 시대의 중심지인 로마로 갔다. 하지만 변방에서 온 시골뜨기 의사를 무시하는 로마 의사들의 태도에 그만 기분이 상해 고향으로 돌아왔다고 한다. 그러다 아우렐리우스 황제에게 발탁되어 맹활약을 한다. 아우렐리우스 황제가 숨을 거둔 180년까지 갈레노스는 과학 연구와 저작 활동에 전념하며 살아갔다. 오늘날까지 전하는 고대그리스의 의학 문헌 가운데 절반을 그가 썼으니, 학문에 대한 열정이 대단했다고 해야 할 것이다.

그는 의학에서 실습의 중요성을 강조했으며 '의사는 자연의 소명자'라는 명언을 남기기도 했다. 그가 라틴어로 저술한 400여 권의 의학·철학 서적 가운데, 영어로 번역된 저술은 아직 반도 안 된다. 의학을 인간의 영역으로 바꾼 히포크라테스에 이어 의학의 과학적 기초를 닦은 그는, 로마시대에서 중세를 거쳐 근대가 한창 진행되기까지 1600년간이나 서양의학을 지배했다.

하지만 아무리 뛰어난 학자라도 시대가 지닌 한계는 있는 법. 인체

켈수스 이후 약 1500년이 지나서 '의화학의 아버지'라는 별명을 가진 유명한 의학자가 나타났으니 바로 파라켈수스(Paracelsus, 1493~1541)다. 그가 '의화학의 아버지'라는 별명을 얻은 이유는 수은, 비소, 안티몬, 납 같은 화학 물질을 의약품 제조에 사용하여, 약으로 쓸 수 있는 재료를 많이 개발했기 때문이다.

그는 1510년부터 바젤대학에 근무하면서 연금술 연구로 쌓은 화학 지식을 의학에 접목시키는 데 공헌했다. 경험을 바탕으로 한 학문을 중시한 그는 갈레노스의 전통에서 벗어나지 않으면 의학이 더 이상 발전할 수 없다고 주장했다. 이런 그의 학문적 태도는 지난 천 년 동안 갈레노스 의학이 지배하던 상황에서 받아들여질 수 없어서, 목숨을 건지기 위해서라도 오랫동안 떠돌아다녀야만 했다.

그는 갑상선종 · 규폐증 · 페스트 · 정신병 등에 대해 독자적으로 연구하고, 치료제를 만들었다. 또 질병이 종자 때문에 발생한다고 주장해 미생물의 존재를 예견했고, 의사와 약을 다루는 사람(약사라는 직업이 정립되기 전)의 비윤리적 태도를 공격하며 의료 개혁을 부르짖었다. 또 히포크라테스를 신봉한 경험주의자였다.

1536년 발표한 그의 역작 《대외과학》은 의학에 대한 깊은 견해를 담고 있으며 독일어로 쓰인 최초의 의학서다. 한편 파라켈수스는 켈수스의 업적이 독창성 없이 히포크라테스를 비롯한 초기 그리스 의사들의 업적을 되풀이한 것이라고 평가하면서, 켈수스를 능가하는 훌륭한 사람이라는 뜻으로 자신의 이름을 파라(para, 이상 · 뛰어넘는)켈수스로 바꾸었다.

가 아닌 동물해부를 통해 지식을 얻을 수밖에 없었던 갈레노스는, 혈관이나 내장에 대한 잘못된 지식을 가지고 있었다. 또 히포크라테스의 4체액설을 그대로 이어받았다. 물론 근육과 골격 등 눈으로 확인 가능한 분야에 대해서는 놀라울 정도의 통찰을 보였다. 그러나 그의 학문관은 신학을 중시하는 중세 상황과 잘 맞아 떨어졌고, 보수적이고 권위적인 중세의 학문 분위기 속에 그의 저술에 대한 부정은 곧 신에 대한 모독이었다. 갈레노스의 의학이 중세 내내 진리로 받아들여진 데는 이러한 역사적 배경이 자리하고 있었다.

인체를 바라보는 은밀한 눈, 해부

02

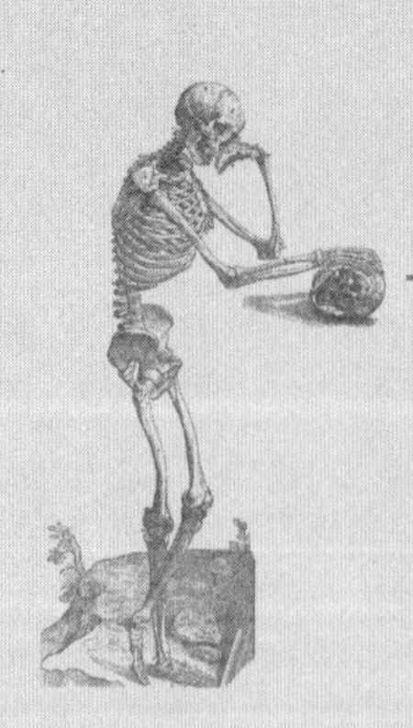

고대인도 인체를 들여다볼 수 있었으므로, 해부학의 역사는 오래되었다. 그러나 갈레노스의 해부학이 중세의 종교적인 폐쇄성과 결합하면서, 발전은 더디기만 했다. 근대로 접어드는 시기, 베살리우스가 직접 신체를 해부하면서 갈레노스의 신화를 깨고 해부학의 발전에 이바지했다.

해부학의 탄생

고대인은 어떻게 인체를 들여다보았는가?

해부학anatomy의 사전적 의미는 해부를 통해 생명체의 형태와 구조를 연구하는 학문이다. 'ana'의 어원은 영어로 'up' 또는 'apart'이고 'tom'은 'cut'을 의미하니, 생명체의 일부 또는 전체를 절개해 장기와 조직의 형태나 구조 등을 찾아보는 과정이 해부라 할 수 있다. 하지만 요즘은 현미경 같은 도구를 이용해 실제 자르지 않더라도, 몸속을 들여다보는 일이 가능하기 때문에 해부가 곧 절개를 뜻하는 것은 아니다.

생명체의 형태와 구조를 연구할 때 17세기 이전에는 맨눈으로 관찰하는 방법밖에 없었지만, 현미경이 개발되면서 미세한 변화를 관찰하는 일이 가능했다. 이렇게 해서 해부학은 세밀하게 분야가 나뉘는데, 정상적인 조직의 형태와 구조를 연구하는 학문을 조직학histology, 비정상적인 조직의 형태와 구조를 연구하는 학문을 병리학pathology이라 한다. 병리학은 장기나 세포의 비정상적인 소견을 육안으로 연구하는 경우도 포함한다. 조직학은 '미세 해부학microscopic anatomy'이라고 부르며, 여기에 대응해 전통 해부학을 '육안 해부학gross anatomy'이라고 한다.

레오나르도 다 빈치(Leonardo da Vinci, 1452~1519)처럼 그림을 위해 인체를 해부한 사람도 있고, 인간 내부에 대한 호기심을 충족하기 위해 해부한 경우도 있겠지만, 의학적 측면에서 보면 해부는 인체 내부 조직

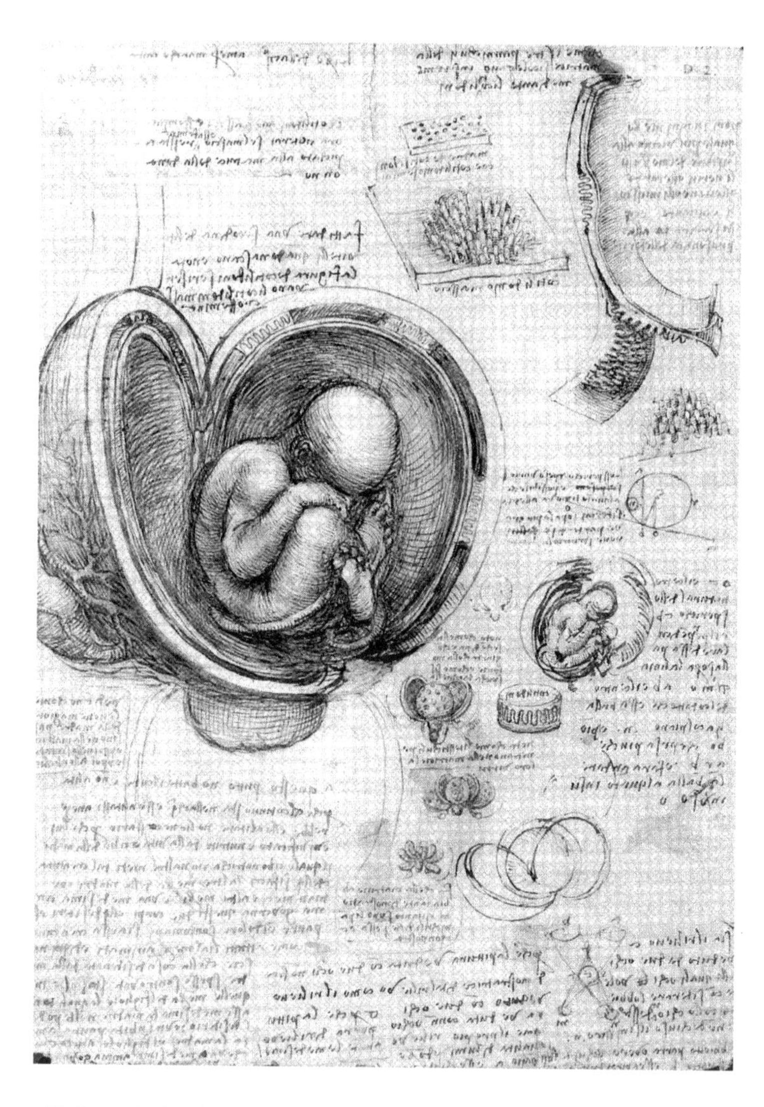

레오나르도 다 빈치가 그린 태아의 모습. 자궁의 모습이 식물의 난소나 남성 고환과 유사하다. 해부하지 않고 상상에 의존해 그렸음을 알 수 있다.

과 장기의 기능을 알기 위한 필수적인 코스였다. 더욱이 수술의 경우에는 인체 내부의 모양을 알아야 행할 수 있는 치료법이다. 그렇다면 언제부터 해부가 시작되었을까?

정답을 찾기란 쉽지 않지만 '인류 탄생과 함께' 라는 말이 맞을 것이다. 칼을 도구로 사용하는 데도 많은 세월이 필요했는데, 원시인이 어떻게 해부할 수 있냐고 물을 수도 있다. 하지만 날카로운 '메스' 를 써야만 해부할 수 있다는 생각을 잠시 접어보자.

사냥과 수렵 생활을 하며 오늘날처럼 복식을 완전히 갖추지 않은 원시 인류는 항상 상처에 노출되었을 것이다. 다리나 팔에 깊은 상처를 입으면 피부가 벗겨지고 피가 흐른다. 본능적으로 지혈이 필요하다고 생각한 인류는 상처를 들여다보며 본래 상태로 회복시키기 위한 방법을 고민했을 것이다. 그때 처음 인류는 겉으로 드러난 자신의 인체가 아닌, 얇은 피부 뒤에 존재하는 내부의 모습들과 조우했을 것이다. 물론 문명의 발전 속도에 비해 해부학의 발전은 그리 빠른 편은 아니었다. 그러나 고대부터 긴 시간 동안 인류는 조금씩 인체의 비밀에 대해 알아가고 있었다.

인류가 남긴 기록물 가운데 가장 오래된 것은 이집트의 파피루스다. 그러니 해부학의 첫 기록을 추적하자면 파피루스로 거슬러 올라갈 수밖에 없다. 하지만 그전에도 인류가 해부학적 지식을 지녔음을 알 수 있는 결정적인 단서가 있다. 기원전 약 5000~1만 년의 것으로 추정하는 '구멍 뚫린 머리뼈' 다. 구멍 뚫린 머리뼈는 영국, 프랑스, 에스파냐 등지의 서유럽 국가는 물론 폴란드를 비롯한 동유럽 국가와 남아메리카에서도 발견된다.

구멍 뚫린 머리뼈의 수술 흔적에서는 새로운 뼈가 자라나면서 상처가 치유된 가골假骨을 볼 수 있다. 가골은 골절 부위에서 새로 생겨난 육아조직으로, 상처 부위가 나으려면 가골이 반드시 생겨야 한다. 여기에는 골수와 골피질이 포함되며, 골절의 정도와 영양 상태에 따라 가골이 어느 정도 잘 자라는지 결정된다. 가골이 생겨난 것을 보면, 머리 수술을 한 뒤에도 매우 오랜 기간 살아남았다는 사실을 알 수 있다. 경우에 따라서는 머리뼈 하나에 여러 구멍이 뚫린 것도 있다. 왜 머리에 구멍을 뚫었는지에 대해서는 학자들마다 의견이 다르다. 정신과 치료나 두통의 해소, 악령의 축출 등이 주된 목적이었던 것 같다. 어떤 이유이던 이 행위를 통해 인류는 인체의 형태와 구조를 목격했을 것이고, 이때부터 조금씩 해부학적 지식을 얻었다.

기원전 약 2000년경 기록된 파피루스 가운데 가장 오래된 것은 카훈 파피루스The Kahun Papyrus인데, 아쉽게도 여기서 해부학적 내용은 찾을 수 없다. 기원전 1700년경 작성한 에드윈 스미스 파피루스(The Edwin Smith Papyrus, 기원전 약 3500년 전 기록을 필사한 것으로, 수술과 관련된 내용이 많아서 '에드윈 스미스 서지컬 파피루스The Edwin Smith Surgical Papyrus' 라고도 한다)에는 심장, 간, 비장, 콩팥, 방광 같은 장기에 대한 내용이 기술되었으며, 심장 혈관에 대한 이야기도 있다. 공기와 점액을 운반하는 혈관들, 뇌의 주름이나 뇌척수액에 대한 설명도 있어, 해부의 경험이 있었음을 짐작할 수 있다.

그러나 오른쪽 귀로 향하는 두 개 혈관을 통해 생명 유지의 힘이 전달되고, 왼쪽 귀로 가는 두 개 혈관으로 죽음에 이르는 힘이 전달된다는 식의 이해하기 힘든 내용도 있다. 기원전 약 1550년경 작성한 에버스 파피루스The Ebers Papyrus는 심장이 혈관으로 혈액을 공급하는 가장 중심 기관이라고 기록했다. 또 혈관이 온몸에 분포되어있다는 내용도 들어있다. 이집트인들은 혈액은 물론 눈물, 소변, 정자 같은 다른 체액도 심장에서 나온다고 믿었다.

파피루스뿐 아니라 미라 역시 그 당시 해부학을 짐작할 수 있는 중요한 단서다. 이집트보다 더 발전된 문명으로 서양 역사의 시작을 알린 그리스는 다른 분야와 마찬가지로 해부학을 포함한 의학 분야에 많은 유산을 남겼다. 해부학에 대한 역사적 기록이 본격적으로 등장하는 이 시기에는 대부분 동물을 해부하고 정보를 얻었다.

그리스 해부학의 선구자는 바로 기원전 5세기에 크로토나에서 활약한 알크마이온Alcmaeon이었다. 크로토나는 이탈리아 남쪽에 위치한 그리스 식민지로 수학자 피타고라스를 주축으로 한 학파의 중심지로 유명하다. 하지만 알크마이온은 피타고라스학파와 특별한 관련이 없다. 알크마이온은 인류 역사상 최초로 동물해부라는 과학적 연구방법을 사용했지만, 해부학적 지식을 얻기 위한 것은 아니었다. 그의 목적은 사람의 지성이 어디서 비롯되는지를 찾는 데 있었다. 하지만 그는 이 과정을 통해 숨을 쉴 때 공기가 통과하는 통로인 기관氣管을 알아냈고, 인간의 능력이 가장 잘 발휘되는 부분으로 뇌를 꼽았다. 그의 해부학적 통찰력과 지식을 높이 평가할 수 있는 대목이다.

'의학의 아버지' 히포크라테스도 해부학에서 훌륭한 업적을 남겼다. 물론 그 당시 인체해부는 금지되었다. 인도적 의술을 주장한 그가 중세 말기의 해부학자처럼 시체를 훔쳐가서 해부했을 가능성은 거의 없다. 하지만 그는 인간의 몸에 대해 놀라울 정도로 잘 알고 있었다. 히포크라테스가 남긴 자료에 따르면, 근골격계 구조와 콩팥을 비롯한 몇몇 장기의 기능에 대한 지식이 있었다. 염소 등의 실험동물을 해부해서 얻은 결과다. 그는 사람의 뇌가 수직으로 배열된 막에 의해 양쪽 반구로 나뉘고 수

많은 혈관이 뇌로 들어가서 혈액을 공급한다고 남겼다. 치질, 골절, 탈구 같은 훌륭한 외과 기록도 남아있는 것으로 보아, 해부학적 지식이 풍부했음을 알 수 있다.

이집트에도 해부의 '달인'이 있었다. 그리스의 바티니아 칼케돈 출신이지만 주로 알렉산드리아에서 활약한 헤로필로스Herophilus는 해부학적 지식을 얻기 위해 사체를 해부했다. 켈수스의 기록에 따르면 그는 적어도 600명의 죄수를 해부했다고 한다. 그리고 이를 통해 수많은 해부학적 업적을 세웠다.

실험과 관찰을 중시한 헤로필로스는 참관자에 둘러싸여 해부하기도 했으며 눈, 간, 침샘, 췌장, 생식기 등 수많은 장기를 관찰하고 기록으로 남겼다. 그는 샘창자(십이지장)와 전립샘의 이름을 붙였고 약, 운동, 영양의 중요성을 강조하기도 했다. 맥박을 최초로 측정했으며 식물성 약의 효용가치를 인정하기도 했다. 그가 쓴 아홉 권의 저서 가운데 히포크라테스의 저작물에 대한 해설도 있었으나, 272년 알렉산드리아 도서관 화재 때 모두 불타버리고 말았다. 알렉산드리아에는 기원전 3세기경 약 70만 권의 장서를 소장한 최고의 도서관이 있었으며, 많은 학자가 몰려드는 학문의 중심지였다.

로마의 해부학

역사의 중심에 유럽을 등장시킨 그리스의 강력한 영향력도 기원전이 기원후로 바뀔 무렵에는 많이 약화되었다. 대신 대제국을 건설한 로마가 역사의 중심지로 서서히 부상했다. 로마의학은 그리스의학의 영향을 많이 받았다. 아스클레피아데스Asclepiades는 로마에 의학교를 설립했고, 켈수스, 루푸스, 소라누스, 아레테우스 등이 이곳에서 유명 의사로 활약했다. 하지만 역사적으로 주목받지는 못했다. 로마시대를 통틀어 최고의 의학자라 할 수 있는 갈레노스만이 인류 역사상 최고의 의사 자리를 다툴 만한 능력을 보여주었다. 그는 18세기가 끝날 무렵까지 약 1600년간 의학이라는 학문을 지배했다.

'로마 최고의 의사', '의사의 왕자', '실험생리학의 아버지'라고 불린 그는 실습의 중요성을 강조했으며, 해부학과 생리학에 훌륭한 업적을 많이 남겼다. 그는 "자연의 모든 것은 헛되이 존재하는 것이 아니라 기능을 위해 존재한다."라는 아리스토텔레스의 목적론적 신념에 근거해, 생체 내에 존재하는 모든 조직과 기관에 의미를 부여했다. 하지만 사람을 직접 해부하지 않은 채 동물실험을 통해 얻은 정보라, 심혈관계와 내장에 대해서는 오류가 많았다. 이후 16세기 베살리우스가 인체해부를 통해 약 1400년간 철썩같이 믿어온 그의 해부학에 문제가 있음을 발견한다.

갈레노스 이후 한 세기가 지나는 동안 유럽에서는 해부학적 발전이 거의 없었다. 중세는 '암흑시기'였다. 5세기 로마가 유럽을 통일하면서 시작된 중세시대에는 모든 인간사회에서 벌어지는 일이 종교의 교리에 의해 통제를 받았다. 다만 갈레노스의 업적을 수용한 아라비아 지방에서는 홍역과 두창(천연두)을 구별한 라제스(Rhazes al Rhazi, 865~932) 아라비아 의학의 최고봉인 아비센나(Avicenna, 본명 이븐 시나Ibn-sinā, 980~1037) 같은 훌륭한 의학자들이 해부학 발전을 도모하고 있었다. 특히 '페르시아의 아리스토텔레스', '아라비아의 갈레노스'라 불리는 아비센나는 의학의 역사에서 가장 유명한 단행본이라 할 수 있는, 불세출의 거작 《의학전범》을 남겼다. 사전 형식인 이 책에서 아비센나는 갈레노스의 학설에 자신의 경험과 지식을 접목시켜 암흑시대가 끝난 중세 말, 유럽인들

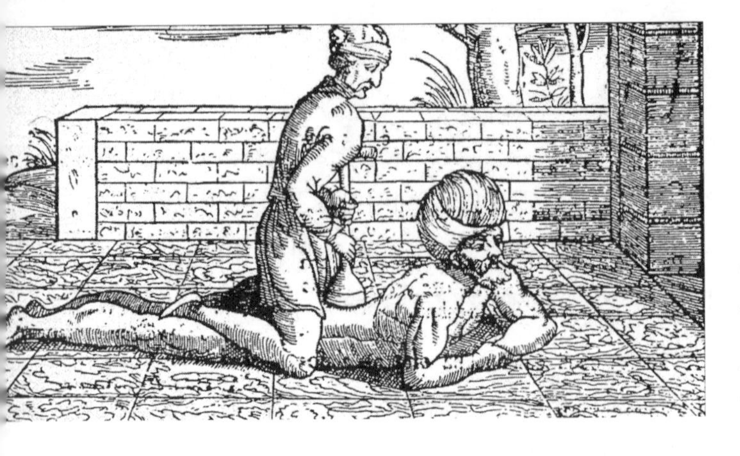

아비센나의 《의학전범》 초기 판본에 실린 치료 장면. 무거운 기구를 이용해, 척추 골절이나 탈구를 치료한다.

이 의학에 새롭게 눈뜰 수 있는 토대를 마련해주었다.

또 해부학에서 뚜렷한 업적을 남긴 아라비아의 가장 유명한 외과의사라 할 수 있는 아불 카심(Abul kasim, 1013~1106)은 갑상샘 결절을 진단하기 위해 가는바늘흡인생검(Fine Needle Aspiration Biopsy, FNAB)을 최초로 실시했다. 빈 주사기 끝에 달린 바늘을 이용하여 세포나 조직을 조금 빨아내는 방법이다. 이렇게 해서 문제가 생긴 부분을 치료할 수도 있고, 빨아낸 조직을 받침유리에 놓고 도말(유리판에 발라 만든 현미경 표본)한 후 현미경으로 관찰하면 병리학적으로도 진단할 수 있었다.

해부학 선생님은 이발사?

1156년 이탈리아 볼로냐에 유럽 최초의 대학이 문 열었다. 십자군 전쟁 같은 대규모 인구 이동으로 아라비아 의학을 접했던 유럽에서는 아라비아에서 들어온 책을 다시 번역해 고대의학을 다시 발견했다. 중세를 억누르던 신학 중심의 분위기가 서서히 금가면서 학문의 발전을 위한 분위기가 형성되었다. 비록 이탈리아의 일부 지역이기는 했지만, 해부는 피할 수 없는 대세였다. 이윽고 볼로냐대학의 용기 있는 의학자가 공개적으로 해부를 시작했다. 그가 바로 몬디노(Mondino de Liuzzi, 1258?~1326)였다. 그가 자신의 경험과 연구를 바탕으로 1315년에 발간한 《해부학De Anatome》은 의학을 공부하는 이에게 아주 유용한 교과서였다.

그런데 이 수업의 해부학 선생님은 다름 아닌 '이발사' 였다. 몬디노는 그저 학생들 앞에서 갈레노스의 책을 읽어주면서 이발사가 해부하도록 지시만 했다. 이발사가 해부조수 겸 외과의사 노릇을 한 이유는 칼을 잘 다루기 때문이었다. 이 전통은 아직도 우리 생활에 남아있는데, 바로 이발소의 삼색등이다. 여기서 빨간색은 동맥, 파란색은 정맥, 흰색은 붕대를 뜻한다.

이러한 수업 방식에는 한계가 있었다. 수업의 목표는 그저 갈레노스의 기술이 맞는지 틀리는지 확인하는 것이었고, 학생들도 주위에 둘러서서 바라만 보았을 뿐, 실제 해부에는 참여하지 않았다. 그러다 보니 새로운 발견이란 애당초 가능하지 않았다. 그럼에도 해부학 실습은 어느 정도 성과를 거두어, 몬디노는 큰창자(대장)에서 막창자(맹장), 곧창자(직장), 잘룩창자(결장)를 구분하고, 작은창자(소장)에서 샘창자, 빈창자(공장), 돌창자(회장)를 나누었다. 비록 정확하지는 않으나 간과 콩팥 주변의

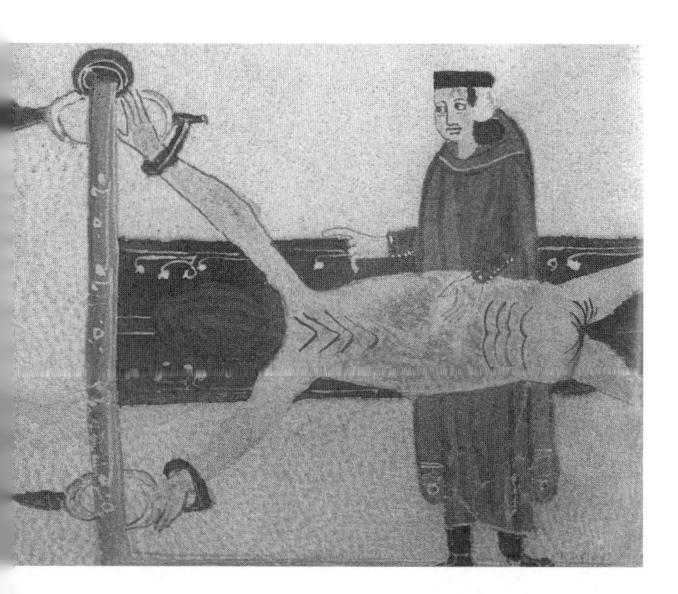

수술 받는 장면을 그린 13세기 그림. 이발사들은 대략 1100년부터 외과수술을 집행했다. 가운데 머리카락을 밀었던 수도승은 머리를 손질할 때뿐 아니라 피가 날 때도 이발소에 갔다. 이발사는 수술뿐 아니라 해부도 담당했다.

구조물에 대한 기록과, 혈액 순환을 뜻하는 심혈관계에 대한 기록도 남겼으며, 뇌신경계와 뼈에 대한 내용도 담았다.

그 뒤 항해술이 발전하면서 지리적으로 새로운 항로가 개척되었고, 상업과 무역이 발전했다. 사람들의 의식 변화도 생겨났고, 중세 사회를 좌지우지하던 종교 분야에서도 개혁의 물결이 일었다. 물론 대부분의 학자들이 마녀의 존재를 믿는 일이 벌어지기도 했지만 말이다. 그러면서 이제 더 이상 이발사의 칼솜씨에 의존하지 않고, 직접 메스를 들고 시체를 해부하는 학자가 나타나기 시작했다. 베렌가리우스(Jacobus Berengarius Carpensis, 1460~1530)가 바로 그 주인공이다.

외과학의 발전과 매독에 대해 뛰어난 업적을 남긴 그는 수백 구의 시체를 해부해서 간, 막창자와 꼬리〔충수(충양돌기)라 하며 흔히 맹장염이라 할 때는 여기에 염증이 생기는 병을 가리킴〕 등에 관한 자세한 서술을 남겼다. 외과의사의 아들로 태어나 중세가 끝나고 근대로 접어드는 시기에 활약했으므로, 종교적 영향력이 전보다 약해지던 때였다. 특히 그의 모국 이탈리아는 인체해부가 허용되던 몇 안 되는 지역이었다.

이런 분위기 속에서 그는 수많은 시체를 해부했는데, 때로는 살아있는 사람을 해부했다는 믿을 수 없는 이유로 고발을 당하기도 했다. 베렌가리우스는 인체해부를 통해 축적한 지식을 수많은 해부도로 남겨놓았다. 몬디노의 이론을 뒷받침하기 위한 작업에 평생을 보낸 그는 1521년에 《몬디노의 해부학을 보충하는 주해》를 남겨, 인류 역사상 '최초'의 해부도를 남긴 사람이라는 평가를 받았다.

하지만 만능 탤런트인 레오나르도 다 빈치를 떠올리면, 그러한 평가에 고개를 갸웃거리게 된다. 레오나르도 다 빈치는 베렌가리우스보다 더 일찍 해부도를 그렸기 때문이다. 회화와 조각에 뛰어났던 다 빈치는 인체해부를 통해 인체의 밑바탕이 되는 구조물을 정확히 알아냈다. 그러나 그의 해부도는 사후 200년이 지나서야 발견되는 바람에, 해부학 발전에 아무 기여도 하지 못했다. 유럽인들이 베렌가리우스의 해부도를 최초의 것으로 인정하는 이유는 여기에 있다.

그런데 레오나르도 다 빈치 이전에 그려진 해부도는 없을까? 정답은 당연히 '있다' 다. 중국에서 가장 오래된 해부도는 10세기 전반에 연진인燕眞人이 그린 것이다. 이를 비롯하여 중국에는 해부도가 많이 남아있지만 거기 나타난 인체 내부구조는 실제와 많은 차이가 있다는 한계가 있다. 이는 베렌가리우스 이전에 그려진 서양의 해부도도 마찬가지다. 곧 베렌가리우스의 해부도가 최초라는 말에는, 인류 문명에 준 영향력에 대한 판단이 들어있는 셈이다.

'근대 해부학의 아버지'라고 칭송받는 인물로는 베살리우스(Vesalius, 1514~1564)가 있다. 벨기에 브뤼셀에서 의사의 아들로 태어난 베살리우스의 집 한 쪽 구석에는 처형된 죄인의 시체를 방치해두는 곳이 있었다. 그 덕분에 시체의 부패 과정을 관찰할 수 있었던 베살리우스는 학교에서 가르치는 갈레노스의 의학에 의심을 갖고 무엇이든 직접 해부해서 확인해봐야 한다고 생각했다. 1533년 파리대학에서 의학 공부를 시작한 그는 동물해부와 수집한 사람뼈를 통해 해부학을 본격적으로 연구했다. 베살리우스 때도 이발사 선생님들이 해부를 진행했는데, 베살리우스는 그것이 불만이었다. 그래서 뜻이 통하는 몇몇 친구와 함께 공동묘지를 돌아다니거나, 사형수의 시체를 찾아다녔다고 한다.

하지만 애석하게도 당시 파리는 인체해부를 마음대로 할 수 없는 곳이었다. 베살리우스는 더 많은 해부를 하기 위해, 인체해부에 제한이 없는 이탈리아 파누아대학교로 옮겨갔고, 마침내 의학사 학위를 받았다.

근대 해부학의 아버지 베살리우스. 《인체의 구조》를 그린 칼카르의 목판화로 매우 사실적이어서 해부학의 발전에 많은 기여를 했다.

파두아대학교는 학문의 자유가 허락되지 못한 중세에도 비교적 자유로운 학문 분위기를 유지했던 중세 해부학의 메카였다.

마침내 파두아대학교에서 강의를 맡게 된 베살리우스는 직접 해부학 수업을 진행했다. 그리스, 로마, 아라비아 등지에서 온 의학서에만 의존하는 방식을 거부했던 것이다. 이렇게 직접 해부해보니, 책과 실제 인체는 다른 점이 많았다. 그리고 여기서 발견한 결과들을 1538년 베네치아 여행 중에 만난 친구인 네덜란드 미술가 칼카르Calcar의 도움을 받아, 여섯 장의 해부도가 실린 책을 냈다. 그리고 인체해부에 대한 연구를 계속한 끝에, 갈레노스의 인체해부학에서 발견한 잘못을 바로잡은 《인체의 구조》(1543)를 펴냈다. 그리고 초판 발행 후 1555년에는 2판인 《인체의 구조에 대한 7권의 책》, 일명 《인체해부학》이라고도 하는 책을 펴냈다.

뼈, 근육, 혈관, 신경, 복부 및 생식기관, 흉부, 뇌 등의 7권으로 구성된 이 책은, 코페르니쿠스가 저술하여 인류 역사상 최초로 지동설을 주장한 천문학책보다 훨씬 과학적인 태도로 기술되었다는 극찬을 받았고, 특히 칼카르의 해부도에 많은 이들이 열광했다. 베살리우스는 해부뿐 아니라 외과의사의 역할까지 이발사들이 맡는 현실을 비판하며, 질병을 베살리우스의 저서 《인체의 구조》에 실린 인체 근육 그림. 베살리우스는 갈레노스의 인체해부학에 반기를 들고 직접 신체를 해부하여 자세한 그림을 남겼다.

제대로 치료하기 위해서는 내과적 처치와 외과적 처치를 동시에 합리적으로 진행해야 한다고 역설했다.

베렌가리우스가 본격적인 해부학의 역사를 연 뒤부터 여러 학자들이 직접 해부에 나섰지만, 모든 나라에서 허용되지는 않았다. 그래서 베살리우스 역시 정치·사회·교회의 상황에 따라 거처를 옮기며 연구했다.

그 당시는 "육체의 뼈대 가운데 한 개는 불멸성을 지니고, 이 뼈는 육체가 부활할 때 그 육체의 핵심을 형성한다"는 교회 측의 이야기가 진실처럼 받아들여지는, 중세교회가 사회 전반을 장악한 시기였다. 이렇듯 중세의 그늘이 짙게 드리워진 시기에 베살리우스는 비과학적인 오류를 서슴지 않고 비판했다. 이러한 태도는 교회의 적대감을 불러일으켰고, 결국 반대파들은 그의 책을 불태우기에 이르렀다. 그렇게 강단에서 내쫓긴 베살리우스는 에스파냐 궁정에서 의사 생활을 하면서 말년을 보냈을 뿐, 젊은 날의 열정을 쏟아 붓던 해부학 연구로는 돌아가지 못했다.

그 뒤 베살리우스는 갈레노스의 진리에 위배되고 종교적 가르침에 맞지 않는 연구결과를 발표한 죄를 사면받기 위해 1563년 예루살렘으로 성지순례를 떠났다. 하지만 배가 난파하면서 들린 지중해의 한 섬에서 풍토병에 걸려 쓸쓸히 최후를 맞이했다. 종교적 교리 속에 숨겨졌던 인체를 직접 확인하려 했던 그의 열정은, 후대 의학자들에게 커다란 영향을 주었다.

베살리우스의 스승 실비우스

15세기 의학자 가운데 실비우스(Jacobus Sylvius, 1478~1555)라는 프랑스 해부학자가 있다. 두보아Jaque Dobois라고도 부르는 그는 파리대학에서 언어학과 수학을 공부했다. 뒤늦게 의학에 입문해 몽펠리에대학 의학과를 쉰 살이 넘은 나이에 졸업했다. 그 후 파리대학과 왕립대학에서 해부학 및 외과학 교수를 지내면서 그전까지 번호로만 구분되던 수많은 근육과 혈관에 이름을 붙였다. 이로써 해부학 발전이 한층 빨라졌다.

실비우스는 의학사에 길이 이름을 남긴 베살리우스와 세르베투스(Michael Servetus, 1511?~1553)를 조수로 거느린 만큼 인복이 있었다. 하지만 말년에 조수였던 베살리우스와 심한 의견 충돌을 벌인다. 자신이 옹호한 갈레노스의 입장을 부정하는 베살리우스의 책이 출간된 것이다.

1543년 베살리우스는 《인체의 구조》를 발표해 찬사를 받았지만 기존 학계에서 완강한 저항을 받는다. 그를 경멸과 질시의 눈으로 바라본 학계의 비판자들 중에는 스승 실비우스도 있었다. 스승은 베살리우스를 아예 '미친 놈'이라고 불렀다. 항상 진리를 추구하는 학자들도 새로운 이론이나 결과의 등장 앞에서는 진지한 검증보다 옛것에 의존하려는 보수적 경향을 보인다. 베살리우스를 비판한 실비우스의 주장 가운데는 이런 구절이 있다.

> 갈레노스의 기술에는 잘못이 없다. 베살리우스의 이론은 갈레노스 이후 수많은 세월이 흐르는 동안 인체에 생긴 미세한 변화를 갈레노스의 잘못된 기술이라 착각한 것뿐이다. 즉 베살리우스가 지적한 넓다리뼈(대퇴골,

femur) 굴곡의 차이는 세월이 흐르면서 갈레노스 시대와 달리 좁은 바지가 유행하기 시작하면서 발생했다. 따라서 갈레노스의 기술에는 아무런 문제가 없다.

지금 생각해보면 완전히 엉터리이지만 그 시대에는 베살리우스보다 실비우스의 이론을 받아들였다. 그렇다고 실비우스 자체가 엉터리 학자는 아니었다. 그는 종교적으로 비교적 자유로웠던 네덜란드에서 임상실습을 도입하여 의학 교육의 혁신을 이끌었다. 목경부, 빗장밑(쇄골밑), 가로막(횡격막), 겨드랑(액와) 등 그가 명명한 수많은 해부학적 명칭이 현재까지 남아있는 것을 보면 실비우스의 영향이 얼마나 대단했는지 쉽게 짐작할 수 있다.

다만 새로운 이론 앞에서 객관적인 태도를 취하지 못했다는 점은 아쉬움으로 남는다. 실비우스는 갈레노스에 대한 베살리우스의 도전을 결코 곱게 보지 않았다. 하지만 제자의 오류를 지적하기 위해 직접 해부를 해본 뒤에는 갈레노스의 잘못을 인정했다고 한다.

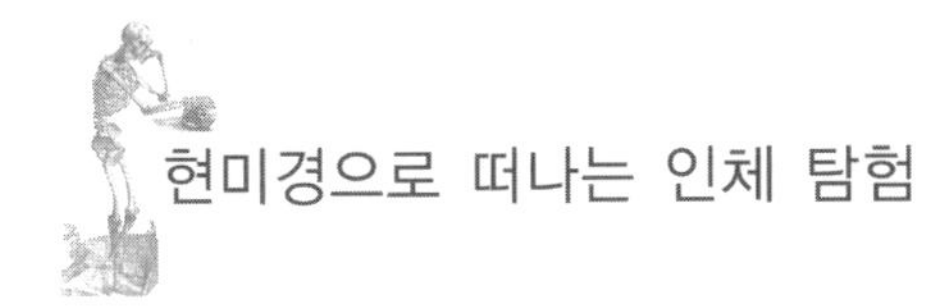

현미경으로 떠나는 인체 탐험

청소부, 현미경을 발명하다

아래 인물의 공통점은 무엇일까?

1. 1268년 윌리엄 드 루브룩William de Lubruc
2. 1590년 자카리아스 얀센Zaccharias Janssen
3. 1610년 갈릴레오 갈릴레이Galileo Galilei
4. 1660년 안톤 반 레벤후크Anton van Leeuwenhoek
5. 1926년 한스 부쉬Hans Busch

정답은 현미경이다. 여기서 다른 질문을 던져보겠다. 누가 최초로 현미경을 만들었을까? 그런데 '최초' 또는 '발견' 같은 말을 정의하기란 쉽지 않다. 세상만사가 계속 변하기 때문이다. 최초로 현미경을 만든 사람이 누구인가 하는 질문에 답하기 위해서는, 우선 현미경이 무엇인지를 생각해보아야 한다. 단순히 크기가 작은 것을 확대할 수 있으면 현미경인지, 또는 확대경이라 해야 하는지, 아니면 크기가 작은 것을 확대하더라도 과학 발전에 기여해야 '최초' 라고 인정할 수 있는지 등을 고려해야 한다. 그런데도 우리는 '최초', '가장' 이러한 말을 즐겨쓴다. 복잡하고 모호한 개념을, 단순하고 명확한 것으로 바꾸려는 습관 탓일지도 모른다.

만약 가까운 미래에 수십 억에서 수백 억에 이르는 초고온 전자현미경이 상용화되어 오늘날의 광학현미경을 대치해버린다면, 현미경이 전자현미경만을 의미하는 시대가 올지도 모른다. 광학현미경이 원시적인 기계라며 현미경의 족보에 넣어주지도 않는다면, 그때는 전자현미경을 처음으로 만든 사람이 최초의 현미경 개발자로 거론될 것이다.

현미경의 발견은 인체를 탐험하려는 학자들에게 대사건이었다. 앞에서 말한 인물 가운데 루브룩은 볼록 렌즈를 발견했고, 얀센은 이것을 이용해 물건을 확대할 수 있음을 알았다. 이렇게 해서 얀센은 렌즈를 두

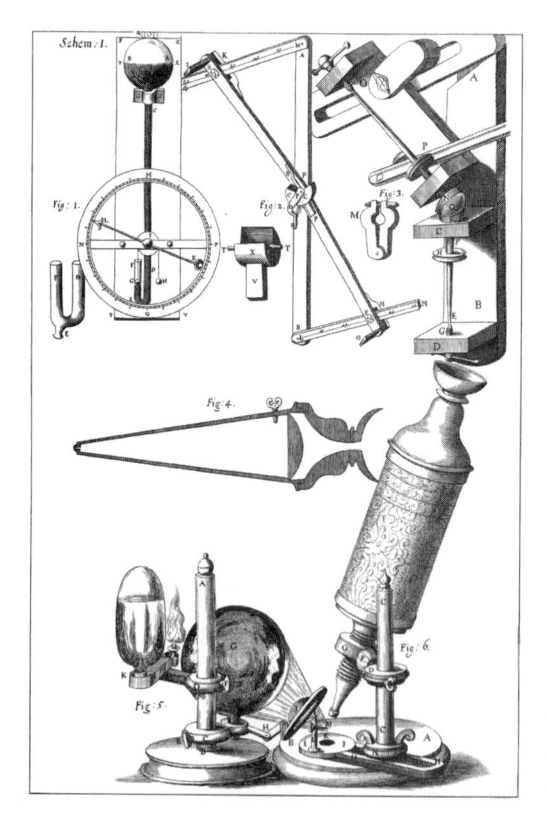

레벤후크와 훅이 발명한 최초의 현미경. 그들은 이 현미경으로 미세한 생물을 관찰함으로써 의학의 새 장을 열었다.

개 겹쳐놓고 관찰하기도 했으나, 이를 스크린에 비추는 수준에는 이르지 못했다. 오늘날의 망원경과 비슷한 형태였던 이 현미경은 제국주의 시대이던 당시에 해저 탐사 등으로 이용되었다. 얀센의 업적을 평하자면 단순현미경simple microscope을 처음 만들었다고 할 수 있다. 망원경을 최초로 만든 갈릴레이 역시 현미경을 개발하기는 했다. 얀센의 원리를 응용한 이 현미경은 배율을 더 높이기는 했지만, 과학적 업적을 이루도록 도움을 주지는 못했다.

레벤후크는 비로소 '현미경의 개발자' 라는 평을 받는 사람이다. 그의 현미경은 오늘날의 것처럼 대물렌즈와 대안렌즈를 이용한 것으로, 확대를 위해 오목렌즈를 사용했다. 그는 1660년에 자신이 고안한 현미경으로 세균을 처음 관찰했고 배율은 약 240배였다. 네덜란드 델프트에서 태어난 레벤후크는 열여섯 살에 학교를 중퇴하고 암스테르담에서 포목원 점원으로 일했다. 그 뒤 고향으로 되돌아가서 시청 공무원, 청소부 등 여러 직업을 전전하다 우연히 렌즈의 응용방법에 관심을 갖게 된다. 그렇게 해서 현미경을 개발한 레벤후크는 이를 이용해 빗물, 세균, 곰팡이, 정자 같은 작은 대상들을 관찰했다.

그의 발견을 전해들은 그라프(Reinier de Graaf, 1641~1673)는 당시 학문의 중심지이던 영국 왕립학회에 이 내용을 보고하라고 했다. 지금껏 인류가 한 번도 목격하지 않은 새로운 세계가 열리는 순간이었다. 1673년부터 1723년까지 레벤후크는 모두 250회 넘게 자신의 관찰결과를 편지에 담아 왕립학회에 보냈으며, 이 편지는 영어로 번역되어 출판되기도 했다. 1674년 9월 7일에 작성한 이 보고서에서 레벤후크는 아주 작은 동물을 의미하는 'animalcules(극미동물)' 이라는 단어를 사용했다. 여러 재료를 가리지 않고 현미경을 통해 들여다보는 일에 흥미를 느낀 레벤후

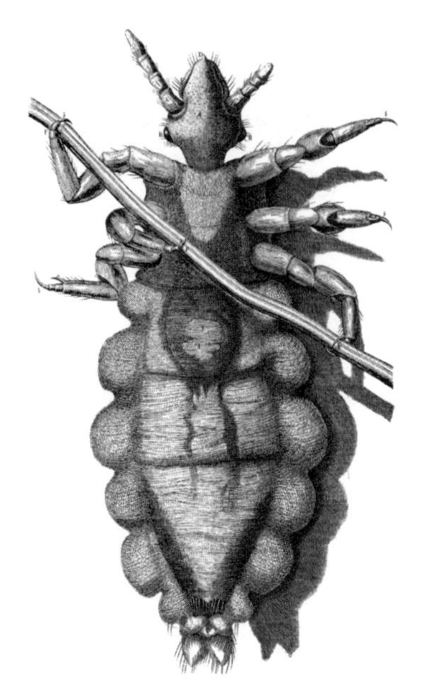

현미경으로 관찰한 이의 삽화. 레벤후크와 훅은 관찰 결과를 그림으로 꼼꼼하게 기록했다.

크는 관찰 결과를 그림으로 그렸다.

이 소식을 듣고 흥분한 또 다른 과학자가 있었으니 바로 훅(Robert Hooke, 1635~1703)이었다. 탄성에 대한 훅의 법칙으로 유명한 그는 영국에서 네덜란드로 한걸음에 달려와, 레벤후크에게 현미경 제작 원리를 배웠다. 훅이 찾아온 뒤 관찰을 그림으로 기록하는 일은 더욱 활기를 띄게 되었다. 둘은 함께 현미경을 개발해 새로운 재료를 관찰하고, 그 결과를 기록으로 남겼다. 그리고 둘은 1678년에 최초의 복합현미경을 개발함으로써 현미경 발전에 한 획을 그었다.

그런데 불행하게도 레벤후크와 훅은 현미경을 만드는 원리를 공표하지 않은 채 그만 세상을 떠나버렸다. 과학자들은 현미경의 비밀을 알아내기 위해 노력했으나 100년이 지나도 더 진보된 현미경을 만들어낼 수 없었다. 그러다 19세기에 들어서면서 현미경이 학문 연구에 재등장했다.

현미경에 관해 말할 때 빼놓을 수 없는 인물이 바로 피르호(Rudolf Virchow, 1821~1902)다. 지금도 그런 사람을 볼 수 없는 것은 아니지만 학문이 크게 발전하지 않았던 과거에는 아리스토텔레스나 레오나르도 다 빈치같이 혼자서 여러 분야에 불세출의 업적을 남기는 슈퍼맨들이 출현한다. 피르호도 그런 사람 가운데 하나다. 프로이센의 시펠바인에서 태어나 19세기 의학계에 빼놓을 수 없는 위치를 차지한 그는, 현미경으로 관찰한 미세표본을 질병 진단에 도입해 '병리학의 아버지' 라는 별명을 얻었다.

피르호는 1843년 베를린의 프리드리히 빌헬름 연구소에서 의학과정을 마치고 병리학을 전공했으며, 1845년 흰 피를 가진 질환이라는 뜻의 '백혈병白血病' 에 대하여 최초로 기술했다. 1848년 실레지아 지방에 유행성 발진티푸스가 발생하자, 위생의 중요성을 강조하며 프로이센 정부의 위생행정을 비난하기도 했다. 1849년부터 뷔르츠부르크대학, 베를린대학 등에서 병리학 교수로 활약하며 육안 위주의 병리학을 현미경을 이용한 세포 관찰로 전환하여 병리학의 수준을 한 단계 끌어올렸다.

그는 질병이 세포 같은 미세한 신체 부위의 이상으로 발생한다는 이론을 통해 현대 면역학의 기초를 다지기도 했다. '의학은 사회과학이다', '어떤 훌륭한 이론적 고찰도 확실한 실증 앞에서는 그 생명력이 사라진다' 같은 명언을 남긴 피르호는 현미경을 이용한 관찰을 중요시한 진정한 '병리학의 아버지' 였다. 20세기에 들어서는 부쉬가 전자현미경 개발에 성공함으로써, 나날이 발전하고 있는 영상술 발전의 기초를 닦았다.

X선을 발견하다, 인체 영상술의 시작

인체를 눈으로 확인할 수 있다는 점은 커다란 의학적 발전을 가져왔다. 하지만 인체를 부득이하게 손상시킬 수밖에 없는, 해부라는 방법 말고 인체의 은밀한 내부를 들여다볼 수 있는 방법은 없을까?

X선 발견이라는 위대한 업적을 남긴 독일의 뢴트겐(Wilhelm Konrad Röntgen, 1845~1923)은 인류의 그러한 소망을 현실로 만들었다. 그가 활동한 19세기 말에는 진공관 속의 전기현상에 대한 연구가 활발했다. 신

공관 라디오에 이용하는 진공관 내부를 빛이 차단된 곳에서 살펴보면, 진공관 내부의 금속선에서 튀어나온 전자가 유리관벽에 부딪히면서 내는 녹색빛을 관찰할 수 있다. 이때 전자가 부딪힌 유리관에 알루미늄판을 대면, 전자는 이 판을 뚫고 지나간다. 하지만 시안화바륨을 바른 유리판을 대면 전자가 부딪히는 순간, 더 밝은 빛을 발한다. 여기서 X선을 발견할 수 있는 단서가 발견되었다.

뢴트겐은 왜 이런 일이 일어나는지 알아보기 위한 연구를 시작했다. 1894년부터 레너드관을 이용한 실험방법을 생각해냈는데, 주석을 두른 음극에서 무엇이 나오는지를 확인하기 위해서였다. 그 결과 시안화바륨을 칠한 유리판을 방안에 놓고 크룩스Crookes관에 전류를 통했더니, 그전까지는 발견하지 못한 검은 줄이 그 유리판 위에 나타난다는 사실을 알았다.

폐결핵의 정확한 진단을 위해 X선 사진을 찍고 있는 모습을 그린 목판화. 약 1900년에 제작되었다. 현재도 폐결핵은 가슴 X선 사진을 찍어서 검사한다.

뢴트겐은 그 검은 줄의 정체를 밝히기 위해 실험 조건들을 조작하며 계속 연구했다. 시안화바륨을 칠한 유리판이 빛나는 이유는 분명 잘 모르는 물질이 튀어나오기 때문이리라 생각했던 것이다. 뢴트겐은 그 광선의 파장이 가시광선 범위 바깥에 존재하는, 방사능을 지닌 특수 빛이리라 짐

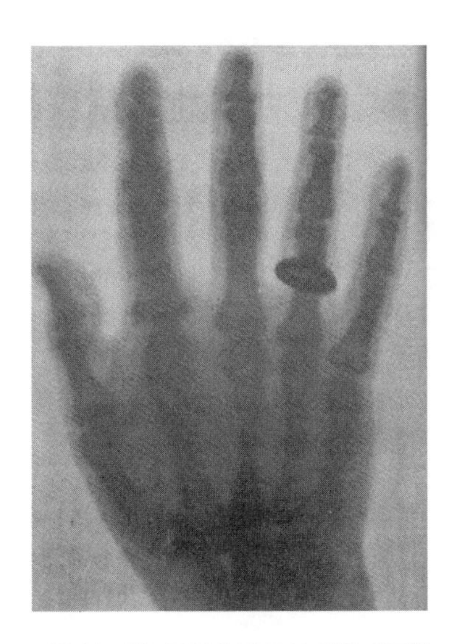

1895년 12월 22일에 X선으로 찍은 뢴트겐 부인 손. 손가락에 낀 반지가 검게 나타난다. 뢴트겐은 X선을 발견한 업적으로 1901년 최초의 노벨 물리학상 수상자가 되었다.

작했다.

그런데 1895년 11월 8일, 뢴트겐은 우연히 관 앞에 자신의 손을 놓았다가 깜짝 놀랐다. 분명 자신의 손을 두었지만 유리판에 나온 모습은 '손'의 모습이 아니었다. 뢴트겐이 발견한 신비의 방사선은 손을 뚫고 나와 유리판에 뼈의 모양만 선명히 보여준 것이다.

세상에 알려지지 않은 이 특이한 '빛', 곧 방사선의 발견에 뢴트겐은 뛸 듯이 기뻐했다. 하지만 뢴트겐 자신조차도 이 방사선이 얼마나 많은 분야에 유용할지는 잘 몰랐다. 그는 정체불명의 '빛'이라는 뜻에서, X선X-ray이라는 이름을 붙였다. 현대 물리학의 출발을 알린 신호탄인 X선의 발견은, 가장 위대한 과학 발견의 하나로 평가받는다. 이 업적으로 뢴트겐은 1901년 첫 노벨 물리학상을 수상했다.

2차원 영상에서 3·4차원 영상으로

뢴트겐의 X선이 2차원 영상으로 우리 몸을 확인할 수 있는 것이라면, 이를 바탕으로 3·4차원의 영상을 구현할 수 있는 방법도 등장했다. 1972년, 영국의 하운스필드Godfrey N. Hounsfield와 미국의 코맥Allan M. Cormack은 검

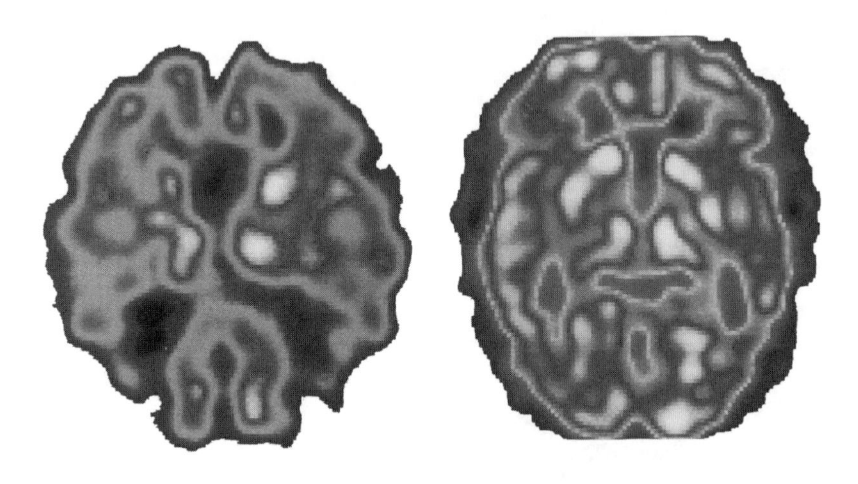

PET(양전자방출 단층법)으로 촬영한 인간의 뇌. 왼쪽은 알츠하이머병에 걸린 모습이고, 오른쪽은 정상이다. 정상 뇌는 좌뇌와 우뇌의 대뇌반구를 나타내는 부위가 대칭적이지만, 알츠하이머병에 걸린 뇌에서는 조직이 손상되어 고르지 못하다.

퓨터의 도움을 얻어 촬영하는 전산화 단층촬영술(Computer Tomography, CT)을 개발해, 3차원 인체 영상을 얻었다. 이들은 이 기술로 1979년 노벨 생리의학상까지 수상했다. 같은 해에는 미국의 로터버Paul C. Lauterbur와 영국의 맨스필드Peter Mansfield가 자기공명 영상술(Magnetic Resonance Imaging, MRI)을 개발했다.

얼핏 보면 전산화 단층촬영술과 비슷하지만, 서로 잘 찍을 수 있는 인체 내부의 대상이 다르므로 인체의 미세한 해부학적 변화를 찾는 데 큰 도움을 준다. 회전하는 원자핵이 강한 자기장에 놓이면 그 강도에 비례하는 세차운동(歲差運動, 넘어지는 팽이의 축이 만드는 원추형의 운동)이 일어나고, 원자핵이 고유하게 방출하는 고주파를 안테나로 모아 컴퓨터로 영상화하는 것이 자기공명 영상술이다.

인체에 해가 없고 해상도가 뛰어난 3차원 영상을 얻을 수 있으며 시술자 마음대로 방향을 잡을 수 있다는 장점이 있다. 하지만 비용이 너무 비싸고 중환자나 폐쇄공포증 환자는 사용하기 어렵다.

그리고 3년 뒤인 1975년에는 양전자방출 단층촬영술(Positive Emission Tomography, PET)이 등장했다. 인체에서 일어나는 생화학적 변화를 양전자를 방출하여 영상화하는 핵의학 분야의 새로운 영상술이다. 여기서는 질병이 본격적으로 진행하기 전에 발생하는 생화학적 변화를 감지해, 질병을 조기 진단하고 미세한 변화를 찾아낸다.

1992년 일본의 세이지 오가와小川言成二는 자기공명 영상술이면서 인체 내부의 기능까지 알아볼 수 있는 기술인 기능적 자기공명 영상술(functional Magnetic Resonance Imaging, fMRI)을 개발했다. 이 방법으로 뇌를 촬영하면, 뇌의 기능이 정상 상태와 비교하여 어떻게 변하는지 알아볼 수 있다.

X선을 쬐면 머리카락이 빠진다?

뢴트겐의 업적은 일대 소동을 불러일으켰다. 이 새로운 광선이 원하는 것을 모두 투시할 수 있다고 오해하는 사람들, X선 투과를 방지하는 특수한 물건이 있다며 시장에 내다파는 사람들, X선을 쬐면 물건을 크게 하거나 수를 늘릴 수 있다는 사람들이 나타났다. 진공 안에서의 전기 현상을 연구하던 많은 과학자들도 X선에 관심을 두면서, X선은 일상생활의 여러 곳에서 유용하게 쓰였다.

그러나 X선이 언제나 유용하기만 했던 것은 아니다. 발견 초기부터 X선이 인체에 미치는 부작용이 속속 드러났다. 일례로 뉴욕에서는 X선을 이용한 사진이 어떻게 나타나는지 시범을 보이던 사람이 심한 피부 화상을 입는 일이 일어났다. 하루에 두세 시간씩 X선에 노출되었던 그는 처음에는 피부가 건조해지더니 차차 햇빛에 화상 입은 듯 변해갔다. 그리고 손톱이 자라지 않고 피부가 오그라들었으며, 나중에는 머리카락, 눈썹, 속눈썹이 뭉텅뭉텅 빠져나갔다.

20세기 초, 미국 최고의 발명가이자 과학자이던 에디슨(Thomas Alva Edison, 1847~1931)도 X선에 관심이 많았다. 그의 조수였던 데일리는 자신의 몸을 X선에 노출시키는 실험을 하다가, 39세가 되던 1904년에 미국에서는 처음으로 X선에 의한 부작용으로 사망했다. X선은 위험하지만 적은 양은 인체에 부작용을 크게 남기지 않아서 아직도 여러 분야에서 이용하고 있다.

뇌, 인간 존재를 말하다

03

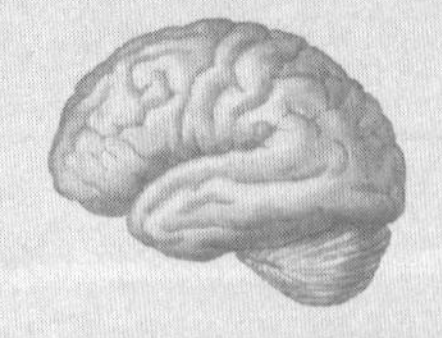

인체의 핵심이라 할 수 있는 인간의 뇌는 비교적 최근에 연구되었다. 하지만 아직도 뇌에 대한 이야기는 무궁무진하다. 중추신경계의 핵심인 뇌를 알면 우리 몸의 신비를 조금씩 풀 수 있을 것이다.

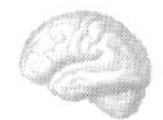

인류는 '뇌'를 어떻게 사유했나

구멍 뚫린 머리뼈의 정체

날이 갈수록 뇌와 신경의 중요성이 커지면서 뇌에 대한 사람들의 관심도 높아간다. 뇌와 신경이 유독 신체에서 특이한 기능을 하기 때문만은 아니다. 짐작하겠지만 뇌에 대한 관심은 '과학기술의 발전'과 관련이 있다. 중세가 끝나고 근대로 접어들면서 소화나 혈액순환에 대한 연구는 꽤 많은 발전을 이루었다. 하지만 뇌와 신경은 워낙 미세하고 작은 단위로 기능하는 탓에, 이를 관찰할 수 있는 연구기술은 낮은 수준에 머물렀다. 비로소 뇌와 신경에 대한 연구가 활발해진 시기는 20세기 들어서다.

오늘날 뇌가 우리 몸을 통제하고 관할하는 중심 장기라는 데 이의를 제기할 사람은 없다. 그렇다면 고대인은 어떠했을까? 여기서 덧붙여 말하자면, 이미 지나간 역사에 대해 알기란 쉬운 일이 아니다. 예언자 노스트라다무스를 생각해보자. 그가 실제로 미래를 보았는지 아니면 희대의 사기꾼인지는 알 수 없으나, 이 점만은 분명하다. 그가 목격한 미래 세상을 아무리 자세히 기록했다 하더라도, 오늘날의 사람들이 그것으로 의도를 파악하기란 쉽지 않았으리라.

그가 미래를 볼 줄 알아도 미래에 사용하는 용어까지 다 알고 있지는 않을 것이기 때문이다. 이는 《성경》의 '나병'이 오늘날의 한센병과 같다고 할 수 없는 것과 마찬가지다. 과거의 기록으로 유추하는 것은 발 그대로 미루어 짐작할 뿐 정확한 해석은 아니다. 바로 이 점이 시대를 뛰어넘어 연구할 때 겪는 어려움이다. 마찬가지로 고대인들이 뇌와 신경에 대해 어떤 지식을 지녔는지 정확히 판단하기란 어렵다.

고대 이집트 기록 가운데 신경계에 대해 기술한 부분이 있다. 기원전 1700년경에 기원전 3500년경의 기록을 필사한 이집트의 에드윈 스미스 파피루스다. 여기에는 뇌에 해당하는 단어가 등장하며, 뇌 표면의 주름, 뇌막과 뇌척수액에 대한 기록도 찾을 수 있다. 또 기원전 1300년의 이집트 부조에는 소아마비로 신경 손상을 입은 제사장이 등장하는데, 한쪽 다리가 오그라들고 발의 형태가 변형된 모습이다.

지구 곳곳에서 발견되는 뇌수술 흔적이 남은 유골을 대할 때면 고대인이 뇌의 기능을 알고 있었다는 확신이 든다. '외과학의 아버지'라 불리는 16세기 프랑스 의사 파레는 수술에서 다루는 다섯 가지 작업을 '비정상적인 것 제거하기', '탈구된 것 복원하기', '뭉친 것 분리하기', '분리된 것 통합하기', '자연적으로 잘못된 것을 바로잡기'로 분류했다. 이런 기준으로 보자면, 수술 대상이었던 질병 가운데 가장 오래된 것은 약 50만 년 전 자바원인의 뼈에서 발견한 종양이다. 곪은 부위에 구멍을 내어 쓸모없는 액체를 빠져나오게 한 이 방법은 원시시대까지 거슬러 올라가는 외과적 치료방법의 하나다.

구멍 뚫린 머리뼈는 파레의 정의에 따른 수술이 행해진 가장 오래된 예를 보여주는 유물이다. 이 유골은 유럽과 잉카 문명 지역에서 수백 개나 발견되었으며, 16~18밀리미터의 타원형 구멍이 특징이다. 고고학적 지식에 따르면 이러한 수술은 기원전 약 5000~1만 2000년 전부터 시행된 것으로 보인다. 다만 마취제가 없는 상태에서 통증으로 온몸을 뒤틀었을 환자를 어떻게 고정시켜놓았는지, 어떤 수술 장비를 이용했는지,

수술 후 생긴 자국을 어떻게 처리하여 2차 감염을 막았는지, 이렇게 수술을 받은 사람의 생존율이 얼마나 되었는지 등은 정확하게 해석하기 어렵다. 하지만 새로운 뼈가 자라난 흔적이 있는 것으로 보아 수술이 성공했을 가능성이 높다.

이러한 유골은 유럽보다는 남아메리카 유적에서 훨씬 많이 나타나기 때문에 남아메리카 사람들이 유럽인보다 수술법이 더 발전한 상태였다고 할 수 있다.

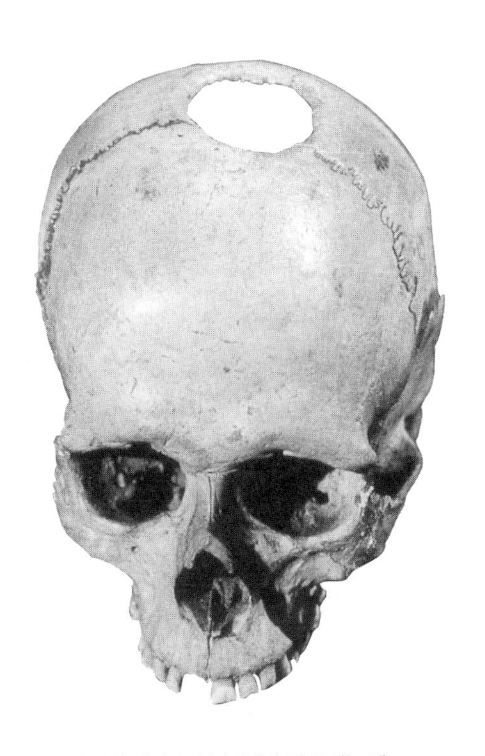

구멍 뚫린 머리뼈. 선사시대의 것 중에는 네모난 모양도 있다. 구멍의 크기는 다양한데 지름이 5㎝에 이르는 것도 있다.

한편 그리스 사람들은 뇌에 대해 더 자세히 알고 있었다. 시신경을 발견한 알크마이온은 엄마 뱃속에서 자라는 태아의 모습을 관찰해, 다른 부분보다 머리가 먼저 발달한다고 기록했다. 그리고 4체액설의 기본이 되는 네 용액 가운데 하나인 점액이 뇌에서 나온다고 생각했다. 한편 소아시아 출신으로 아테네에서 활약한 아낙사고라스Anaxagoras는 뇌가 마음과 영혼의 중심지 역할을 하며, 신경도 뇌에서 기원한다고 주장했다.

《히포크라테스 전집》에는 "사람의 뇌는 다른 동물들과 마찬가지로 수직으로 배열된 막이 두 개의 대칭적인 반구로 나뉘고, 뇌로 들어가는 많은 혈관들이 있다."는 기록이 등장한다. 또 신성병이라 불리는 간질이 사실은 뇌의 이상으로 발생하며, 감각 · 운동 · 지능이 모두 뇌에서 비롯된다는 훌륭한 내용이 기록되어있다. 그러나 "뇌로 들어가는 혈관의 일부는 가늘고 길지만, 두 혈관은 두껍다", "하나는 간에서 오며, 하나는 비장에서 온다"는 이해하기 힘든 내용도 있다.

히포크라테스가 세상을 떠나기 7년 전, 의사의 아들로 태어난 아리스토텔레스는 스승인 플라톤과 의학의 아버지 히포크라테스와 달리, 심장이 지능을 담당하고 마음과 영혼을 지배한다고 여겼다. 그리스 문명권에 커다란 영향을 미쳤던 그의 견해는 신경해부학 발전을 가로막는 요소가 되었다.

뇌의 복잡한 구조 가운데, 뇌 고유의 기능을 하는 부위는 어디일까? 뇌에 관심 있는 사람이면 누구나 이러한 호기심을 갖는다. 중세 학자들은 뇌의 중심지가 뇌실이라고 생각했다. 뇌실은 뇌 속에서 뇌척수액이 차있는 공간으로, 뇌 앞쪽에 좌우로 두 개가 있고, 그 뒤로 세 번째와 네 번째 뇌실이 있다. 뇌실 네 개는 서로 통한다. 각 뇌실에 있는 맥락얼기(맥락막총, choroid plexus)라는 구조물에서 뇌척수액을 만든다. 뇌척수액은 뇌실 안과 거미막하강 안을 천천히 돌면서, 중추신경 조직에 영양을 공급하고 대사산물을 배출한다.

중세 무렵 마그누스(Albertus Magnus, 1193~1280)라는 자연철학자는 뇌실을 앞, 중간, 뒤 이렇게 세 원형공간으로 나누면서, 첫째 뇌실은 상식, 중간 뇌실은 상상력, 뒤쪽 뇌실은 기억을 관장한다는 얼토당토않은 이론을 발표했다. 13세기 해부학자로 유명한 몬디노도 뇌실이 아주 중요한 기능을 한다고 생각했다. 바깥 뇌실의 앞쪽은 공상과 기억을 담당하고, 중간 부분은 특수감각, 뒤쪽 부분은 상상력과 인식된 대상을 통합하는 기능을 한다고 적었다.

여기다 세 번째 뇌실은 인식과 예언, 네 번째 뇌실은 느낌과 기억을 담당한다고 생각했으니 어떠한 근거였는지는 알 수 없다. 레오나르도 다 빈치 역시 뇌실의 존재를 알고 있었다. 그의 초기 그림에는 세 개의 뇌실이, 후기 그림에는 실제 뇌실과 비슷한 네 개 뇌실이 있다. 그 사이 뇌를 직접 해부해 보았다는 점을 알 수 있는 대목이다.

뇌의 중심이 어디인가에 대해서는 철학자 데카르트(René Descartes, 1596~1650)도 관심을 가졌다. 그는 인체를 통제하고 조절하는 영혼이 뇌의 중심부에 위치한 솔방울체(좌우 대뇌반구 사이 제3뇌실의 뒤쪽에 있는 작은 원모양의 내분비 기관)에 있으리라 생각했다. 하지만 그의 주장 역시 과학적 연구결과라기보다는 철학적 추론에 가까웠다.

뇌와 신경의 기능을 알아내려는 노력은 17세기 이후에도 계속되어 새로운 연구결과들이 쏟아졌다. 눈으로 관찰해서 얻은 해부학적 지식은 19세기 초에 거의 완성되었고, 현미경이 미세구조 연구에 이용된 뒤에는 더 자세한 관찰이 가능했다. 그리고 19세기가 끝나갈 무렵 신경세포(뉴런, neuron)를 염색하는 방법이 개발되어 20세기 신경과학의 발전으로 이어졌다.

뇌를 들여다보다

19세기 초반, 현미경을 이용한 연구가 널리 행해지면서 생명체의 기본 단위인 세포가 특정 개체에 존재하지 않고 동식물 모두에 분포하는 기본단위라는 사실이 알려졌다. 이와 함께 뇌조직의 미세구조에 대한 연구가 발달했음은 물론이다. 그러면서 신경세포의 구성과 기능도 쉽게 이해되었다. 슈반(Ambrose H. T. Schwann, 1810~1882)은 '세포'라는 작은 구조가 모여 동물의 몸을 구성한다는 점을 최초로 알아냈으며, 1838년

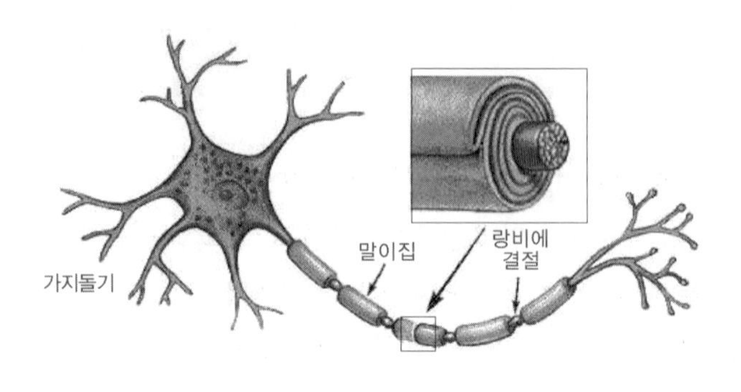

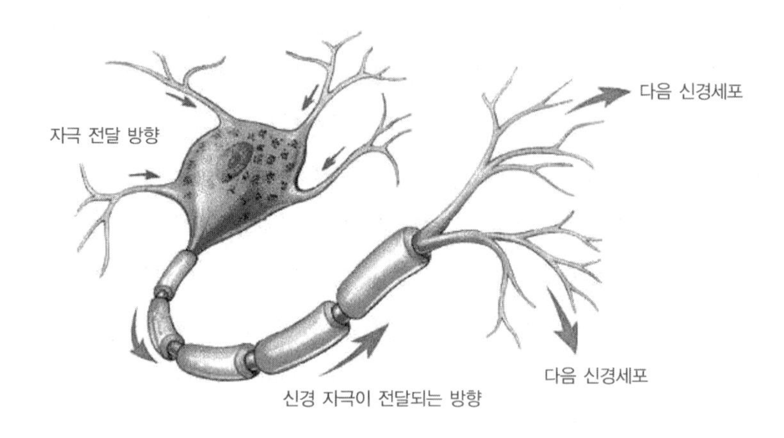

신경세포의 구조와 신경 자극의 전달 방향. 신경세포 가운데 말이집은 자극이 빠르게 전달되도록 돕는다. 말이집과 말이집 사이가 '랑비에 결절'이다.

처음으로 말이집(수초, myelin sheath)을 기술하면서 이를 형성하는 세포를 슈반세포Schwann cell라며 자신의 이름을 붙였다. 신경세포 구조 그림에서 한가운데 표시한 것이 말이집이고, 다섯 개의 말이집 사이 비어있는 작은 공간이 랑비에 결절Ranvier's node이다.

말이집은 신경세포를 구성하는 조직 가운데 하나로 각 신경을 둘러싸며, 절연체를 통해 신경이 빠르게 전달되도록 해준다. 말이집 사이사이 일정한 간격으로 존재하는, 신경섬유가 중단된 부분을 처음 발견한 랑비에(Louis Antoine Ranvier, 1835~1922)는 1878년 발행한 최초의 신경

조직학 교과서 《신경계통 조직학》에서 이 구조물을 설명하며 '랑비에 결절'이라 이름 붙였다. 여기서는 신경섬유의 분지가 나가고 이온 같은 물질이 교환된다. 신경은 이 결절 사이를 건너뛰며 빠르게 전달된다.

신경세포를 관찰하기 위해서는 현미경을 이용한다. 하지만 현미경의 성능이 좋다고 무조건 대물렌즈에 놓인 검체의 구조를 쉽게 발견할 수 있는 것은 아니다. 검체가 마치 '명암 조절에 실패한 흑백사진의 모습'을 하고 있다면, 어떤 부위도 확인할 수 없기 때문이다. 그러므로 특정 부위를 염색할 수 있는 염색법의 개발이 반드시 필요하다. 신경조직을 염색하기 위해 최초로 염색법을 사용한 사람이 게를라흐(Jozeph von Gerlach, 1820~1896)다. 그는 1858년 카민carmine을 염료로 소뇌를 염색하고 관찰에 성공했다.

그의 뒤를 이어 신경세포를 염색하여 신경조직 구조를 밝히는 데 가장 큰 역할을 한 사람은 라몬이카할(Santiago Ramón y Cajal, 1852~1934)이다. 19세기 말 그의 업적으로 20세기 후반의 뇌신경과학 연구가 시작되었다. 1852년 해부학 교수의 아들로 태어난 그는 아버지의 권유로 사라고사대학교 의과대학에 입학했다. 졸업 후 군의관으로 선발되어 쿠바에 파견 근무를 하면서 말라리아와 결핵을 연구했으며, 귀국한 뒤에는 모교에서 해부학 조교로 일했다. 해부학 가운데서도 현미경으로 조직과 세포를 관찰하는 조직학에 관심을 두었으며, 특히 신경계 조직학 연구에서 빛을 발해 뇌와 척수의 미세구조를 밝히는 데 뛰어난 업적을 남겼다.

라몬이카할은 신경계 구조와 기능의 상관관계를 알아내기 위해 노력했다. 그가 개발한 라몬이카할 염색법은 신경계 구조 연구에 큰 역할을 했으며, 이를 표본 제작에 응용하여 신경의 최소단위인 뉴런을 발견했다. 그는 뉴런이 축삭(축색돌기, axon)과 가지돌기(수상돌기, dendrite)로 구성되는데, 이 구조들은 연접(시냅스, synapse)되며, 모여서 신경계를 이룬다고 발표했다. 또 신경계의 발생 과정, 교감신경근의 미세구조 등에도 많은 업적을 남겨 신경과학 발전의 바탕을 마련했다.

비슷한 시기에 골지(Camilio Golgi, 1843~1926), 바이게르트(Carl Weigert, 1845~1904), 니슬(Franz Nissl, 1860~1919), 빌쇼프스키(Max Bielschowsky, 1869~1940), 오르테가(Pio del Rio Hortega, 1882~1945), 마르키(Vittorio Marchi, 1851~1908) 등에 의해 신경계의 여러 성분을 염색하는 다양한 방법이 개발되었다.

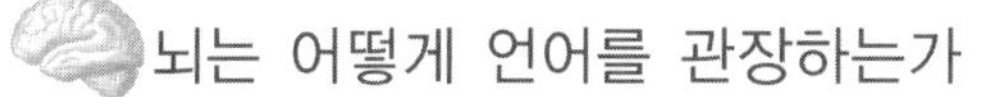

뇌는 어떻게 언어를 관장하는가

언어장애와 뇌

인류는 경험을 통해 머리를 다치면 이상한 행동을 한다는 사실을 알고 있었으며, 뇌가 사람의 몸을 통제하는 가장 중요한 기관이라는 점도 인식하고 있었다. 하지만 사람의 행동은 헤아릴 수 없을 만큼 다양한데, 뇌의 전체 기관이 작동하는 것인지 아니면 뇌의 각 부위가 서로 기능을 하는지는 의문이었다. 19세기에 접어들면서 우리 몸속 장기는 서로 다른 기능을 지니며, 그러한 기능을 가능하게 하는 물질의 분비가 장기 내 여러 세포에 따라 다르게 나타난다는 사실이 알려졌다. 그래서 자연스럽게 뇌의 여러 기능도 부위별로 다르리라 생각했지만, 사실 확인은 폴 브로카(Pierre Paul Broca, 1824~1880)라는 프랑스 의학자가 나타날 때까지 기다려야 했다.

프랑스 외과의사이자 인류학자인 브로카는 최초의 인류학회인 파리 인류학회와, 인류학을 전문으로 연구하고 교육하는 학교를 창설한 인물로, 인류학 발전에 대단한 영향력을 발휘했다. 그는 인류학을 연구하기 위해 살아있는 사람과 시체를 모두 연구 대상으로 삼았다.

브로카는 1861년에 실어증을 연구하던 중 뇌의 특정 부위가 손상되면 운동성 실어증이 나타난다는 사실을 발견했다. 실어증은 말 그대로 말을 잃어버리는 병으로, 대뇌가 손상되어 언어 표현이나 이해에 장애가 나타나는 현상이다. 대체로 어릴 때부터 나타나지만 뇌졸중 같은 병에 걸린 노인에게도 일어난다. 실어증은 다른 사람의 말을 이해할 수는 있지만 본인은 말하지 못하는 운동성 실어증, 말은 할 수 있지만 다른 사람의 말을 이해할 수 없는 감각성 실어증으로 나뉜다. 운동성 실어증을 일으키는 뇌의 특정 부위가 바로 운동성 언어령이다. 브로카의 발견을 기념해 브로카 중추Broca's area라고도 한다.

브로카는 영장류를 해부학적으로 비교하는 영장류 비교해부학에도 뛰어난 성과를 나타냈다. 신석기시대 유골의 머리뼈에 톱이나 날카로운 도구로 뇌수술을 한 흔적이 남아있는 것을 처음 발견한 사람도 브로카다. 그는 뇌의 특정 부위가 한 개인의 특징과 어떠한 연관을 지니는지 알아내기 위해 노력했다. 그렇게 해서 오늘날 변연계(가장자리계통, limbic system)라고 부르는 대뇌반구의 안쪽과 밑면이 행동의 동기 및 감정 상태와 관련 있음을 알아내기도 했다. 변연계는 기쁨, 불쾌, 우울, 놀람 등 우리의 다채로운 감정을 관장하는 뇌 영역이다. 브로카가 발견한 언어중추 또는 언어령은, 언어의 생성과 이해를 담당하는 대뇌피질의 특정 부위를 가리킨다. 상대방에게서 들은 소리가 특정 내용을 담은 언어임을 알고, 여기에 대응해 소리 내는 것이 이 부위가 맡은 역할이다.

인간이 아닌 동물에게도 뇌가 있다. 한때는 뇌의 크기를 토대로 그 개체의 능력을 판단했지만, 오래전에 사실이 아님이 밝혀졌다. 예를 들어 코끼리는 인간보다 뇌의 크기가 크지만, 지능면에서 인간을 앞서지는 못한다. 그래도 분명 인간과 동물의 차이점은 있다. 바로 인간의 대뇌반구 겉에 있는 대뇌피질이 아주 발달했다는 점이다. 얼핏 보면 별다른 차이가 없는 겉표면에는 눈으로 구별할 수 있는 경계도 없지만, 실제로는 위치에 따라 기능이 매우 다르게 나타난다.

언어중추도 현재는 세 부위로 나누어 구분한다. 브로카가 발견한 앞언어중추는 얼굴이나 입의 운동을 관장하는 영역의 앞쪽에 있다. 운동성 언어중추, 브로카 중추라 부르는 이 부위는 말을 할 수 있도록 근육에 운동 명령을 내린다. 그래서 이 부위에 손상이 생기면 소리는 낼 수 있지만, 특정 의미를 지닌 말은 할 수 없다. 이것이 바로 앞에서 말한 운동성 실어증이다.

브로카의 뒤를 이어 등장한 사람은 독일의 베르니케(Carl Wernicke, 1848~1905)였다. 브로카와 마찬가지로 뇌에서 언어를 담당하는 부위를 연구한 그는, 브로카가 발견한 언어중추가 모든 종류의 말하기를 관장하지 않는다는 사실을 발견했다. 대뇌에서 글자를 읽거나 말을 이해하는 또다른 부위를 발견해 브로카의 이론과 어떻게 다른지를 분석했다.

베르니케가 발견한 영역은 소리로 들어온 감각을 언어로 이해하는 곳으로 감각성 언어중추 또는 베르니케 중추Wernicre's area라고 한다. 앞에서 말했듯 이 부위가 손상되면 소리는 들을 수는 있지만, 거기 담긴 뜻을 이해할 수 없어 반응하지 못한다. 이를 감각성 실어증, 또는 베르니케 실어증이라 한다. 브로카가 발견한 부위를 '앞언어중추'라고 하며, 베르니케가 발견한 부위를 '뒤언어중추'라 한다. 청각을 맡아보는 영역을 포함하는 넓은 영역이다.

참고로 대뇌에는 위언어중추 부위도 있다. 이 부위는 앞언어중추의 보조 기능을 담당하는 곳이다. 세 개의 언어중추는 대뇌의 왼쪽 반구에 위치해있다. 한편 소리이기는 하지만 언어라고는 할 수 없는 고함이나 울음같이 본능이나 비이성적인 행동, 충격 등에 의해 발생하는 소리는 언어중추가 아니라 행동을 담당하는 변연피질 부위에 이를 담당하는 중추가 있다.

베르니케는 브로카와 자신의 연구결과를 종합해 언어에 대한 신경학적 모형을 고안했다. 이 모형은 나중에 게슈바인드(Norman Geschwind, 1826~1884)에 의해 보완되어 '베르니케-게슈바인드 모형'이라 불렸다. 이 모형은 말초에서 감지한 지각을 뇌에서 받아들이는 과정(감각)과 뇌에서 명령을 내려 행동으로 옮기는 과정(운동)으로 구분하여 뇌의 부위와 기능을 설명하는 훌륭한 모형이었지만 오늘날에는 널리 이용되지 않는다. 그러나 천체물리학에 그다지 쓸모없는 뉴턴의 역학을 알지 않고는 천체물리학을 공부할 수 없듯이, 더 이상 쓸모없는 모형이라도 역사적으로 학문의 발전을 가져왔다는 점만은 인정해야 한다.

브로카와 베르니케의 연구결과를 토대로 많은 신경과학자들이 대뇌

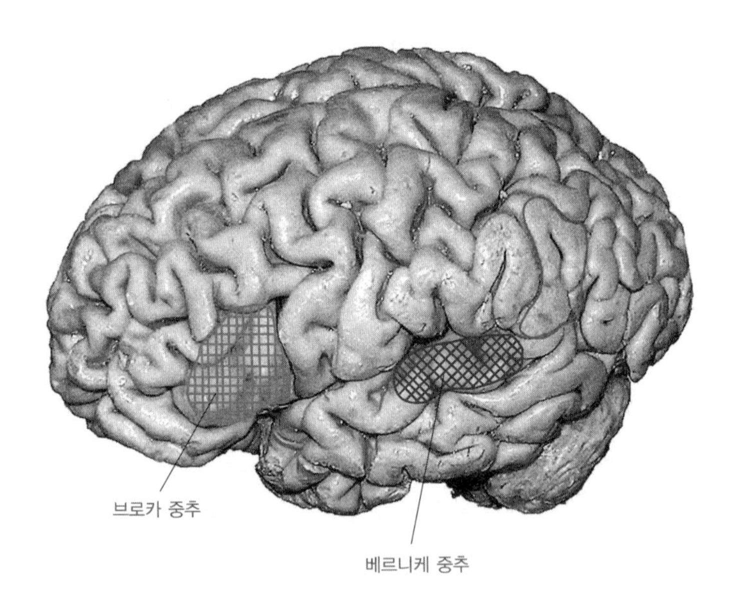

브로카 중추와 베르니케 중추의 위치. 뇌에서 언어를 담당하는 두 중추로, 손상되었을 때 나타나는 장애의 형태가 다르다.

에서 특정 기능을 담당하는 부위가 어떤 곳인지를 알아내기 위한 연구를 진행했다. 당시 연구는 주로 환자에게 볼 수 있는 특정 증상과, 환자의 대뇌 이상이 어디서 나타나는지를 연결시키는 방법이었다. 이러한 연구방법에서 벗어나 대뇌의 기능 부위를 알아내는 데 진일보한 방법을 사용한 학자가 독일에 출현했으니 프리츠(Gustav. Fritsch, 1837~1927)와 히치히(Eduard Hitzig, 1839~1907)가 그 주인공이다.

신경학과 정신과학에서 두각을 발휘한 이들은 1870년, 개의 대뇌피질을 자극해 대뇌피질의 부위에 따라 자율신경이 지배하는 근육 수축 부위가 다르다는 사실을 발견했다. 이들은 개 이외에도 원숭이를 비롯한 각종 실험동물의 대뇌피질에 전기 자극을 가한 후 어떤 반응이 나타나는지 확인함으로써, 대뇌피질의 각 부위의 기능을 알아냈다.

대뇌피질을 각 영역으로 구분해 그 기능을 한눈에 알아볼 수 있게 만든 사람은 독일의 브로드만(Korbinian Brodmann, 1868~1918)이다. 1901년, 베를린에 있는 뇌연구소 설립자인 포크트(Oskar Vogt, 1870~1959)를 만난 후 신경과학 연구에 몰두한 그는 1909년 대뇌 피질영역에 대한 연구결과를 집대성한 《대뇌 피질 영역에 대한 비교 연구》를 발행해 대뇌피질을 약 50개 부위로 구분했다. 책에서 그는 사람에게 존재하지 않고, 동물에게만 볼 수 있는 부위를 따로 구분하는 등 자신의 연구결과를 최대한 세세히 기록하려 노력했다.

독일의 구덴(Bernhard von Gudden, 1824~1886)도 뇌 연구를 위한 새로운 방법을 개발했다. 그는 뇌신경이 어디서 출발해 어떤 주행경로로 이동하며 어떤 부위에 분포하는지에 연구 초점을 맞췄다. 뇌의 병리 및 조직 소견을 관찰하기 위해 박절기(microtome, 조직을 아주 가늘게 절단하는 기계)를 최초로 사용하기도 했다. 뇌 기능 연구를 위해 그가 시도한 방법은 어린 토끼의 뇌 일부분을 손상시킨 후 시기별 뇌의 변화를 연구하는 것이었다. 이를 구덴Gudden 방법이라 한다.

구덴은 뇌의 각 부위가 어떻게 연결되는지 알아내는 데도 관심을 가져 배쪽피개핵과 등쪽피개핵을 비롯한 여러 작은 구조물도 발견했다. 그러나 구덴은 정신 이상으로 1886년 권좌에서 축출된 루트비히Ludwig 2세를 치료하다 살해당하고 말았다. 루트비히 2세는 영국에서는 '백조의 왕', 독일에서는 '동화 속 왕'이라 불린다. 편집증적 정신분열증을 앓았다고 알려졌는데, 구덴은 그를 치료하는 정신과 의사들 가운데 팀장 역할을 했다.

캐나다 신경외과의사 펜필드(Wilder Penfiled, 1891~1976)는 심한 간질 환자의 뇌에서 문제가 되는 대뇌세포를 골라 제거하는 수술로 유명하다. 국소마취한 상태에서 환자의 뇌를 전기적으로 자극하여 그 부위에 따른 반응을 연구했다. 그는 팔과 다리에서 전하는 감각을 받아들이는 뇌 부위와, 반대로 뇌에서 사지로 명령을 내리는 부위를 표시한 지도를 만들기 시작해 1951년에 발간된 《간질과 사람 뇌의 기능적 해부학》이란 책을 통해 자신이 완성한 뇌의 기능 부위 지도를 보여주었다.

인체에서 가장 유명한 '고리'

17세기 가장 유명한 신경해부학자는 영국 의사인 윌리스(Thomas Willis, 1621~1675)다. 그는 1664년에 쓴 《뇌 해부학—신경과 그 기능에 대한 내용 포함》이라는 책에서, 자신의 이름을 딴 윌리스고리(정식 명칭은 대뇌동맥고리)를 다뤘다.

이 책에는 당시 최고 건축가이던 렌(Christopher Wren, 1632~1723)이 그린 동판삽화가 들어있다. 보는 이들이 쉽게 이해할 수 있도록 복잡한 내용을 예술적으로 그려놓아, 오늘날에도 그 예술적 가치를 높이 평가받는다.

윌리스는 처음으로 선조체(corpus striatum, 바닥핵의 한 성분)에 대해 자세히 기술했으며, 선조체와 시상(thalamus, 감각 충동 흥분이 대뇌겉질로 전도될 때 중계 역할을 하는 달걀 모양의 회백질덩어리)을 구분했다. 내섬유막을 그림으로 나타냈으며, 그때까지 일곱 쌍으로 알려진 뇌신경이 열 쌍임을 확인하고 각각을 설명했다. 오늘날 임상과목인 '신경과학Neurology'이라는 용어도 윌리스가 처음 사용했다.

신경해부학자로 이름을 날린 그이지만 1664년 《뇌 해부학》을 발행한 뒤에는 내과 질병에도 관심을 가져 장티푸스, 백일해 등의 전염병과 요붕증(尿崩症, 소변이 지나치게 많이 나오는 병) 등에 대해서도 진일보한 내용을 기록으로 남겼다. 1966년 런던에 개업했을 때는 그의 명성을 듣고 찾아오는 환자들이 인산인해를 이루었다고 한다.

뇌의 기능을 관장하다

인체에서 뇌가 중요한 이유는 다른 인체 부위의 기능을 지배하기 때문이다. 그런데 인체의 한 부위에서 다른 부위로 신호를 전달하기 위해서는 신경을 거쳐야 하므로, 결국 뇌가 인체 기능을 총괄한다는 말은 신경세포가 뇌에 밀집되었다는 뜻이다.

실제로 뇌에는 약 150억 개의 신경세포가 존재하며, 열두 개의 뇌신경이 각종 기능을 담당하고 있다. 뇌신경은 고유이름을 가지고 있기도 하지만, 1에서 12번까지 번호를 붙여 구별하기도 한다. 뇌신경은 뇌와 가슴 쪽의 근육과 감각기관을 연결하는 신경을 가리킨다. 뇌간에서 출발한 뇌신경은 뇌 속에 들어있는 복잡한 구조물의 틈 사이를 빠져나와서 얼굴을 거쳐 자신이 지배하는 영역으로 퍼져나간다. 사람을 포함해 파충류 이상의 동물은 열두 개를 지니지만, 어류와 양서류에는 열 개만 존재한다.

처음에는 뇌신경 10개를 기술한 윌리스의 뇌신경 분류법이 보편적이었으나, 독일의 죔머링(Samuel Thomas Sömmerring, 1755~1830)은 여기에 문제가 있다며 12개의 뇌신경을 최초로 확인했다. 죔머링이 찾아내어 현재 이용하는 뇌신경 12개의 이름과 기능을 간략하게 정리해보자.

우선 1번은 후각신경(후신경, olfactory nerve)으로 후각을 전달하는 감각신경이다. 코 안쪽 윗부분의 후점막에 분포한다. 2번은 시각신경(시신경, optic nerve)으로 시각을 감지하는 지각신경이며, 망막의 신경세포층에 있는 다극신경세포에서 나오는 축삭이 안구의 후극에 모여서 생긴다. 3번은 눈돌림신경(동안신경, oculomotor nerve)이다. 안구의 운동이나 동공의 움직임을 지배하는 뇌신경으로 중뇌에서 나와 앞쪽으로 진행한다. 4번은 도르래신경(활차신경, trochlear nerve)이다. 뇌신경 가운데 유일하게 뇌간의 뒷면에서 나오는 신경으로 눈의 회전과 움직임에 영향을 준다.

5번은 삼차신경trigeminal nerve이다. 뇌신경 가운데 가장 크며, 감각부와 운동부가 혼합된 신경이다. 감각부는 목, 눈의 피부, 시각기, 비강과 구강의 점막, 치수齒髓 및 치주조직이 분포하며, 운동부는 저작근을 비롯한 근육의 기능을 조절한다. 치수는 이 속에 비어있는 부분인 치강에 가득찬 부드럽고 연한 조직을 가리킨다. 6번은 가돌림신경(외향신경, abducent nerve)이다. 눈 근육 가운데 가쪽직근에 분포하여 안구의 회전을 담당하고 동안근의 감각기능을 맡는다.

7번은 얼굴신경(안면신경, facial nerve)이다. 얼굴 표정을 결정하는 근육의 운동을 담당한다. 여기서 분지된 신경이 혀의 미각과 침샘과 눈물샘의 분비기능을 담당한다. 8번은 속귀신경(청신경, auditory nerve)으로, 안뜰신경(전정신경)과 달팽이신경(와우신경)으로 나뉜다. 안뜰신경은 평형감각을, 달팽이신경은 청각을 뇌에 전달한다.

9번은 혀인두신경(설인신경, glossopharyngeal nerve)이다. 촉각을 느끼는 감각으로 혀 근육을 움직이며 특수감각인 미각을 감지하는 기능을 세 종류 신경섬유를 가지고 있다. 10번은 미주신경vagus nerve이다. 뇌신경 가운데 가장 광범위하게 분포하며 경부·흉부·골반을 제외한 복부의 모든 내장에 퍼져서, 이들의 기작·운동·분비를 지배한다. 11번은 너무

신경(부신경, accessory nerve)이다. 운동기능만 있는 신경으로 상위의 목신경과 합쳐진다. 목빗근과 승모근의 운동에 관여한다. 12번은 혀밑신경(설하신경, hypoglossal nerve). 혀의 운동을 담당하는 운동성 신경이다.

그렇다면 뇌신경이 손상되면 어떻게 될까? 일상의 예를 하나 들 수 있다. 갑자기 다리에 전기가 흐르는 듯해 잠깐 동안 제대로 걸을 수가 없는 경험을 한 적이 있을 것이다. 이것은 오랜 시간 앉아있는 동안 자신도 모르게 어느 한 쪽의 신경이 눌려있었기 때문이다. 계속 앉아있을 때는 모르지만 자리에서 일어나면 이 신경이 분포하는 부위의 근육이 제대로 기능할 수 없기 때문에, 걷기가 불편하다. 전기가 통하는 부위를 쭉 펴놓고 잠시 기다리면 그 증상이 사라진다.

잠을 자고 일어나서 기지개를 한 번 켜는 순간, 거울에 비친 얼굴의 양쪽이 다르게 보인다면 어떻게 될까? 입이 중앙이 아닌 한쪽으로 치우쳐있고, 코도 중심에서 벗어나있다면 당연히 놀랄 것이다. 이것은 얼굴신경인 7번 뇌신경이 마비되어 생기는 경우다. 근육이 한쪽으로 치우치면 눈을 감을 수도 없고, 억지로 눈을 감으려면 위치가 변하기도 한다. 입 모양도 마음대로 할 수 없어 식사가 불편하거나 휘파람을 불지 못할 수도 있다.

얼굴신경이 마비되는 원인은 뇌출혈, 뇌경색, 뇌종양, 말초신경 이상에 의한 벨 마비Bell's palsy 등 다양하다. 오랜 시간 추운 곳에 노출된 경우에도 얼굴신경이 마비된다. 이때는 얼굴을 따뜻하게 해주는 것만으로도 해결할 수 있으나 뇌에 이상이 있는 경우에는 가능한 빨리 문제를 해결해야 한다.

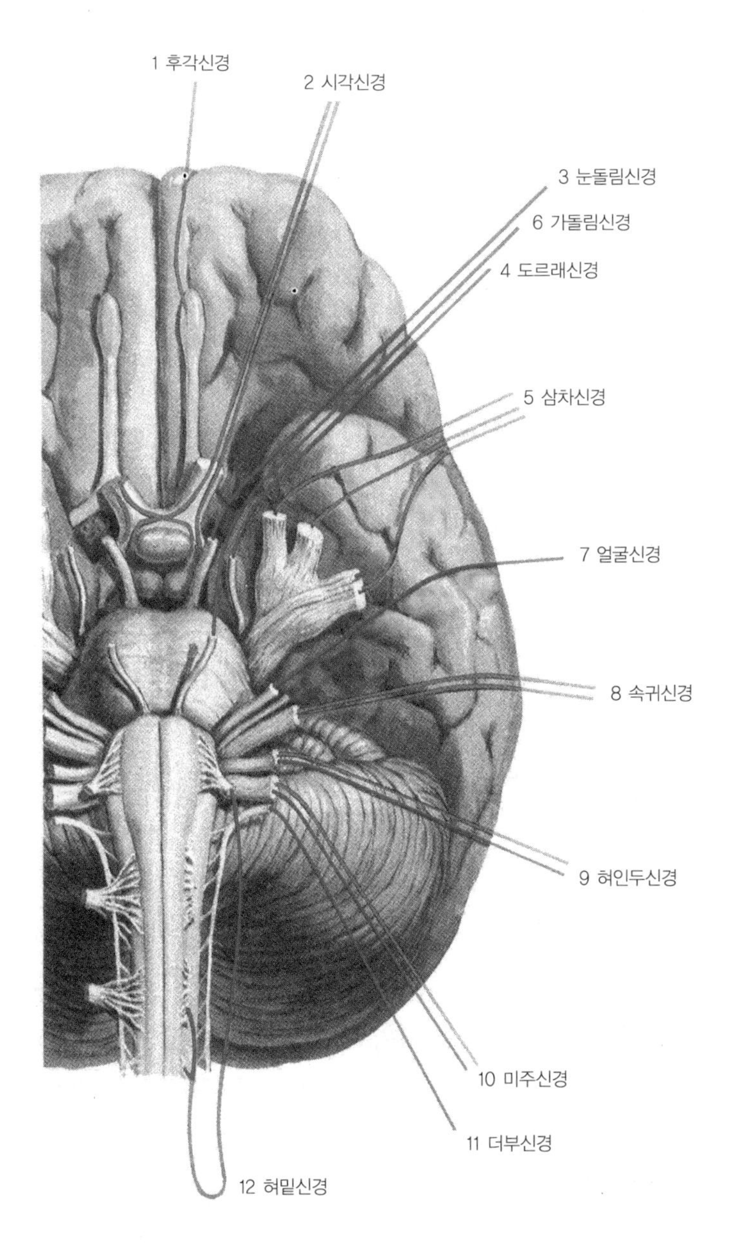

뇌신경 구조도. 12개의 뇌신경은 각각 고유한 기능을 지니며, 뇌에서 얼굴을 통과해 담당 영역으로 빠져나간다.

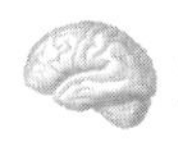 자극의 전달자, 뉴런의 발견

'신경그물'과 '신경세포'의 대결

19세기 중반, 현미경을 이용한 관찰이 의학 연구에 일반화되면서, 뇌세포가 어떤 모양인지 잘 알려지게 되었다. 일반적으로 다른 인체 부위에서 볼 수 있는 세포는 가운데에 핵을 지니고, 둥글거나 타원 모양을 한 것과 달리, 뇌세포는 가운데를 중심으로 삐죽삐죽 빠져나온 부분이 많은 특이한 모양이다. 그래서 세포의 경계를 규정짓기가 쉽지 않았다. 그러다 1881년 발다이어(Heinrich W. G. Von Waldeyer, 1836~1921)가 '뉴런 neuron'이라는 용어를 사용해 신경의 기본단위를 완성했고, 이로써 신경세포에 대한 연구에 불이 붙었다.

신경세포가 신경의 기본단위라는 사실은 알았는데, 그렇다면 신경은 어떤 방법으로 기능할까? 자극은 어떤 경로로 전달되어 뇌의 자극과 인식·반응을 이끌까? 이 경로를 담당하는 것은 세포 하나하나의 고유 기능일까, 아니면 신경 전체가 한 단위로 기능할까? 이 질문에 대한 해답으로 제기된 것이 라몬이카할이 주도적으로 이끈 "뉴런이 신경계의 기본단위를 이루고 있다"는 뉴런 독트린neuron doctrine이다. 그런데 당대를 빛낸 신경과학자인 골지는 여기에 이의를 제기했다. 이렇게 해서 19세기 말에서 20세기 초, 신경 구조에 대한 논쟁이 일고, 이것이 마무리되면서 신경계 구조 연구가 비약적으로 발전했다. 지금이야 신경세포

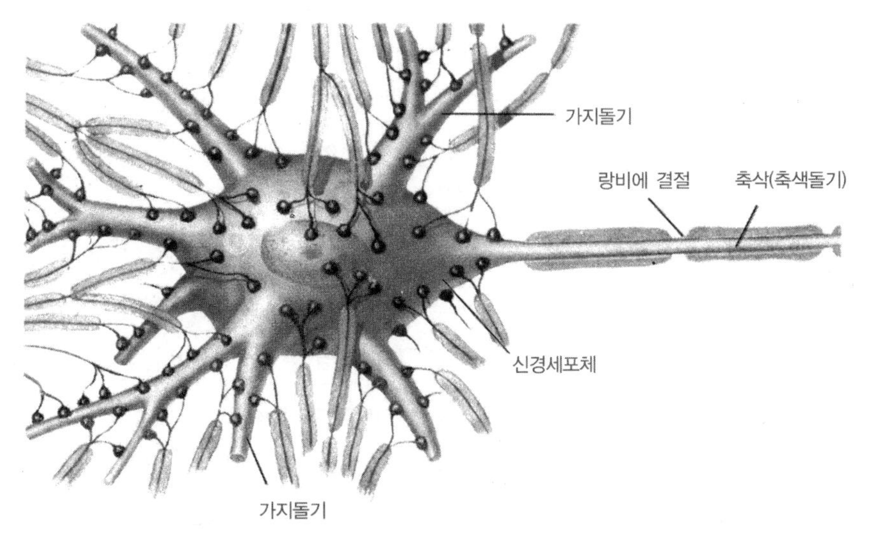

뉴런의 구조. 일반적인 세포가 핵을 중심으로 타원형인 것과 달리, 뉴런은 수상돌기가 여러 갈래로 뻗어나온 특이한 모양이다.

인 뉴런이 구조적 · 기능적으로 신경계통을 구성하는 가장 기본단위라는 이론을 정설로 받아들이지만 당시는 그렇지 않았다.

라몬이카할이 제시한 이론은 이렇다. 뉴런은 직접 다른 세포와 연결된 게 아니라, 축삭, 가지돌기, 신경세포체로 구성된 독립단위다. 신경은 한 방향으로만 진행한다. 라몬이카할의 이론 이전에는 신경계통이 서로 연결된 망상구조라는 신경그물설(망상설, reticular theory)이 일반적이었다. 1830년대, 슐라이덴(Matthias Schleeiden, 1804~1881)과 슈반이 '생명체의 기본단위가 세포'라는 세포설을 제기한 뒤에도, 대부분의 과학자가 뇌와 신경은 예외라고 생각했다.

처음에 세포가 신경계의 기본단위라는 이론이 받아들여지지 않은 이유는 현미경으로 세포를 관찰하는 능력이 부족했기 때문이다. 신경조직이 복잡한 거미줄 형태라는 사실은 알려졌지만, 각 세포를 이해할 수 있는 오늘날의 기술은 그 당시 개발되지 않았다. 뉴런은 수많은 돌기를 지니고 있어서 이해하기 어려운 모양이었고, 모두 길고 복잡한 모양을 한 터라, 주변의 다른 세포와 밀접하게 연결되어있을 때 세포 하나만 분리하기도 어려웠다.

그런데 1873년 라몬이카할은, 골지가 개발한 질산은용액으로 뉴런을 염색했다. 질산은용액을 이용한 염색법으로 세포 하나하나를 분리해 관찰할 수 있었으며, 세포 돌기까지 깔끔하게 염색할 수 있었다.

라몬이카할은 이 방법을 미엘린(신경초, myelin)에 싸인 세포는 염색하지 않고, 그렇지 않은 세포는 염색되도록 변형했다. 미엘린은 말초신경계 신경섬유의 가장 바깥층에 있는 원통 모양의 막으로 보통 '슈반초' 라고도 한다. 신경섬유를 보호하고 전기가 통하지 못하도록 덮는 구조로, 신경세포의 영양과 물질을 교환하는 역할을 한다. 새와 포유류의 소뇌 연구를 진행하던 라몬이카할은 신경세포 사이에서 상호 연락 작용이 일어난다는 사실을 발견했다. 이 발견으로 라몬이카할은 신경이 서로 접촉하고 있는 독립된 신경단위, 곧 뉴런으로 이루어진다는 신경세포설(뉴런설)을 주장했다.

이렇게 이탈리아의 골지가 개발한 질산은을 이용한 특수한 염색방법은 신경세포의 구조 연구에 혁명적인 변화를 가져왔다. 골지는 관찰 결과를 토대로 뉴런을 제I형과 제II형 두 가지로 분류했고, 골지힘줄기관, 골지그물기관(골지복합체)도 신경세포에서 발견했다. 훗날 골지그물기관은 다른 모든 세포에도 있다고 밝혀졌다. 골지는 말년에 말라리아 원충이 어떻게 발육하는지를 연구해, 신경돌기들이 서로 이어져 그물구조를 이룬다는 신경그물설을 주장했다. 물론 이 이론은 완전히 새로운 것이 아니라, 약 20년 전 대부분의 신경학자들의 지지를 받은 것이었다. 골지는 자신이 개발한 염색법을 통해 이 이론을 증명했다.

문제는 골지가 틀렸다는 데 있었다. 아이러니하게도 골지는 연구를 계속할수록 점차 그의 염색법에 자신이 없었다. 반대로 라몬이카할은 이 염색법에 확신이 있었다. 골지는 뉴런에서 수많은 돌기를 관찰했으나 무시해버렸다. 가지돌기에는 그 자체로 영양분을 제공하는 능력이 있으므로, 신호를 전달하는 기능이 없다고 생각한 것이다.

그러나 라몬이카할은 이 돌기가 신호를 전달하는 데 매우 중요하다고 믿었다. '청출어람靑出於藍'이라고 골지보다 더 늦게 골지 염색법을 이용한 라몬이카할은 이를 개량해 신선하고 살아있는 세포만 염색했다. 이 방법으로 배아 단계의 신경조직을 더 잘 관찰했고 그 결과, 신경세포가 신경계 기능의 기본단위라는 라몬이카할의 이론은 쾰리커(Rudolf A. von Kölliker, 1817~1905), 발다이어, 다이터스(Otto F. K. von Deiters, 1834~1863), 포렐(August H. Forel, 1848~1931) 등의 지지를 받을 수 있었다. 먼 훗날 전자현미경이 개발된 후 신경세포와 그 내부 구조를 눈으로 확인하면서, 신경세포설은 현대 신경과학의 기초가 된 중요한 학설로 자리잡았다.

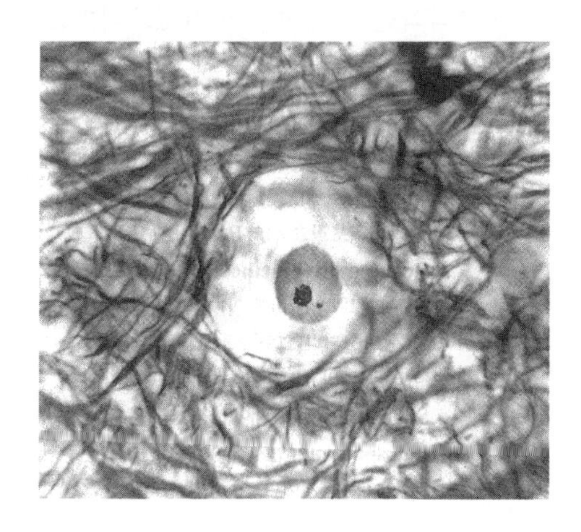

라몬이카할이 사용한 질산은용액으로 염색한 신경세포. 가운데 부분의 핵이 뚜렷이 보인다.

골지와 라몬이카할의 대결에서 라몬이카할이 이기는 듯했지만, 1906년 노벨 생리의학상 수상자로는 두 명 모두 선정되었다. 노벨재단의 공식 발표는 신경계통의 구조에 대한 연구업적을 인정한다는 것이었으나, 내용을 들여다보면 골지는 연구방법을 개발한 공로로, 라몬이카할은 새로운 발견을 한 공로로 수상자가 되었다. '역사상 가장 위대한 신경해부학자' 라고 평가받을 정도로 신경과학 발전에 수많은 업적을 남긴 라몬이카할의 이론인 신경세포설은 결국 골지의 염색법을 바탕을 두고 있었기 때문이다.

라몬이카할의 노벨상 수상 기념강연 제목은 '신경의 구조', 골지의 제목은 '신경세포설의 이론과 사실'이었다. 여기서 골지는 각 신경세포가 연결되어있지 않다고 분명히 이야기할 수는 없었지만, 자신의 신경그물설을 옹호하는 태도를 취했다. 그러자 라몬이카할은 노벨상 수상강연에서 골지의 이야기를 반박하며 신경의 기본단위는 '신경세포' 라고 분명히 했다. '신경그물' 이냐 '신경세포' 냐 하는 두 학자의 논쟁이 노벨상 수상 자리에서도 계속된 것이다.

골지와 라몬이카할 모두 당대 신경과학을 대표하는 학자였으나, 상대방을 설득하는 능력에서는 라몬이카할이 골지보다 한 수 위였다. 그래서 신경그물설보다 신경세포설이 더 큰 지지를 받았지만 골지의 견해에 귀 기울이는 학자도 적지 않았다.

뉴런과 시냅스

신경세포에는 다른 세포에서는 볼 수 없는, 가지돌기라는 아주 긴 구조물이 있는데, 바로 옆 신경세포에 연결된다. 이렇게 연결된 부위를 시냅스synapse라 부른다. 시냅스는 한 뉴런의 축삭 말단과 다음 뉴런의 가지돌기 사이의 연결부위를 가리킨다. 신경섬유 말단에는 가지가 나뉘고 그 끝은 주머니 모양으로 부풀어, 다음 뉴런의 세포체 또는 수상돌기와 접촉하여 연결된다. 뉴런의 흥분이 연접 부위를 거쳐 다른 뉴런에 전해지는 것을 '흥분의 전달'이라고 하며, 같은 뉴런 안에서 일어나는 흥분의 전도와는 구별된다. 뇌와 척수에서 시냅스는 뉴런이 모인 백질과 신경절 등에 집중된다. 실제로 한 가닥의 신경섬유는 여러 가지로 나뉘어 많은 뉴런과 연접하고, 하나의 세포체도 많은 신경섬유로부터 분지된 돌기가 연접을 만들며 접촉되어있다.

라몬이카할은 신경계의 기본단위인 신경세포에서 신호가 전달되려면, 전압차가 유발되며 한 신경세포의 가지돌기에서 세포체를 거쳐 축삭으로 전기신호가 전달된다는 역동적극성화dynamic polarization의 개념을 정립했다. 라몬이카할은 자신이 직접 그림까지 그린 2000쪽 분량의 《인체 및 척추동물 신경계통의 교과서》를 비롯한 수많은 책을 발행했다. 모국어인 에스파냐어 외에 능통한 외국어가 없어서 골지보다 불리했지만 다행히 여러 나라에서 번역되어 자신의 이론을 전파하는 데 도움이 되었다. 그의 책은 초판 발행 후 90년이 지난 지금까지도 교과서와 논문에 인용되는 불세출의 역작이다.

신경의 기본단위가 신경세포라는 라몬이카할의 이론은 현대 신경 과학을 낳은 가장 중요한 핵심이었다. 그러나 최근에는 이를 수정해야 한다는 움직임이 일고 있다. 라몬이카할이 처음 주장한 이론의 범위가 너무 좁다는 것이다. 가장 주목해야 할 비판은 중추신경계의 전기적 연접이 생각보다 훨씬 흔하게 일어난다는 점이다. 이는 뇌에서 신호정보가 전달되려면 신경세포 안의 각 단위가 각각이 아니라 덩어리를 이루어

동시에 기능한다는 것을 의미한다. 또 다른 비판으로 축삭처럼 가지돌기도 전압에 의한 이온 통로를 가지며, 체세포로 신호를 전달하거나 체세포에서 신호를 받아들일 때 전위차가 나타난다는 점을 들 수 있다. 가지돌기가 단순히 정보를 받아들이는 부위이고, 축삭은 신호를 보내기만 한다는 이론에 헛점이 생긴 것이다.

뉴런도 단순히 활성을 지니는 곳이 아니라, 하나하나의 뉴런 내에서 복합적인 기능이 일어난다고 해야 이 같은 내용이 설명된다. 신호가 전달될 때 신경교세포의 기능도 더 중요하게 취급되면서, 신경세포가 신경계를 이루는 기본단위이지만 신경교세포도 그만큼이나 중추신경계를 구성하는 중요한 세포라는 점이 알려졌다. 신경교세포는 신경세포보다 약 50배 정도 많다.

최근의 실험 결과는 신경교세포가 정보 전달시 매우 중요한 기능을 한다는 점을 보여준다. 이는 신경계통에서 신경세포만 정보를 전달하는 기능을 담당하지 않는다는 점을 의미한다. 골지와의 격렬한 논쟁 속에 마침내 라몬이카할의 신경세포에 관한 이론이 수용되었지만, 21세기가 시작된 지금은 신경세포설만 옳다고 할 수는 없는 단계에 와있다.

신경세포의 구성은 축삭과 수상돌기

스위스 취리히에서 해부학 교수로 일생 동안 신경계의 조직학적 구조를 연구한 쾰리커는 '축삭'이라는 용어를 처음 사용했다. 축삭이란 신경세포 뉴런에서 나오는 긴 돌기를 가리키며, 신경돌기 또는 축삭돌기라고도 한다. 축삭이 피막에 싸여있는 것을 신경섬유라 하며, 신경세포의 돌기 가운데 가장 긴 쪽을 가리킨다. 상대적으로 짧은 돌기를 가지돌기라고 한다.

독일의 해부학자 발다이어는 신경세포체와 돌기를 합해 뉴런이라 명했다. 신경세포체는 신경세포에서 핵이 있는 부분을 가리키므로, 결과적으로 그는 신경세포가 핵이 있는 신경세포체와, 다른 세포에서 신호를 전달받거나 전달해주는 돌기로 이루어졌다는 것을 처음 발견한 셈이다. 입에서 인두로 넘어가는 부위를 둘러싸는 림프조직을 가리키는 '발다이어 고리Waldeyer's ring'에 그의 이름이 남아있다.

독일의 해부학자 다이터스는 신경세포가 하나의 축삭과 여러 가지돌기로 구성된다는 사실을 처음 밝혀냈다. 신경세포에서 축삭은 보통 한 개이고 가지돌기는 여러 개다. 축삭은 다른 세포로 신경을 전달하는 역할을, 가지돌기는 다른 세포에서 전해지는 자극을 신경세포에 전달하는 역할을 한다. 그는 안뜰척수관이 출발하는 바깥전정핵의 신경세포를 정확히 그려서 이 주장을 뒷받침했으며, 그의 이름을 따서 이 핵을 '다이터스의 핵Deiter's nucleus'이라고도 한다. 다이터스가 장티푸스로 요절하고 2년 후 친구인 슐체Max Schultze가 그의 업적이 담긴 책을 발행하여 이름이 널리 알려졌다.

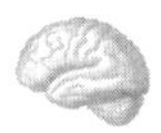

인간 개조의 꿈, 뇌절제술

병을 고치려면 뇌를 잘라라?

1847년 아일랜드. 성실하기로 소문난 게이지는 공사장에서 바위를 깨다가 화약이 폭발하는 사고를 당했다. 폭발로 날아간 쇠막대기는 게이지의 왼쪽 눈 밑을 뚫고 머리를 관통했다. 그는 기적적으로 쇠막대기를 제거하고 목숨은 건졌지만 성격이 극적으로 변했다. 성실했던 그가 싸움을 좋아하고 난폭한 인물로 변해버린 것이다. 이상한 점은 기억과 지능에는 전혀 이상이 없었다는 사실이다. 대뇌의 이마극(전두엽)을 잘라낸 경우에 일어날 수 있는 변화를 관찰한 최초의 사건이었다.

1890년, 독일의 골즈Friederich Golz는 신피질(대뇌 표면을 구성하는 회백질로 여러 세포층으로 이루어짐)을 잘라내면 개가 얌전해진다는 사실을 알았다. 이 결과를 전해들은 스위스의 부르크하르트Gottlieb Burkhardt는 사람에게 이 방법을 적용시켰다. 1892년 환각 증세를 보이는 정신분열증 환자 여섯 명의 대뇌피질 일부를 잘라낸 것이다. 수술 뒤 두 명은 숨을 거두었다. 살아남은 사람들은 성격이 순해지거나 오히려 거칠어졌다.

학문이 발전하면서 미국의 연구자들은 대뇌에서 감정을 조절하는 부분을 알게 되었다. 1935년 예일Yale대학에서는 제이콥슨Carlyle Jacobsen이 이마엽 앞쪽 외피가 손상된 침팬지의 행동변화를 관찰했다. 이 과정에서 수술 전에는 호전적이던 침팬지가 조용하고 다루기 쉽게 변하는 것을 알았다. 기억이나 정보 같은 다른 정신기능에는 이상이 없었다. 같은 학교의 신경학자 풀톤John Fulton도 침팬지로 실험한 결과, 이마엽을 절제하면 인위적으로 발생시킨 신경증이 해결되고, 이마엽을 제거한 동물은 일부러 신경증을 일으킬 수 없다는 사실을 발표했다.

포르투갈의 신경병리학자였던 모니스(António Egas Moniz, 1874~1955)는 뇌엽절제술의 창안자였다. 1874년 포르투갈 아반사에서 대지주의 아들로 태어난 그는 쿠임브라Coimbra의과대학을 졸업하고 1899년 프랑스 유학을 가서 신경학을 공부했으며, 1902년부터는 모교로 돌아와 신경학 교수를 담당했다.

1911년 리스본Lisbon대학에 의과대학이 신설되자 초대 신경학 교수로 취임해 1944년 퇴직 때까지 근무했다. 학교에 있으면서도 1903년 정치계에 입문한 그는 국회의원, 주 에스파냐 대사, 외무부장관, 파리평화회의 수석대표 등을 역임했다. 1923년 반대당이 정권을 잡으면서 정계를 떠난 그는 대학에서 연구와 교육에 전념했다.

모니스는 1924년부터 X선에 의한 뇌혈관촬영법 연구를 시작해, 2년

포르투갈에서 발행된 에가스 모니스 기념우표. 모니스는 1949년 '정신병에 대한 이마엽 절제술의 치료적 효과에 관한 발견'으로 노벨 생리의학상을 받았다.

뒤 인체에 해가 없는 조영제인 요오드나트륨을 동맥에 주입하는 데 성공했다. 그리고 다음 해에 최초로 뇌혈관조영술(뇌에 조영제를 투여해 그 흐름을 촬영하는 기술)로 X선 사진을 촬영해 이 분야의 선구자로 우뚝 섰다. 모니스의 혈관조영술은 오늘날에도 활용되고 있다.

50대 후반에도 학구열에 불탔던 그는 환자의 병적 사고가 이마엽 내 신경세포 사이의 연접 이상으로 발생한다고 생각했다. 또 부상으로 뇌의 이마엽 바깥에 위치한 회백질을 절제한 환자는 부상 전보다 온순해진다는 사실을 발견했다. 이마엽은 기억력 · 사고력 같은 고등행동을 관장하는 곳으로, 고등 포유류일수록 잘 발달되었다. 육안으로 중추신경 조직을 관찰하면 백색과 회백색 부분으로 나뉘는데, 흰 부분이 백질白質, 회백색 부분이 회백질灰白質이다. 백질은 수초에 싸여있는 유수신경 섬유이고 회백질은 신경세포와 수상돌기, 무수신경돌기(수초 같은 피부구조를 지니지 않은 신경섬유의 돌기) 등으로 주로 구성된다.

정신병 환자의 뇌를 절제하면 증세가 나아진다는 이론을 세운 모니스는 1935년 11월 실제로 수술을 감행했다. 우울증과 불안에 시달리던 여자 환자의 두개골 양쪽에 드릴로 구멍을 뚫고 알코올을 투입한 뒤, 뇌엽 부분을 절제한 것이다. 그 뒤 스무 번 넘게 뇌엽절제술을 실시한 모니스는 그 결과를 묶어서 《정신병 치료에 있어서 수술적 치료법》(1936)을 발간했으며, 자신의 연구분야를 정신외과psychosurgery라 이름 붙였다. 그의 수술법에 반대하는 정신과 의사나 정신분석학자들도 있었지만, 효과가 있었기에 세계 여러 나라로 퍼져나갔다. 그리고 마침내 정신병 치료시 이마엽 절제술을 도입한 업적을 인정받아 1949년 노벨 생리의학상을 받았다.

뇌절제술의 대유행

인간을 수술로 '개조'할 수 있다는 위험천만한 방법은 전 세계로 퍼져나갔다. 모니스의 아이디어에 대해 알게 된 미국의 프리먼(Walter Freeman, 1895~1972)은 신경외과 와트(James Watts, 1904~1994)에게 이 새로운 수술법을 도입하자고 제안했다. 이들은 1936년 9월 미국에서 처음으로 뇌엽절제술을 시행했으며, 1945년에는 온도를 낮추어 더 빠르고 간단하게 시술할 수 있는 뇌엽절제술ice-pick lobotomy을 개발했다. 여기서 그들은 얼음 깨는 송곳ice-pick을 사용했는데, 뇌세포의 손상을 막기 위해서는 온도를 낮춰 세포의 기능을 정지시켜야 한다고 생각했기 때문이다.

이 시기에 뇌엽절제술은 상상을 초월할 정도로 잦았다. 제2차 세계대전을 겪으면서 정신적 고통을 호소하는 사람들이 늘어난 것도 수술이 많아진 이유 가운데 하나였다. 1939년부터 1951년 사이에 미국에서만 1만 8000건의 수술이 행해졌지만, 비난도 만만치 않았다. 뇌엽절제술이 절망적인 환자를 치료하기 위한 최후의 수단이 아니라, 바람직하지 못한 행동을 통제하기 위한 수단으로 전락했기 때문이다.

1948년 스웨덴의 라이란더Gösta Rylander가 뇌엽절제술을 받은 환자의 부작용을 보고했고, 1950년경이 되자 뇌엽절제술이 과학적으로 아무 이익이 못 된다는 주장이 속속 제기되었다. 수술 후 환자의 증세가 좋아지는 경우가 약 삼분의 일인데, 치료하지 않을 때도 비슷한 수치로 나아졌던 것이다. 인체를 지배하고 관할하는 대뇌의 일부를 함부로 절제해, 대뇌의 기능을 못하게 하는 방법이 과연 윤리적인 치료법인가에 대해서도 논란이 일었다.

수술시 뇌에 가해지는 돌이킬 수 없는 손상 탓에, 환자의 개성과 감정에 이상이 발생하는 데 반대하는 의견도 많아졌다. 1952년, 정신분열증 치료제 클로로프로마진chloro promazine의 등장을 시작으로 정신과에서 사용하는 약물이 속속 개발된 것도 뇌엽절제술의 퇴장에 한몫했다. 공산권 국가에서는 정치범과 사상범을 통제하는 수단으로 이 수술법을 사용하기도 했다. 무감정, 무충동, 지능과 인지력의 저하 같은 수술의 부작용은 뇌엽제술이 비윤리적이라는 비판을 받는 주요한 증거였다.

1970년대 이후 뇌엽절제술은 서서히 모습을 감췄다. 현대의 지식으로 볼 때 뇌엽절제술 후 환자가 온순해지는 현상은, 정신장애가 치료되었기 때문이 아니라, 잘라낸 부위가 담당하는 고도의 정신활동이 상실되었기 때문이다. 결과적으로 모니스의 노벨상 수상 업적은 '의학 발전에 도움을 주지 못한 엉터리 업적'이 되고 말았다.

그런데 이것으로 끝났다면 '모니스는 엉터리'라며 끝맺을 수 있으련만, 1990년대부터 의학 발전은 그의 수술법을 다시 수면 위로 끌어올리고 있다. 뇌에 이상이 생긴 미세한 부위를 찾아내어 그 부분만 절제하는 방법이 가능해졌기 때문이다. 특정 행동을 반복하는 강박장애 환자를 치료하는 뇌 심부 자극술도 모니스의 업적이 현재까지 이어진 한 예다. 뇌 심부 자극술은 뇌 이마엽과 변연계, 기저핵 등을 연결하는 회로에 문제가 생겨 발생하는 강박장애를 치료하기 위해, 두개골에 1센티미터가량 구멍을 뚫고 전기 침을 넣어 고주파로 특정 신경회로를 파괴하는 것이다. 이러한 모니스의 부활은 역사는 돌고 돈다는 평범한 진리를 다시 일깨운다.

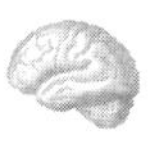
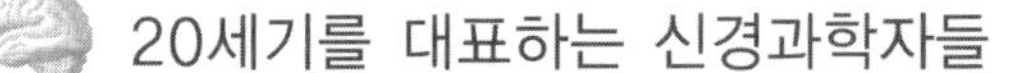

오일러와 액셀로드

20세기에 들어오자 신경해부학을 포함한 신경과학은 폭발적으로 발전했다. 각종 연구방법이 개발되면서 신경조직 배양법의 발견, 전자현미경의 개발, 각종 신경로 추적방법의 개발, 단세포 염색방법, 조직 염색법, 전산화 단층촬영술, 자기공명촬영술 같은 영상법이 신경과학 연구에 한몫했다. 여기서는 20세기를 대표하는 세 가지 업적을 소개려고 한다.

우선 신경 전달물질을 발견한 오일러(Ulf von Euler, 1905~1983)와 액셀로드(Julius Axelrod, 1912~2004)를 들 수 있다. 우리 몸의 중추신경계는 뇌와 척수로 구성된다. 이와 달리 자율신경계는 신경 말단에서 신경전달물질을 분비한다. 오일러와 액셀로드는 바로 신경전달물질의 존재를 밝혔다. 그래서 신경말단의 신경근접합부에서 아세틸콜린acetylcholine이 보따리 형태로 방출된다는 사실을 규명한 카츠Bernard Katz와 함께 1970년 노벨 생리의학상을 수상했다.

1905년 스웨덴에서 태어난 오일러의 아버지는 독일에서 이민 온 화학자로 '탄수화물의 알코올 발효에 대한 연구'로 1929년 노벨 화학상을 받은 사람이었다. 어머니도 식물학과 지질학을 연구하던 과학자였다. 오일러는 1922년 노벨 생리의학상을 주관하는 카롤린스카Karolinska 연구소(노벨 생리의학상 수상자를 선정하는 기관으로 이름은 '연구소'나 실제로는 의과대학)에 입학해 의학을 공부하기 시작했다. 학생 때부터 혈액 속의 물질과 혈관수축 기전을 연구한 그는 1930년대 이후 프로스타글랜딘prostaglandin, 피페리딘piperidine을 비롯한 여러 인체 내 물질을 발견했으며, 자율신경계 교감신경 말단에서 노르아드레날린noradrenaline이 분비된다는 사실을 발견해 노벨상을 받기도 했다. 생체 내 분포와 생리작용에 대한 일련의 연구를 통해 자율신경계의 작용기전의 기초적인 개념을 세우기도 했다.

1912년 미국에서 태어난 액셀로드는 뉴욕시립대학교를 졸업한 후, 뉴욕대학교 의과대학에서 세균학 조교로 일하면서 다시 의학 공부를 시작했다. 실험약물이 폭발하는 불의의 사고로 왼쪽 눈을 잃었지만, 30대에 효소를 이용한 방법으로 약물과 호르몬에 대한 연구를 계속하여, 43세 때 드디어 의학박사가 되었다.

이미 오일러가 노르아들레날린을 분리하여 화학적 성상 규명에 들어간 것을 비롯하여 많은 신경전달물질이 분리되었지만, 액셀로드는 생체 내 대사기전에 대한 연구가 미비함을 알고 노르아드레날린, 아드레날린, 아세틸콜린 등 교감신경 말단에서 분비되는 물질들을 대사시키는 효소를 발견했다. 또 이들 요소의 활성화 및 불활성화 기전을 알아내고, 이 과정을 조절하는 물질을 통해 신경전달물질의 기능을 조절할 수 있음을 규명함으로써 공동 노벨상 수상자가 되었다.

대뇌반구의 기능을 밝히다

1913년 미국에서 출생한 스페리(Roger W. Sperry, 1913~1994) 역시 뇌 이야기에서 빼놓을 수 없는 존재다. 그는 대뇌반구의 기능적 특성을 밝혔다. 1935년 오베린대학교 영문과를 졸업한 뒤 동대학원에서 심리학을

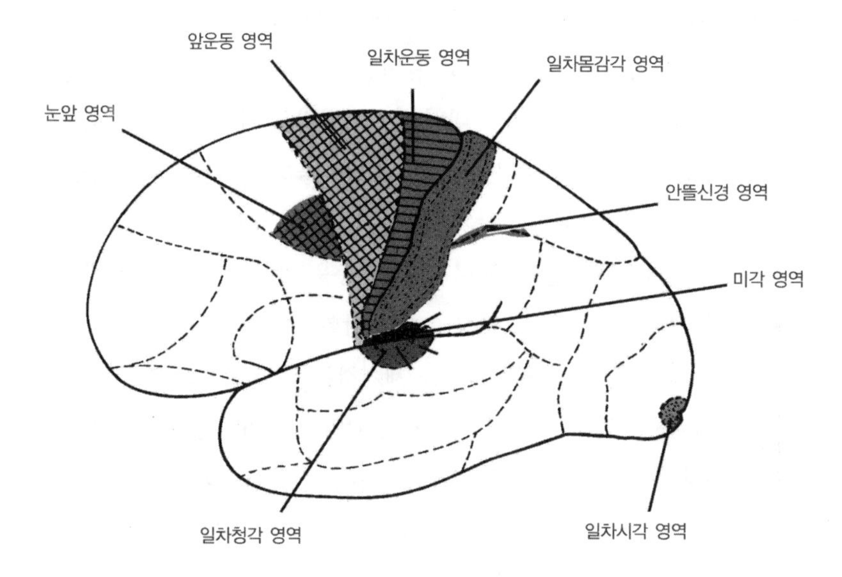

대뇌반구 겉면의 운동 영역과 일차감각 영역. 스페리는 대뇌반구의 기능을 연구해 노벨 생리의학상을 받았다.

전공한 그는 2년 후 석사학위를 받았으며, 시카고대학에서 동물학을 전공하여 1940년 박사학위를 받았다. 1981년 노벨 생리의학상을 그에게 안겨준 연구는 1946년부터 시작되었다. 그가 처음 대뇌연구를 시작할 당시는 누구나 대뇌의 양반구가 같은 기능을 하리라는 생각을 했다. 양쪽 반구의 모양이 서로 대칭이니 지극히 당연한 일이었다.

스페리는 대뇌 각 부위가 어떤 기능을 담당하는지를 알아내기 위해 물고기를 이용했다. 뇌의 어느 한 부분에서 습득된 지식이 어떻게 다른 부분으로 전이되는지를 실험했다. 어느 정도 연구결과가 쌓이자 실험동물을 포유류로 바꾸었고, 이 과정에서 대뇌의 양쪽을 별도로 자극했을 때 반응차가 있음을 알았다. 이렇게 해서 1960년대부터는 뇌절단 수술을 받은 환자에게서 좌우 대뇌반구의 기능차가 있는지를 연구했다.

그 결과 스페리는 우뇌와 좌뇌가 뇌량을 비롯한 여러 신경다발로 연결된다는 사실을 밝혔다. 좌우 대뇌반구를 연결한 뇌량이 제거된 환자는 오른쪽에 문자나 물체를 두면 문자를 읽거나 물체의 이름을 이야기할 수 있었지만, 왼쪽의 경우에는 불가능했다. 연구를 계속한 그는 뇌의 왼쪽 반구는 언어의 이해 · 인식 · 표현 같은 기능을 담당하고, 오른쪽 반구는 공간지각 · 직관 · 종합판단 · 감정 등을 담당한다는 사실을 알았다.

그런데 좌우를 연결하는 뇌량을 제거하는 수술을 받으면, 좌대뇌반구와 우대뇌반구의 연락이 끊어진다. 우뇌와 좌뇌의 연결부위를 절단한 뇌를 '분리뇌' 라 한다. 정신병 치료를 위해 뇌를 절단하는 수술이 널리 시행되던 시기였으므로 이러한 분리뇌를 관찰하는 일은 쉬웠다. 스페리에 의해 대뇌의 왼쪽 반구는 언어기능, 오른쪽 반구는 공간기능이 우수하다는 사실이 알려졌으며, 이렇게 대뇌 반구의 기능적 특성을 발견한 공로로 그는 노벨상 수상자 대열에 오를 수 있었다.

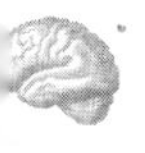

뇌의 공격자들

광우병의 비극

뇌와 신경은 몸의 기능을 총괄한다. "나는 생각한다. 고로 존재한다"는 데카르트의 명제가 말이 아닌 몸으로 구체화되는 것 역시 뇌 덕분이다. 하지만 너무나 당연하게도 뇌도 병든다. 현대 사회에서 가장 문제가 되고 있는 뇌신경계 질환들에 대해 알아보자.

남태평양의 섬나라인 파푸아뉴기니 동부의 산간 오지. 이곳에 사는 포레Fore족에게는 식인 풍습이 남아있었다. 친척이 죽으면 애도의 뜻으로 그 사체를 나눠 먹었던 것이다. 그런데 언젠가부터 원시인어로 '쿠루Kuru'라고 불리는 병이 유행하기 시작했다. 이 병에 걸리면 멀쩡한 사지가 부들부들 떨리고 히죽히죽 웃으며 비틀거리다 결국 3개월 내에 죽음에 이르렀다.

1952년부터 중동, 터키, 남태평양의 오지를 돌아다니며 전염병을 연구하던 가이듀섹(Daniel Carleton Gajdusek, 1923~)은 오스트레일리아에 머물던 1954년에 이 병에 대한 이야기를 들었다. 포레족이 사는 마을로 직접 들어간 그는 이 병이 사체를 먹는 풍습과 관련이 있다고 생각했다. 쿠루병에 걸려 숨을 거둔 사람을 해부해보니 평형감각과 운동을 담당하는 소뇌가 스펀지처럼 구멍이 숭숭 뚫려있었다. 뇌간, 대뇌기저핵 등에도 신경세포 탈락이나 변성이 있었다.

1964년 가이듀섹은 환자의 뇌를 갈아서 침팬지 뇌에 접종했다. 18~30개월이 지나면 똑같은 증세가 발생했다. 그는 아주 긴 잠복기를 가진 지발성 바이러스가 쿠루병을 일으킨다고 주장했다. 그리고 그 업적을 인정받아 1976년 노벨 생리의학상을 수상했다. 식인습관이 사라진 뒤 쿠루 환자는 보기 힘들어졌다.

그런데 1997년 노벨 생리의학상을 수상한 스탠리 프루시너(Stanley B. Prusiner, 1942~)는 쿠루가 '지발성 바이러스'가 아니라 '프리온prion'이라는 아주 특이한 단백질 때문에 발생한다는 사실을 발견했다. 두뇌에서 발견되는 프리온은 정상적인 상태에서는 인체에 무해한 단백질이지만, 때에 따라 형태를 바꾸어 독성을 일으킨다.

변형된 프리온은 효소의 분해작용에 대한 저항력이 컸다. 프리온이 신경세포에 축적되면 마치 해면처럼 뇌에 구멍이 뚫리게 된다. 프리온에 의한 질병은 쿠루 이외에도 많았다. 60대 이상 노인에게 주로 발병하는 크로이츠펠트-야곱병(Creutzfeldt-Jacob Disease, CJD), 양에게 발생하는 스크래피Scrapie병이 그렇고, 최근 언론에 자주 등장하는 광우병도 마찬가지다. 프리온이 일으키는 질병은 현재까지 어떠한 치료법도 없다. '예방' 외에는 방법이 없으니 공포는 극에 달할 수밖에 없다.

인간 광우병 환자가 처음 발생한 시기는 1995년. 그전에 없던 새로운 질병이 왜 갑자기 인간 세상에 나타났을까? 여러 가설 가운데 소를 키우는 방법이 과거와 달라졌다는 것이 가장 인정받는다. 본래 채식동물인 소의 육질을 좋게 하려고 육류가 첨가된 사료로 소를 사육하면서 광우병이 발생했다는 설이다. 광우병을 일으킬 수 있는 프리온이 맨 처음 어디에서 유래했는지는 확실치 않다. 하지만 이미 양을 비롯한 동물에 존재하던 변형된 프리온이 어느 순간 광우병을 일으킬 수 있는 물질로 바뀌고, 이것이 사료에 포함되어 공급되는 바람에, 1995년 이후 특정 사료를 먹은 소가 광우병을 일으켰다는 추론이 가능하다. 광우병에 걸린 소를 사람이 섭취하면 소에게 들어있던 프리온이 인체에 들어오고, 뇌조직이 파괴되어 결국 사망한다.

광우병 소가 발견될 때마다 해당 소뿐 아니라, 같은 사료를 섭취한 모든 소를 도살시키고 있으나 아직 광우병의 위험에서 완전히 벗어났다고 할 수 없다. 다행히 우리나라에는 아직까지 광우병에 걸린 소도 사람도 없다. 하지만 미국과 유럽에서는 환자가 발생했다. '최소 노동력으로 최대 효과'를 노리는 공장식 시스템이 문제를 일으키는 것이다. 우리나라는 미국산 쇠고기를 수입하면서 살코기만 들여오기로 합의했지만, 여전히 뼈가 포함된 고기가 들어오고 있는 실정이다. 광우병의 원인인 프리온이 뼈 주변에 잘 침착되기 때문에, 뼈가 포함된 쇠고기는 언제든 문제를 일으킬 수 있다. 뼈를 푹 고아서 먹는 우리 식습관을 생각하면 더 오싹해지는 일이다.

이렇듯 프리온에 의한 질병은 자연의 섭리를 따르지 않은 인간의 오만이 만들어낸 탓이 크다. 쿠루는 같은 동족을 먹는 풍습에서, 스크래피나 광우병 같은 질병은 더 좋은 고기를 얻으려는 목적으로 동물성 사료를 섭취하게 한 시스템에서, 크로이츠펠트-야곱병은 인체 성장 호르몬 투여나 조직 이식의 산물이다. 인간의 뇌를 뒤흔드는 이 공포의 전염병 앞에서, 인류는 어떠한 해답을 찾아낼 수 있을까?

예방만이 최선이다, 알츠하이머병

2004년 6월 5일, 미국의 제40대 대통령을 지낸 레이건(Ronald Reagan,

1911~2004)이 세상을 떠났다. 90세를 훌쩍 넘긴 나이였다. 퇴임 후 그는 자신이 알츠하이머병Alzheimer's disease으로 고생하고 있음을 국민에게 고백한 바 있다. 레이건 전 대통령은 고백을 통해 사람들이 알츠하이머병에 대해 알고 더 나아가 예방할 수 있기를 바랐다. 그가 미국 국민에게 쓴 마지막 편지에는 남은 생을 알츠하이머병을 널리 알리는 데 보내고 싶다는 말이 적혀있었다. 한때 자신이 미국의 대통령이었다는 사실조차 모를 만큼 기억을 잃어버렸던 그였지만, 편지의 마지막에는 "저는 인생의 황혼을 향한 여행을 시작하지만, 이 나라의 미래는 언제나 찬란한 여명이겠지요"라고 적었다.

알츠하이머병은 '치매'의 일종이다. 불과 50년 전만 해도 이 말은 일상생활에서 거의 사용되지 않았다. 인간의 수명이 늘고 노인 인구가 많아지면서 과거에는 알려지지 않았던 여러 현상이 발견되었는데, 그중 대표적인 것이 치매다. 지능이 낮아지고 기억력이 현저히 감퇴되며 심한 경우에는 다른 사람의 도움 없이는 일상적인 일들도 처리하지 못하는 게 주된 증상이다. 치매는 주로 노인에게서 발생하지만 이른 나이에 나타나는 경우도 있으므로, 이를 각각 노인성치매와 초로기初老期치매로 구분한다.

알츠하이머병은 치매에서 가장 많은 비중을 차지하는 질병으로 일종의 퇴행성 뇌질환이다. 정확한 원인이 알려지지는 않았지만, 뇌조직이 전반적으로 위축되면서 뇌실이 확장되고, 신경섬유에 이상 부위가 여러 군데 동시에 나타나는 것이 특징이다. 기억력과 판단력이 점차 낮아지므로 초기에는 날짜, 시간, 이름 등을 기억하지 못하다가 나중에는 화장실을 가거나 밥 먹는 일조차 제대로 하지 못한다.

치매로 인해 뇌에 이상이 생기고, 점차 진행되면 나중에는 죽음에 이른다. 그 기간은 병이 일어난 지 6~10년이지만 사람에 따라서는 그 이상 생존하기도 한다. 미국의 자료를 보면 65~74세는 전 인구의 3퍼센트, 75~84세는 전 인구의 19퍼센트, 85세 이상은 전인구의 약 50퍼센트가 알츠하이머병에 걸려있다고 한다. 우리나라도 조사 결과에 따라 차이가 있지만 60세 이상 환자의 약 20퍼센트가 치매를 앓고, 이 중 60퍼센트 이상이 알츠하이머병에 의한 것이라 알려졌다. 사회가 발전할 수록 인간의 수명은 길어지면서 이제 치매는 사회 문제가 되었다. 하지만 아직 뚜렷한 치료법은 없는 상태다.

질병에 대한 최선의 해결책은 예방이다. 이미 역학 조사를 통해 아무 일도 하지 않는 노인보다는 무슨 일이든지 집중하며 머리를 사용하는 노인이 알츠하이머병에 걸릴 확률이 낮다는 사실이 알려졌다. 또 알츠하이머를 예방하려면 가능한 오랫동안 직업을 가지고, 퇴임 후에는

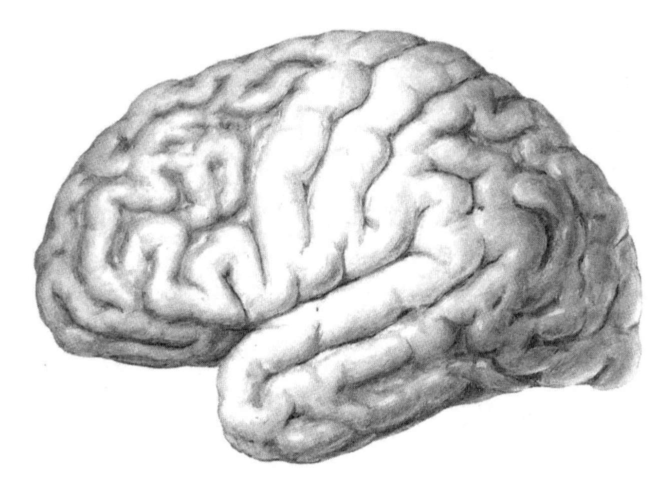

알츠하이머병에 걸린 뇌. 병리조직학적으로는 뇌의 전반적인 위축, 뇌실의 확장, 신경섬유의 다발성 병변과 초로성 반점 등이 특징이다. 알츠하이머병의 원인 규명과 치료를 위한 노력을 하고 있지만 아직 뚜렷한 해답을 얻지 못하고 있다.

남들과 적극적으로 어울리며, 바둑이나 체스같이 머리를 쓰는 취미생활을 가지는 것이 좋다. 알츠하이머병 예방에 힘써온 미국의 윌슨Robert S. Wilson은 2007년 알츠하이머병을 예방하기 위한 세 가지 방법을 이야기했다. 그것은 '도서관에 자주 간다', '다른 사람들과 어울리는 놀이나 취미생활에 참여하는 횟수를 늘린다', '생각해야 하는 일을 많이 한다'였다. 어떻게 보면 너무나 간단한 일이지만, 막상 실천에 옮기기란 쉽지 않다. 돌아보면 주말이나 휴가 때 우리가 하는 일이란 방에 누워 리모컨으로 '바보상자'를 움직이는 게 대부분이지 않은가?

링 위의 명장을 무너뜨린 파킨슨병

시간의 공격을 받은 무기력한 뇌의 모습을 알 수 있는 병은 또 있다. 파킨슨병Parkinson's disease이다. "나비같이 날아서 벌처럼 쏜다"는 명언을 남긴 권투선수 무하마드 알리가 걸린 병으로 유명하다. 1960년 로마 올림픽 라이트 헤비급 권투 경기 결승전에서 우승한 알리는 4년 후에 세계 헤비급 타이틀을 차지했다. 참전 명령에 대해 "내가 직접 싸우는 것과 경기를 해서 번 돈으로 세금을 내는 것 중 어느 것이 더 국가에 도움이 되느냐."며 큰소리 치던 그였다.

하지만 1981년에 은퇴하고 나서 1996년 애틀랜타올림픽 개막식 때 등장한 알리의 모습은 그전과 달랐다. 성화 최종주자에게서 성화를 넘겨받은 그가 성화대에 불을 당기면서 올림픽이 시작되었지만, 전 세계인의 눈앞에 나타난 모습은 링에서 펄펄 날아다니던 과거와 판이하게 달랐다. 펀치드렁크(punch drunk, 권투선수같이 뇌에 많은 손상을 입는 사람에게 나타나는 뇌세포손상증)로 고통받는 나약한 환자일 따름이었다.

파킨슨병은 1817년 영국의 병리학자인 파킨슨(James Parkinson, 1755~1824)이 최초로 보고한 질병이다. 중추신경계가 퇴행하면서 사지와 몸이 떨리고 경직되는 증상이 나타난다. 질병이 진행될수록 머리를 조금씩 앞으로 내밀고, 몸통과 무릎이 굽어있는 자세를 취한다. 손이 떨리고 보폭이 작아지며 다리 간격을 넓게 하지 못하고 좁은 보폭으로 걸어가는 모습이 특징적이다.

뇌의 시신경 교차부위의 절단면을 보면, 전반적으로 세포가 오밀조밀하지 못하고 위축되어있다. 또 뇌의 흑색질 부위의 색소가 소실되어 있다. 뇌의 흑색질 부위에서는 운동 기능을 관장하는 대뇌 기저핵을 조절하기 위한 신경전달물질 도파민dopamine을 분비하는데, 파킨슨병은 이 도파민이 감소되면서 발생한다. 주로 나이든 사람에게서 나타나는 병이다.

현재 미국에만 100만 명이 넘는 파킨슨병 환자가 있는데, 매년 새로운 환자가 6만 명씩 발생할 정도로 유병율이 증가하는 추세다. 부족한 도파민을 투여하는 방법이 있지만, 사람 뇌에는 일반적인 물질이 통과할 수 없는 장벽이 있어 문제다. 이 장벽은 뇌를 보호하기 위해 존재하는데, 약물을 투여할 때는 오히려 방해가 된다. 도파민이 장벽을 통과하지 못하기 때문에 도파민 전 단계 물질로 된 약인 도파l-dopa를 투여한다. 이 물질은 뇌혈관에 존재하는 장벽을 뚫고 들어가 대뇌에서 도파민으로 변한다. 하지만 기대만큼 좋은 결과를 얻지는 못하고 있다. 파킨스병이 난치병으로 취급되는 이유다.

그런데 2007년 미국 신경외과 학회에서는 새로운 연구결과를 공표했다. 아데노바이러스(adenovirus, 인체에서 적출한 편도선과 아데노이드를 조직 배양하여 발견한 바이러스. 인두 결막염과 유행성 결막염 따위를 일으킨다)와

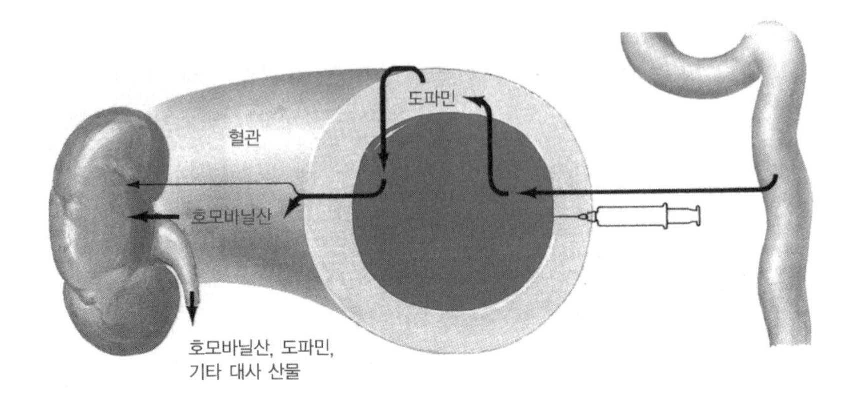

도파민의 투여 과정. 도파l-dopa는 파킨슨병을 치료하는 데 쓰인다. 파킨슨병은 도파민 감소가 원인인데, 도파민을 직접 뇌에 투여할 수 없어 도파민 전 단계인 도파를 투여하여 도파민을 생성하는 치료 방법을 사용한다.

연관된 바이러스(Adeno-Associated Virus, AAV)를 이용한 유전자치료법으로 파킨슨병의 완치가 가능하리라는 내용이다. 약 10년 전 뇌에서 도파민을 생성하는 세포가 죽는 현상을 정지시키거나 느리게 할 수 있는 단백질이 발견된 바 있는데, 그중 하나가 바로 GDNFGlia-Derived Neurotrophic Factor다. 이 GDNF를 임상 치료에 이용하기 위한 연구가 진행되었는데, 최근 이를 통해 파킨슨병을 치료할 수 있다는 연구결과가 제시된 것이다. 이를 유전자 치료법이라 하는데, 파킨슨병 환자들에게는 한 가닥 희망이 될 만한 소식이라 할 수 있다.

04

제2의 언어,
얼굴과 피부

얼굴에는 감각기관이 많다. 눈은 시각, 코는 후각, 귀는 청각, 입은 미각을 담당한다. 우리는 보통 얼굴을 통해 사람을 기억한다. 얼굴이야말로 인간의 정체성을 드러내는 제2의 언어다.

'나'를 말해주는 인체 기관

얼굴에 담긴 인류학적 정보들

우리가 누군가를 만날 때 제일 먼저 대하는 신체 부위는 얼굴이다. 서로 눈을 맞추면서 인사하고, 얼굴을 보면서 성격이 좋다거나, 눈빛이 날카로워서 허점을 보이지 말아야겠다는 등 상대방을 평가하기도 한다. 주위 사람의 기분을 판단할 때도 얼굴은 유용하다. 표정이 좋지 않으면 기분을 풀어주기 위한 농담을 걸고, 기쁜 일이 있어서 밝은 표정이면 함께 기쁨을 나눈다.

뒷모습만 보고 그가 누구인지를 확신할 수 없지만, 얼굴을 보면 쉽게 판별할 수 있으므로 얼굴은 개인을 확인하기 위한 첫 번째 관문이기도 하다. 얼굴이야말로 상대방과 대화할 수 있는 제2의 언어인 셈이다. 사람을 판단할 때 얼굴 다음에 쓰이는 부분이 피부다. 악수를 나눌 때 손바닥 피부의 느낌, 피부의 청결성 등은 첫 만남의 상대를 판단하는 기본이 된다. 그러니 얼굴과 피부는 외모의 핵심이다.

얼굴에는 인류학적 특징이 그대로 담겨있다. 처음 대하는 사람이 누구인지를 모르는 경우에도, 얼굴만 보면 상대방 또는 그의 먼 조상이 어느 지역에 살았는지를 대략 짐작할 수 있다. 인류학적 특징은 머리카락이 나는 이마의 경계부위에서 아래턱 가장자리까지의 직선거리, 아래턱의 폭, 코의 폭과 높이, 입술의 폭, 코의 중간 아랫부분과 인중이 닿는

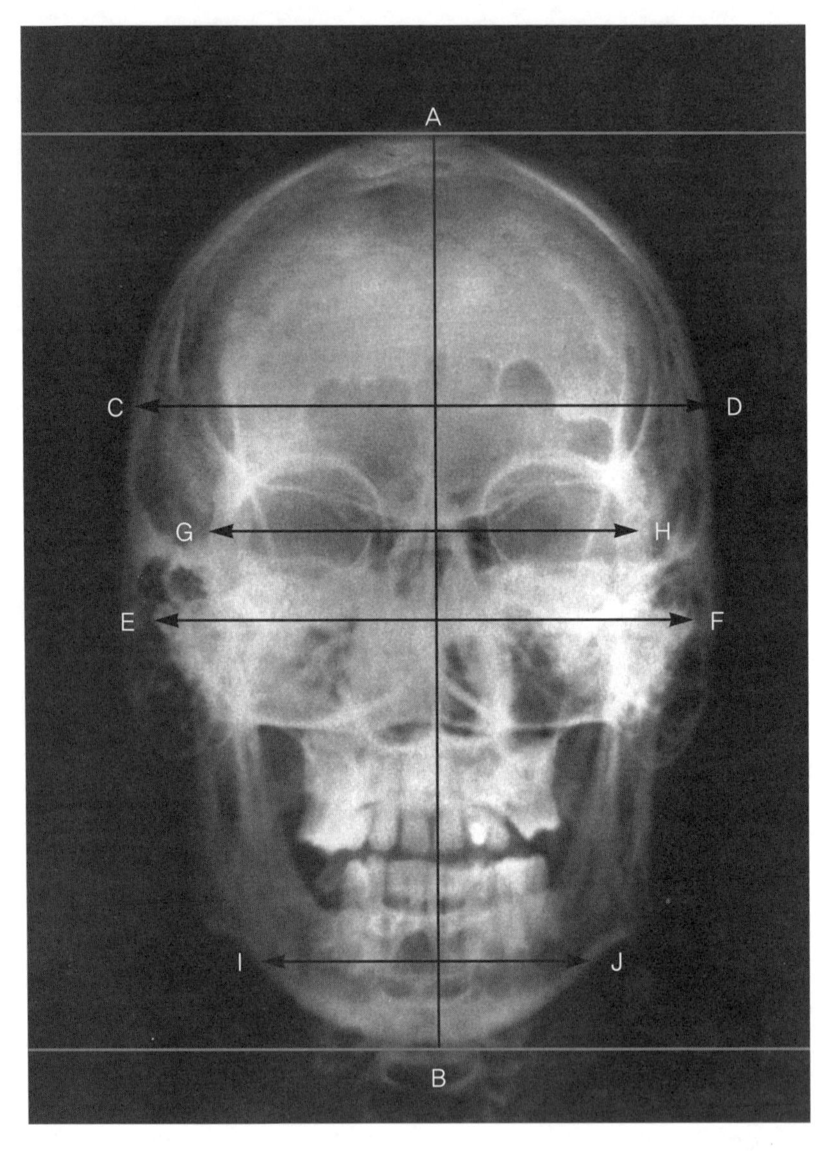

인종·민족에 따른 얼굴 크기 계산법. 얼굴에는 인류학적 특징이 담겨있다. 얼굴의 직선 거리($\overline{AB}$) 머리뼈의 최대폭($\overline{CD}$), 안면의 최대폭($\overline{EF}$), 상안면 폭($\overline{GH}$), 하안면 폭($\overline{IJ}$) 등을 계산하면, 그 사람의 출신 지역을 알 수 있다.

부위부터 아래턱 가장자리까지의 직선거리 등 여러 부위를 측정해서 찾는다. 인류를 인종이나 민족으로 구분하려면 이런 측정값을 바탕으로 나눈다. 곧 특정집단의 얼굴 형태를 알아보기 위해서는 각 집단의 특성이 될 수 있는 얼굴 형태를 익히면 된다.

얼굴에는 형태적 특징뿐 아니라 문화적 특징도 있다. 같은 인종에 속하는 사람 두 명을 앞에 놓고 얼굴을 살펴보면, 누가 더 경제적으로 윤택한지, 누가 더 행복한지, 누가 성격이 더 날카롭고 관대한지 예상할 수 있다. 입이 얼마나 벌어져야 웃는 얼굴인지, 보조개가 어느 정도 크기면 좋은 기분을 의미하는지, 정확한 수치는 아니더라도 우리는 경험적으로 알고 있다. 이는 얼굴에 사회구성원이 공유하는 문화적 특징이 나타나있기 때문이다.

하지만 모든 사람이 얼굴에서 문화적 특징을 읽어낼 수는 없다. 히스패닉Hispanic계를 처음 대하는 우리나라 사람들은 그들이 서로 닮았다고 생각한다. 히스패닉계 얼굴을 보는 일이 드물다 보니, 눈에 익지 않아 구별을 어려워하는 것이다. 마찬가지로 서양인은 우리나라, 중국, 일본, 몽골 사람을 전혀 구별하지 못한다. 그러나 이 네 나라 사람들은 정확하지는 않더라도 나름대로 구별의 기준을 가지고 있다. 네 나라의 얼굴 윤곽이 머릿속에 알게 모르게 들어있기 때문이다. 이를 학문적으로 구별하기 위해서는 앞에서 말한 얼굴 부위를 측정하면 된다.

그렇다면 우리 한국인의 얼굴은 어떠한 특징을 지니고 있을까? 한남대 미술대학의 조용진 객원교수는 우리 얼굴을 북방계와 남방계로 나눈다. 물론 의학적 분석은 아니다. 북방계는 바이칼 호수 서쪽과 동쪽에서 빙하기를 지낸 뒤, 2500~1만 년 전, 몽고와 만주를 거쳐 한반도로 이주한 사람들이다. 약 20퍼센트에 해당하는 남방계는 약 1만 2000년 전 인도네시아 순다 열도를 출발하여 북쪽으로 이주해 한반도에 정착한 이들이다. 또 중간계는 북방계와 남방계의 혼혈로 나타난 사람들이다. 연구 결과에 따르면 한국인 가운데 약 80퍼센트가 북방계와 중간계의 얼굴이라고 한다.

북방계 얼굴은 이마가 넓고 눈썹이 흐릿하며 코가 길고 입술이 얇다. 귓불이 작은 특징이 있으며 입이 말발굽형이어서 양성 모음을 잘 발음하고 성대가 짧고 가늘어서 얇은 목소리를 낸다. '쟁반에 옥구슬 구르는 듯한' 맑은 목소리가 바로 북방계 얼굴을 지닌 사람의 목소리다. 북방계 중심의 북한민요에서 고음이 발달한 이유도 여기에 있다. 조선시대 〈미인도〉에서 흔히 볼 수 있듯 그 당시에는 북방계 여성을 미인으로 평가받는 이들이 많았다. 북쪽에 미녀가 많다는 뜻의 '남남북녀南男北女'라는 옛말이 있는데, 이는 북쪽에서 유래한 북방계 얼굴을 미인으로 평가한 사회 분위기 때문이었다.

그러나 해방 이후부터는 남방계형이 새로운 미인으로 등장했다. 남방계 얼굴은 이마가 좁고 눈썹이 진하며 코는 짧고 굵은 주먹코 모양이다. 입천장이 좁고 네모난 얼굴이며 성대가 두텁고 약간 길어 목소리가 굵게 나온다. 탁한 소리라고 느껴질 정도다. 조선시대와 달리 최근에는 눈이 큰 남방계 얼굴을 미인의 기본조건으로 여긴다.

조용진 교수에 따르면, 얼굴형에 따라 가치관이나 사고방식에도 차이가 있다고 한다. 북방계는 경험적인 감각, 시각적인 사고를 한다. 예술적 감각은 있으나 합리성이 부족하다. 상대적으로 남방계는 언어와 수리를 통한 추상적 사고를 한다. 손재주가 없는 대신 논리적인 성향을 지닌 것이 남방계의 특징이다. 중간형은 우뇌와 좌뇌의 정보가 연합될 가능성이 높아 손재주가 뛰어난 사람이 많다. 이는 북방계의 경우 대체로 우뇌가 발달했으므로 오른쪽이 큰 이마 모양이지만(왼쪽 이마가 작다는 뜻도 된다), 남방계는 보통 좌뇌가 발달해 왼쪽 이마가 크다. 좌뇌는 언어 능력 · 수리 · 논리를 담당하고, 우뇌는 공간지각 · 직관 · 종합판단 · 감정 등을 맡으므로 북방계와 남방계는 기질적으로 다르다.

우리 얼굴이 말해주는 중요한 사실 가운데 하나는 한국인이 완전한 순혈 단일민족이 아니라는 점이다. 역사적으로 수많은 외침을 겪었다는 점을 생각해볼 때, 이는 어쩌면 당연한 일이다. 하지만 유전적으로 보자면 순혈 단일민족에 가깝기는 하다. 장기이식 수술을 위한 공여자를 찾을 때 세계 어느 나라보다 성공할 확률이 높기 때문이다.

그런데 여기서 이상한 점이 하나 있다. 1만년 이상 좁은 한반도를 중심으로 살아온 우리 조상은 북방계와 남방계를 크게 구별하지 않고 혼인을 해왔다. 그렇다면 중간형이 대부분을 차지해야 옳다. 라틴아메리카는 유럽인이 이주해온 500년 남짓한 동안 혼혈민족이 대다수를 차지하게 되었다. 그런데 우리나라는 북방계와 남방계가 아직도 많은 비율을 차지하고 있는 점이 이상하다. 남방계와 북방계의 얼굴형을 나타내는 유전적 특징이 오랜 세월 유지된 이유를 찾는 일은 유전 연구자의 또 하나의 연구과제다.

운명을 이야기하다, 관상

관상physiognomy이란, 인상으로 사람의 기질이나 성격을 밝혀내고, 앞을 예측하는 방법이다. 혹자는 관상학이 '통계 등 과학적 방법으로 판단하므로 예부터 전하는 다른 점술과는 근본적으로 다르다'고 말하기도 하지만, 단지 점술법의 하나로 여기는 경우도 많다. 우리나라와 중국은 불론 서양도 오래전부터 관상을 봤다.

영어로 관상을 의미하는 'physionomy' 라는 단어는 그리스어로 자연 또는 본성을 의미하는 'physis' 그리고 지식판단을 의미하는 'gnome' 라는 단어가 합쳐져 생겨났다. 서양에서 관상학의 기원은 명확하지 않으나, 소크라테스가 용모를 토대로 제자의 자질을 평가했다는 이야기가 있다. 키케로Cicero가 기록한 바에 따르면, 관상을 잘본 조피로스Zopyrus가 소크라테스의 용모를 비판하자 소크라테스가 그 말을 인정했다고 한다.

아리스토텔레스학파의 학자들은 《인상학》이라는 책에서 얼굴 모양, 몸매, 동작, 목소리를 바탕으로 동물의 성질을 연구해 이를 사람에 적용했다. 역사가 시작된 이래 인류는 미래에 관심이 많았는데, 관상학은 그 방법의 하나였다. 여기에 미래를 예견하는 점성술이 적용되면서 얼굴을 중심으로 운명을 따져보는 오늘날의 관상학이 발달했다.

종교가 시대를 관장한 중세에 관상학은 침체를 겪기도 했지만, 르네상스 이후 이와 관련한 책자가 꾸준히 발행되면서 다시 발전했다. 영국

지오반니 바티스타 델라 포르타의 《인간 인상학》(1596)의 그림. 인간과 사자의 얼굴을 비교했다. 아리스토텔레스 이후 골상학 또는 인상학은 관상을 통해 그 사람의 미래를 예견했다.

의 왕 헨리Henry 8세가 집권한 16세기에는 관상학을 독립 과목으로 대학에서 다루었다. 그러나 18세기 철학자 칸트(Immanuel Kant, 1724~1804)는 관상학으로 성격을 연구할 수 있다고 하면서도, 그것을 학문으로 인정할 수 없다는 입장을 취함으로써 기존 학설을 모두 부정했다. 찬반양론에 휩싸였던 관상학은 19세기 이후 실증주의와 맞부딪치면서 학문적 성격을 잃었다. 오늘날 서양에서는 관상학을 '사이비과학'이나 흥밋거리로만 여긴다.

우리나라에서는 오래전부터 관상을 보기 시작했다. 역사에 본격적으로 등장하는 때는 7세기 초 신라 선덕여왕 집권기 이후다. 승려들은 중국에서 들어온 달마의 관상법을 배워, 유명인의 상을 보며 미래를 점쳤다. 고려 말 승려인 혜징惠澄이 태조 이성계의 관상을 보고 장차 군왕이 되리라 예언한 이야기, 조선 세조 때 영통사의 한 도승이 한명회韓明澮를 보고 재상이 되리라 점쳤다는 이야기가 유명하다.

우리나라의 관상법은 중국과 다르다. 중국에서는 이마를 최고로 치지만 우리 고유의 관상법에서는 턱이 잘생긴 것을 높게 평가한다. 중국은 우리보다 눈이 차지하는 비중이 낮으며, 중국에서 귀는 장수를 살피는 데 쓰지만, 우리는 장수와 자손을 함께 본다.

의학사적으로 볼 때 관상학은 그다지 근거 있는 내용이 아니다. 인간의 얼굴이 계속 변해가는데도 새로운 연구결과 없이 과거 책에만 의존하는 것만 보아도 관상학의 타당성에는 문제가 있다. 만약 관상학 자료가 과학적이라는 평을 받기 위해서는, 누가, 언제, 어디서, 어떤 방법으로 연구했는지를 명확히 제시해야 할 것이다.

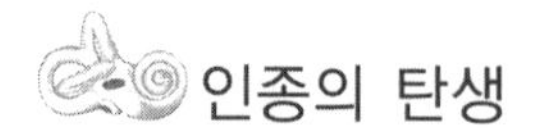

흑인을 처음 본 선조

우리나라와 중국, 일본, 몽골 사람들은 얼굴 폭이 넓고 높이가 짧으며, 코가 낮다. 이에 비해 서양인은 가늘고 긴 얼굴 모양에, 코가 높으며 눈이 움푹하다. 우리나라를 포함한 동북아시아인보다 털이 많으며 눈 색깔도 다르다. 조선 인조 때 귀화한 네덜란드인 벨테브레(J. J. Weltevree, 한국명 박연), 효종 때 표류하다가 조선땅을 밟은 하멜Hamel, 서양인을 처음 만난 조선 사람들은 어떤 반응을 보였을까? 그들 눈에 가장 먼저 뜨인 서양인의 특징은 머리색과 얼굴색이 다르다는 점이었을 것이다. 임진왜란 때 선조는 명나라 부대에 속해있던 흑인 병사를 본 일이 있었는데, 그 순간을 사관은 이렇게 적었다.

> 일명 해귀海鬼다. 노란 눈동자에 얼굴빛은 검고 사지와 온몸이 검다. 턱수염과 머리카락은 곱슬머리이고 검은 양모처럼 짧게 고부라졌다. 이마는 대머리가 벗겨졌는데 한 필이나 되는 비단을 복숭아 모양으로 휘감아 머리 위에 올려놓았다.

지구상에 살고 있는 사람들은 분류하는 가장 간단한 방법은 피부색이다. 겉으로 드러난 피부색을 기준으로 전체 인류를 흑인종, 황인종, 백인종으로 구분하면 세 인종 사이에는 신체적 · 유전적으로 차이를 보이는 여러 가지 특징이 발견된다. 여기서 인종이란 문화를 포함한 사회적 환경과는 아무 상관 없는 집단의 개념이다.

인종을 구분하는 데는 국가나 역사적 배경도 필요 없다. 인종이란 '유전적으로 다소 격리된 인류 집단으로, 다른 어떠한 격리집단과도 다른 집단유전자 구조를 가지는 존재'이므로 유전적 성향이 가장 크게 작용한다. 물론 통계학적으로 반드시 100퍼센트를 의미하는 것은 절대로 아니다. 특정 인종에 속하는 사람이지만 그 집단에 속하는 점과 그렇지 않은 점을 함께 지닌 경우도 많다. 그러므로 정확히 말하자면 "나는 황인종이다"보다는 "나는 황인종 형이다"라고 표현하는 편이 더 맞다.

피부색은 피부세포에 들어있는 멜라닌색소의 함유량에 따라 결정된다. 멜라닌색소가 많으면 검은색 또는 짙은 갈색, 중간 정도면 갈색이나 황색, 적으면 흰색이다. 이렇게 멜라닌색소가 인종에 따라 다른 이유는 자외선에 대한 적응의 결과가 다르기 때문이다. 자외선은 오래 쬘 경우 피부암을 일으킬 수 있어 유해하지만, 자외선을 쬐어야 피부에서 비타민D를 합성할 수 있으므로 반드시 필요하다. 결국 주어진 환경에서 자외선을 얼마만큼 어떠한 방법으로 받아들이냐가 중요하다.

열대지방 사람들은 피부색이 짙고 온대로 갈수록 피부색이 옅어진다. 그런데 황인종이라도 열대지방에 산다면 피부색이 검은색에 가까워질 수 있다. 또 백반증처럼 피부색이 변하는 질병에 걸린 사람도 인종 구별이 어려울 수 있다. 아메리카 인디언은 피부색이 검은색에 가깝지만 완전히 검은색이 아니라 열대지방의 황인종처럼 덜 검은색이다. 결정적으로 몽골계 황인종 어린이의 엉덩이에서 볼 수 있는 파란 반점(몽고반점)이 나타나므로, 황인종으로 분류된다.

미국에는 특정인이 유전적으로 어느 인종 또는 종족에 속하는지 검사해주는 벤처회사가 있다. 여기서 유전적 성향을 검사해보면, 평생 흑인인줄 알고 살았던 사람의 유전체에 흑인의 유전자가 하나도 포함되지 않은 경우도 있다고 한다. 이런 결과에 대해서는 다음의 추리가 가능하다. 인종을 뛰어넘어 결혼하면서 백인과 황인의 특징이 조금씩 혼합된 어떤 사람이 적도 주변 지방에 산다고 치자. 인종적 특징이 사라진 상태에서 피부색이 점점 검은색으로 변한다면? 그리고 때마침 그가 놓인 사회적 환경이 흑인사회라면? 후천적 적응에 따라 자신이 흑인이라고 생각하게 된다. 그러므로 정확하게 인종을 구별하기 위해서는 피부색을 포함해 여러 인자를 전체적으로 해석해야 한다.

그동안 모발, 머리모양, 비시수(코 높이에 대한 코 너비의 비를 100배로 한 수치) 등이 인종구별에 이용되었으며 머리카락 모양, 눈 색깔, 땀샘에서 나는 냄새, 눈꼬리 방향, 귓바퀴와 귓불의 모양, 광대뼈 모양 등 헤아릴 수 없는 많은 인자들이 인종 구별에 이용되었다. 그 결과 수많은 인종분류법이 발표되었으며, 공통적인 결과는 흑인, 백인, 황인으로 분류하는 것이다.

이 분류법에 따르면 태평양 섬나라의 흑인들은 피부색으로 볼 때는 흑인이긴 하지만 아프리카계 흑인과 계통적으로 꽤 큰 차이점을 가지고 있으며, 부시맨과 피그미족도 아프리카계 흑인과는 다르게 분류되어야 한다. 또한 오스트레일리아 원주민의 경우 백인의 조상형으로 보기도 하지만, 세 인종에 모두 속하지 않는 것으로 보는 편이 타당하며, 아메리카 인디언, 마이크로네시아Micronesia 사람, 폴리네시아Polynesia 사람을 황인종에서 분리하여 새로운 형으로 구분하기도 한다. 또 일본 홋카이도北海道와 러시아 사할린에 살고 있는 아이누족은 학자에 따라 황인종으로 구분하기도 하고, 백인종으로 구분하기도 한다.

인류의 '이브'를 찾아서

인류 조상에 대한 연구는 150년 전부터 가닥이 잡혔다. 1856년 네안데르탈인의 유골이 독일 뒤셀도르프의 네안데르탈 계곡에서 발견되었다. 처음에는 이 뼈가 관절염으로 앉은뱅이가 된 사람이나, 러시아에서 후퇴하다가 전사한 카자크Kazak 사람의 뼈로 생각했다. 하지만 세월이 흐른 뒤 '병리학의 아버지' 피르호 등에 의해, 인간과 영장류 중간에 위치한 인류 조상의 화석으로 인정받았다. 1829년과 1848년, 벨기에와 지브롤터에서 발견한 머리뼈도 네안데르탈인의 머리뼈임이 밝혀졌다.

뒤부아(Eugéne Dubois, 1858~1940)는 1891년 인도네시아 자바섬에서 인간과 영장류의 중간 형태인 머리뼈를 발견했다. 원래 뒤부아는 이 화석을 피테칸트로푸스 에렉투스Pithecanthropus erectus로 분류했으나, 이는 최초의 호모 에렉투스(직립인) 화석이었다. 그 뒤 현생인류의 조상인 원인의 유골이 계속 출토되어 '호모Homo'라는 속명을 붙인 여러 원인이 탄생했다. 네안데르탈인과 자바원인도 각각 호모 네안데르탈렌시스와 호모 에렉투스 에렉투스Homo erectus erectus다.

오늘날 현생인류의 직접 조상은 라틴어로 '현명한 사람'이라는 뜻을 지닌 호모 사피엔스다. 미토콘드리아 DNA를 이용한 추적조사 결과, 네안데르탈인은 호모 사피엔스와 아무 상관없는 개체라는 사실이 밝혀졌다.

미토콘드리아를 이용한 방법은 인류 최초의 '이브'를 찾는 데도 이용되었다. 미토콘드리아는 세포질에 존재하는 세포 소기관의 하나로, 에너지를 생산한다. 미토콘드리아는 오랜 옛날에 독립된 개체였다가 우

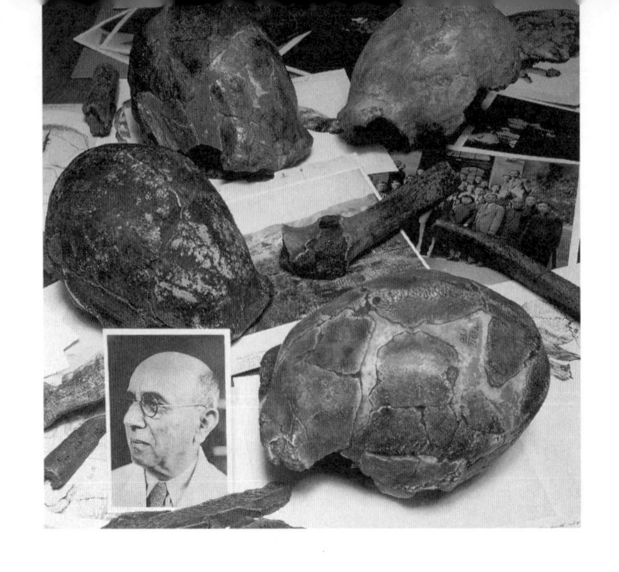

호모 에렉투스로 분류되는 호미니드Hominid의 두개골 모형. 1930년대 독일의 고인류학자 바이덴라이히(왼쪽 아래)가 발견한 파편을 바탕으로 복원했다.

연히 사람의 몸에 들어와서 기생했다. 원래 독립된 개체라 자체 유전자를 지녔고, 독립적으로 생활할 수 있을 정도로 에너지도 생산하며, 여러 기능에 필요한 단백질도 만들어낼 수 있다.

단백질 합성을 위한 미토콘드리아의 유전자에는 고유한 유전암호가 들어있다. 정자와 난자가 만나 수정란을 이룰 때도 난자에 들어있는 미토콘드리아가 수정란 형성에 관여한다. 그래서 자손이 지닌 미토콘드리아 DNA를 이용해서 역추적하면 모계조상을 찾을 수 있다.

이렇게 추적해서 약 10만 년 전 아프리카에서 생활한 '이브'라는 별명의 여자가 현생인류의 조상이라는 결론을 내렸다. 하지만 이런 결론은 단지 현존하는 유전정보를 이용해 추적했으므로 한계가 있다. 이브는 당시 아프리카에 살았던 유일한 존재가 아니라, 여러 사람 가운데 한 명이라는 점도 문제다. 또 다른 '이브'들이 있었지만 그녀들의 미토콘드리아 DNA가 어느 대代에서 끊겼을 수 있기 때문이다.

단 다른 지역이 아닌 아프리카에서 인류가 출현했다는 주장은 가능하다. 그래서 인종으로 따지자면 황인이나 백인보다는 흑인이 먼저 출현했을 가능성이 높다. 물론 다른 지역에 살았던 인류의 DNA가 그 후에 보존되지 못했을 뿐이므로 다른 지역에도 많은 사람들이 살았으리라 주장할 수도 있다.

아프리카 대륙 바깥에서 출현한 현생인류 조상 중 고인류학적으로 가장 오래된 유골은 호모 에렉투스다. 중동, 중국, 자바, 유럽 등 세계 각지에서 발견된다. 이보다 더 진화된 형태를 보이는 호모 사피엔스는 40만 년 전 아프리카에서 태어났으며, 20만 년 전에는 유럽에 호모 사피엔스 집단이 출현했다. 이를 토대로 아프리카에서 처음 출현한 현생인류의 조상이 흑인이라 주장하는 것이 인류 기원의 단원론單元論이다.

단원론에 따르면 흑인이 먼저 태어났고, 흑인이 한층 진화되어 황인종이 나타났으며 여기서 한 번 더 진화된 것이 백인이다. 곧 백인이 가장 진화한 인종이라는 말이다. 이 같은 이론은 제국주의 시대에 백인이 내세운 증거 없는 이론에 지나지 않는다. 백인의 우월성을 주장하기 위해 인위적으로 만들어낸 '골상학'처럼, 과학의 모습을 한 '유령 이론'일 뿐이다. 인종주의가 판을 치던 시절에는 '흑인과 백인의 차이가 동물 종 사이의 차이보다 크다'는 주장이 많았으나, 지금 정설은 '인종과 인종의 차이는 인종 내 차이보다 적다'는 것이다.

인종의 기원을 추정하는 이론도 단원론보다는, 각 인종이 따로 탄생했다는 다원론多元論이 우세하다. 다원론은 세 인종이 각각 탄생했으며, 서로 다른 인종이라는 의식이 강해 따로 모여 살았으리라 본다. 넓은 지구와 비교해 수적으로도 적었던 인류는 자신들만의 영역에서 유전적으로 서로 다른 형질을 만들어가며 각 인종으로 발전했다. 하지만 지구상의 한 종으로 볼 때, 그 분포 지역은 매우 넓었으므로 노출된 환경 또한 천차만별이었다. 이 점이 인종 간 차이가 발생한 이유다. 일반적으로 습한 지역의 동물일수록 색소 침착이 많은데, 흑인 거주대시도 습기가 더 높은 밀림에 살수록 피부색이 진하다.

한편 흐린 지역에 사는 인류는 비타민D 합성에 필요한 자외선을 더 쉽게 흡수하기 위해 흰 피부를 지니게 되었다. 또 열대지방의 인류는 열 발산이 쉽도록 키가 크고 말랐지만, 한대지방에서는 열 손실을 줄이기 위해 키가 작고 지방질이 많다. 이 모두 인간이 생존을 위해 진화했음을 보여준다. 다시 말해 흑인, 황인, 백인의 순서로 인종이 탄생했다는 증거는 없다. 이렇듯 환경에 잘 적응하기 위한 '신의 선물'을 처음 목적과 다르게 차별의 근거로 삼아서는 안 될 것이다.

독특한 기능이 남다르다, 눈·코·귀

시각을 담당하는 눈

눈, 코, 귀는 사람 몸에서 매우 특수한 기능을 담당하는 기관이다. 크기가 아주 작으면서도 다른 기관에서 대신할 수 없는 독창적인 기능을 한다. 병원에 가면 눈을 맡는 안과가 있고, 목과 함께 귀와 코를 담당하는 이비인후과가 있지만, 이비인후과 의사가 여러 명 있는 병원에서는 귀와 코를 전문적으로 담당하는 의사가 따로 있다. 크기뿐 아니라, 세포 수로 보아도 다른 장기에 비해 매우 적은 이들 기관이지만, 그 기능은 비교할 수 없을 정도로 중요하다. 눈, 귀, 코가 담당하는 시각, 청각, 후각은 모두 노벨 생리의학상 수상자를 한 차례씩 배출한 중요한 연구분야다.

누군가를 만났을 때 앞서 살펴본 것처럼 가장 먼저 접하는 부위는 얼굴이다. 그런데 얼굴 가운데서도 사람을 식별하는 중요한 부위는 눈이다. 바꿔 말하면 얼굴의 윤곽을 보여주면서 눈을 가렸을 때 누구인지 가장 알아보기 힘들다는 뜻이다. 실제로 특정인의 프라이버시를 위해 눈을 가리는 경우는 있지만, 코나 귀, 입을 가리는 경우는 없다는 사실에서도 그 중요성을 알 수 있다.

눈은 시각을 담당하는 기관이다. 무엇인가를 보고 판단하려면 시각이 두 가지 정보를 전해주어야 한다. 빛의 양을 조절하고 색을 구별해야 한다. 눈 전체가 '시각기관'이기는 하지만 빛을 느낄 수 있는 시세포는 망막에만 존재하기 때문에, 망막이 빛을 감지한다. 그 밖에 눈의 구조물은 빛이 외부에서 망막까지 도달하도록 도와주는 역할을 한다. 눈에 도달한 빛은 굴절되어 망막에 상이 맺힌다. 굴절을 담당하는 여러 가지 구조물 중 가장 굴절률이 뛰어난 부분이 수정체다. 수정체가 두꺼운지 얇은지에 따라 굴절률이 조절되고, 거리에 관계없이 보고 싶은 표적을 정확히 볼 수 있다. 하지만 나이가 들면 수정체의 굴절 능력이 떨어지면서 시력이 약해지게 된다.

망막에 도달한 빛은 망막 가장 바깥쪽에 위치한 시세포에서 감지한다. 시세포는 두 가지다. 망막 중심부에 위치하는 원추세포는 색을, 망막 주변부에 위치하는 간상세포는 명암의 차이를 구별한다. 시세포가 감지한 정보는 신경세포로 전달된다. 원추세포는 신경세포와 일대일로 연결되어 물체를 명확히 구분하며, 간상세포는 신경세포와 다대일로 연결된다. 신경세포로 들어온 정보는 시각신경을 통해 대뇌로 전달된다.

극장에 들어갈 때처럼 밝은 곳에 있다가 갑자기 어두운 곳으로 들어가면, 서서히 망막의 민감도가 증가하면서 처음에는 보이지 않던 사물

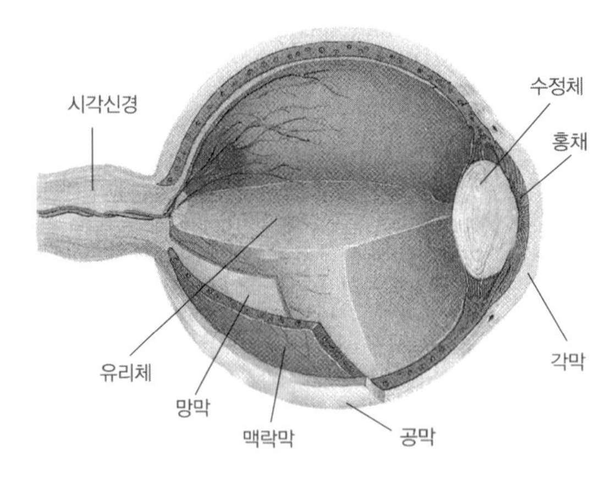

눈의 구조. 빛을 느낄 수 있는 시세포는 망막에만 존재하고, 그 밖의 기관은 빛이 망막에 도달하도록 돕는다.

12세기 각막 수술을 묘사한 그림(오른쪽). 치질 수술(왼쪽 위)과 코 수술(왼쪽 아래) 모습도 볼 수 있다.

도 서서히 볼 수 있게 된다. 이때는 홍채가 확대되어 안구에 들어오는 빛의 양이 많아진다. 고양이는 이 능력이 사람보다 훨씬 뛰어나다. 거꾸로 어두운 곳에서 밝은 곳으로 나오면 망막의 민감도가 증가된 상태이므로, 너무 밝아 눈을 감고 싶은 충동을 느낀다. 또 눈이 빛에 대응하는 시간이 필요해 잔상효과가 일어나 연속적으로 감지하지 않은 장면이 연속되는 듯 보이기도 한다. 홍채는 축소된다.

양쪽눈 바깥쪽 윗부분에는 눈물샘이 있어서 기쁘거나 슬플 때, 또는 눈에 먼지 같은 이물질이 들어갈 때 눈물을 흐르게 한다. 눈물은 눈을 쉽게 감고 뜰 수 있도록 평소에도 계속 흘러나오는데, 눈물이 잘 분포되도록 하루에 10만 번이나 눈을 깜박인다. 또 눈물은 외부 이물질에 저항할 수 있는 항체를 가지고 있어 인체도 보호한다. 덧붙여 눈썹은 이마에서 흐르는 땀이나 비가 눈에 들어가지 않도록 막아주며, 속눈썹과 눈꺼풀은 먼지나 벌레가 눈으로 들어가지 않게 해준다.

우리 눈은 파장이 약 400~700나노미터에 속하는 색의 범위를 감지할 수 있다. 빨간색에서 보라색으로 갈수록 파장이 짧아진다. 보라색보다 파장이 짧은 빛은 보라색(紫) 바깥에(外) 있다는 뜻으로 '자외선'이라 한다. 빨간색보다 파장이 큰 빛은 빨간색(赤) 바깥에(外) 있다는 뜻으로 '적외선'이라 한다.

한쪽 눈을 가리고 어떤 사물을 본 뒤, 다시 다른 쪽 눈을 가리고 그 사물을 보면 위치와 모양이 달라진다. 두 눈으로 보이는 상은 서로 차이가 난다. 뇌에서는 양눈으로 보이는 약간 다른 모양을 인식해, 입체적인 모양을 다시 만들고, 이를 이용해 공간을 지각한다. 이러한 사람의 눈을 흉내 내어 만든 기계가 바로 카메라다. 카메라에서 상이 맺히는 필름이 망막이고, 카메라의 렌즈는 수정체의 역할을 한다. 빛의 양을 조절하는 조리개는 홍채와 같은 기능을 담당하고 있다.

눈으로 파악한 시각정보가 대뇌까지 이르는 과정을 해명한 사람은 1981년 노벨 생리의학상을 수상한 허블(David H. Hubel, 1926~)과 비셀(Torsten N. Wiesel, 1924~)이다. 허블과 비셀은 출신국이 서로 다르지만, 공동연구를 통해 학문적 업적을 극대화했다. 비셀은 노벨상과 관계 깊은 스웨덴 웁살라에서 정신과 의사의 아들로 태어나, 17세에 카롤린스카 연구소에 입학한 뒤, 신경학 강의를 들으면서 신경과학자의 꿈을 키웠다. 의과대학 졸업 후 신경생리학을 연구한 그는 1955년부터 미국 존스홉킨스Johns Hopkins 의과대학에 연수를 가면서 시각생리를 본격적으로 연구했고, 1968년에 허블을 만나 함께 연구하게 되었다. 캐나다 온타

안구를 둘러싸고 있는 링도너츠 모양의 막으로 수축과 이완을 통해 수정체로 들어오는 빛의 양을 조절하는 기능을 하는 곳을 홍채라 한다. 이 홍채는 개인차가 있어서 사람을 인식하는 데 이용된다. 사전에 허가된 사람들만 들어갈 수 있는 출입금지구역을 통과하거나 입국심사를 받을 때 손가락 끝에 있는 지문을 찍는 경우를 흔히 볼 수 있다. 최근에는 영화 등에서 지문 대신 눈을 들이미는 장면을 볼 수 있는데, 바로 홍채를 이용하여 사람을 식별하는 과정을 보여주는 것이다.

홍채에는 여러 종류의 신경이 수십 만 가닥 모여있을 뿐 아니라 모세혈관도 많이 분포한다. 또 홍채를 움직이기 위한 근섬유조직이 존재하며, 뇌와 신경계를 통해 인체 곳곳의 장기와 조직에 연결되기 때문에 건강진단을 위해서도 이용할 수 있다. 이처럼 홍채의 다양한 활용을 연구하는 학문을 '홍채학' 이라 한다.

홍채학을 처음 주장한 이는 메이예우스Philippus Meyeus였으나 실용화하지는 못했다. 1861년에는 페첼리Ignatz von Péczely가 질병과 홍채의 관계를 연구하여 최초로 진단에 활용했다. 이후 홍채학의 효용가치가 알려지게 되었다. 독일의 펠케Pastor Felke는 자신의 이름을 딴 홍채 연구소를 설립하기도 했으며, 특정 질병에 대한 홍채의 변화를 연구했다. 미국의 젠슨Bernard Jensen은 캘리포니아에 홍채학과 자연의학 요양소를 세우고, 50년 동안 35만 명의 환자를 연구하여 홍채학을 발전시킨 인물이다.

하지만 아직은 주류 의학에 편입되지 못한 채 보완 의학 차원에서 이용되고 있다. 앞으로 많은 연구가 필요한 분야다.

리오주 윈저에서 태어난 허블은 맥길 의과대학을 졸업한 후 의학박사가 되었다. 신경과 전공의를 마치고 1954년 존스홉킨스 의과대학으로 간 그는 군의관으로 일하면서 신경과학을 본격적으로 연구했다.

허블과 비셀은 존스홉킨스 의과대학의 스승을 따라 1969년부터 하버드 의과대학에서 일했다. 이들은 미소전극을 이용해 눈에서 대뇌피질에 이르는 신경충동의 흐름을 분석했다. 그 결과 대뇌피질에서 시각을 담당하는 부분의 구조와 기능을 밝힐 수 있었다. 이들은 사람의 시각 기능이 유전적으로 결정되기도 하지만, 출생 후 경험에 의하여 수정될 수도 있으므로 신생아에게 발생한 시각 이상은 일찍 치료해야 한다고 주장했다. 이들은 이 공로로 노벨 생리의학상을 수상하며 1년 앞서 갑자기 세상을 떠난 스승에게 감사한다는 말을 남기기도 했다.

페로몬까지 감지한다—코

사람은 산소를 받아들이기 위해 반드시 호흡해야 한다. 호흡할 때 코로 들어온 공기가 기관, 기관지, 세기관지를 거쳐 폐에 도달하면 공기 중의 산소가 폐를 지나 혈관을 통해 온몸으로 전달된다. 그런데 오염이 심한 곳에서 공기를 들이마시면 공기 중에 포함된 나쁜 물질들이 들어올 수밖에 없다. 그렇다면 공기를 빨아들이는 코에는 어떤 보호 기능이 있을까? 우리 몸의 다른 기관들이 그러하듯 코도 자체적인 보호 기능이 있는데 바로 코털과 콧물이다.

코털은 콧속으로 들어온 먼지 같은 이물질이 몸 안으로 들어가지 못하도록 걸러낸다. 콧속의 물과 먼지가 합쳐지면 점점 덩어리가 커져서 코딱지가 된다. 이 같은 보호기능을 위해 콧속에는 항상 소량의 물이 분비되어 습한 상태를 유지하는데, 감기에 걸리거나 특정 물질 때문에 알레르기가 생기면 밖으로 흘러내릴 정도로 양이 급격히 증가한다. 몸을 보호하기 위한 방어책의 하나인 셈이다.

감기에 걸렸을 때는 코 안쪽 점막에서 콧물이 흘러나온다. 콧물도 눈물과 마찬가지로 항체가 있어, 평상시에 외부공기의 이물질이 들어오는 것을 막는데, 감기에 걸리면 이 기능이 민감해져 분비량이 많아진다. 감기에 걸렸을 때 평소와 다른 콧소리가 나는 이유는 코의 내부 공간이 공기가 아닌 콧물로 채워져 소리가 제대로 공명하지 않기 때문이다. 축농증이 생겼을 때도 내부에 점액이나 고름이 차서 콧소리가 난다.

비강에는 코털 외에 땀샘도 존재하고, 그 속에는 혈관이 많이 분포해 있는 두꺼운 점막으로 덮여있다. 코 안이 갑갑하다고 손가락으로 파다보면, 점막에 분포한 혈관이 손상되어 손끝에 피가 묻어나오기도 하다. 코중격(좌우 코를 가르는 콧속 중앙부의 반듯한 벽) 앞면 아래쪽의 점막이 코피 나기 가장 쉬운 부위다. 콧구멍은 교대로 일한다. 한 콧구멍이 냄새를 맡고 숨 쉬면, 다른 콧구멍은 쉬고 있다가 서너 시간 후에 임무를 교대한다. 감기에 걸렸을 때 막힌 코가 양쪽을 옮겨 다니는 이유가 여기에 있다.

콧속에는 공기 중에 포함된 냄새를 받아들이는 후각수용체가 있다. 다른 감각과 비교할 때 나이가 들어도 퇴화하지 않고 오래 유지되는 기능이 후각이다. 10대나 60대 모두 냄새 맡는 데는 큰 차이가 없다. 하지만 원시인은 현대인보다 냄새를 훨씬 잘 맡았다. 사냥할 때 자연의 위험에서 자신을 지키기 위해 후각기능이 좀 더 필요했기 때문이다.

냄새를 받아들이는 후각수용체는 코의 위쪽에 있다. 냄새가 여기 닿으면 신경세포에 의해 그 정보가 뇌로 전달되는데, 뇌에서는 무슨 냄새가 어떤 방향에서 풍겨오는지 판단한다. 사람은 약 5제곱센티미터 면적의 후각 상피 안에 1~2000만 개의 후각세포가 밀집되어있다. 개는 사람보다 후각수용체의 표면적이 수십 배나 더 넓어서 냄새를 잘 맡는다.

리처드 액설(Richard Axel, 1946~)과 벅(Linda B. Buck, 1947~)은 코의 기능을 연구해 노벨 생리의학상을 받았다. 후각계통의 조직을 규명하고 후각수용체를 발견하는 성과를 올렸다. 앞서 시각과 청각을 규명한 학자들이 노벨 생리의학상을 수상했으므로, 후각 연구분야에서 수상자가 나온 일은 당연한 결과다. 액설은 컬럼비아대학교를 졸업한 후 존스홉킨스대학교 의과대학에서 박사학위를 취득했다. 1978년부터는 컬럼비아대학교에 병리학과 생화학 교수로 부임했다. 한편 미국에서 출생한 벅은 워싱턴대학교에서 심리학과 미생물학을 전공한 뒤, 텍사스의 사우스웨스턴Sauthwestern 메디컬센터에서 면역학으로 박사학위를 받았다. 컬럼비아대학교에서 박사후 과정을 밟을 때 지도교수가 바로 액설이었다.

1984년 액설은 자리를 옮겼으나 연구는 계속했으며, 1991년 공동으로 노벨상 수상에 이르는 훌륭한 논문을 발표했다. 쥐를 이용한 이 실험은 1000가지 종류의 후각수용체를 생성하는 유전자군에 관한 내용이었다. 이 연구에 따르면 코로 들어온 후각을 자극하는 분자는 비강 뒤쪽에 밀집한 후각수용체에서 감지한다. 이들은 독자적으로 연구를 진행하여 약 1000개의 유전자를 만드는 후각세포는 서로 겹치지 않게 분포하고, 각 유전자가 서로 다른 종류의 후각수용체를 생성하는 정보를 지닌다는 점을 알아냈다.

코로 들어온 냄새 분자들이 수용체에 달라붙으면 수용체 세포는 뇌의 후각구에 전기신호를 보낸다. 뇌에서는 전달신호를 토대로 수많은 냄새의 특성을 구별하고, 종합하여 후각에 대한 판단을 내리고 반응한다. 액설과 벅은 사람뿐 아니라 포유동물에도 일반적으로 적용되는 원리라고 결론 내렸다.

사람의 후각은 쥐나 개와 비교하여 둔감하지만, 곤충이나 코끼리, 사슴류의 행동과 관련 있다고 알려진 페로몬pheromone도 감지할 수 있다고 액설과 벅은 주장했다. 남녀가 사랑을 나누기 위해 코를 가까이 대는 순간, 페로몬이 작용하고 이를 인체의 한 기관이 감지한다는 것이다.

개인의 고유한 신체특징이 발견되는 귀

귀는 청각과 평형감각을 담당하는 기관으로, 외이(外耳, 바깥귀), 중이(中耳, 가운데귀), 내이(內耳, 속귀)로 구분한다. 바깥귀는 외이도와 귓바퀴로 나뉘는데, 일반적으로 귀라고 하면 귓바퀴만 가리키기도 한다. 가운데귀는 고막 안의 작은 방이고, 속귀는 미로처럼 복잡하게 얽힌 주머니 모양의 작은 구조물로 구성된다.

귓바퀴는 소리를 모으는 기능을 하는데, 그 모양과 크기는 개인차가 크다. '임금님 귀는 당나귀 귀'라는 놀림을 받은 신라 경문왕처럼, 크기가 매우 큰 경우도 있다. 귓바퀴는 귓바퀴 연골 모양과 관련 깊다. 지방으로 이루어진 귓불의 모양은 유전성이 있고 역시 개인마다 차이가 크다. 1987년 대한항공 858기를 폭파한 김현희의 초등학생 시절 사진이 이슈가 된 적이 있다. 사진 속 소녀가 김현희가 맞는지 의견이 분분할 때, 기준이 바로 귓불이었다. 귓불의 모양은 변하지 않기 때문이다.

귓바퀴 가운데 소리가 통과하는 구멍에서 고막까지가 외이도다. 귓바퀴를 뒤로 잡아당기면 외이도가 반듯해져서 고막이 들여다보인다. 귀지를 파낼 때 우리는 일반적으로 귓바퀴를 잡아당기곤 하는데, 사실 귀에 들어찬 귀청은 제거하지 않아도 상관없다. 귀청은 제거하려다 실수로 고막에 해를 입히면 청각에 이상이 생길 수 있기 때문이다. 고막에는 통각을 느낄 수 있는 삼차신경이 분포하는데 잘못 건드리면 심한 통증을 느낀다.

공기의 압력을 감지하면 고막은 진동하고, 이 진동이 중이의 청소골(聽小骨, 망치뼈, 모루뼈, 등자뼈를 말함)에 전해지면 전정창(중이와 내이 사이에 자리하는 달걀 모양의 구멍. 등자뼈의 바닥 부분이 꽂혀있어 고막에서 받아들인 소리의 진동을 속귀에 전달함)에서 약 20배로 확대되어 내이로 전달된다.

내이에는 달팽이관과 반고리관이 있다. 달팽이관에는 나선모양의 코르티Corti기관(내이의 달팽이관 속에 있는 소리를 느끼는, 복잡한 세포구조를

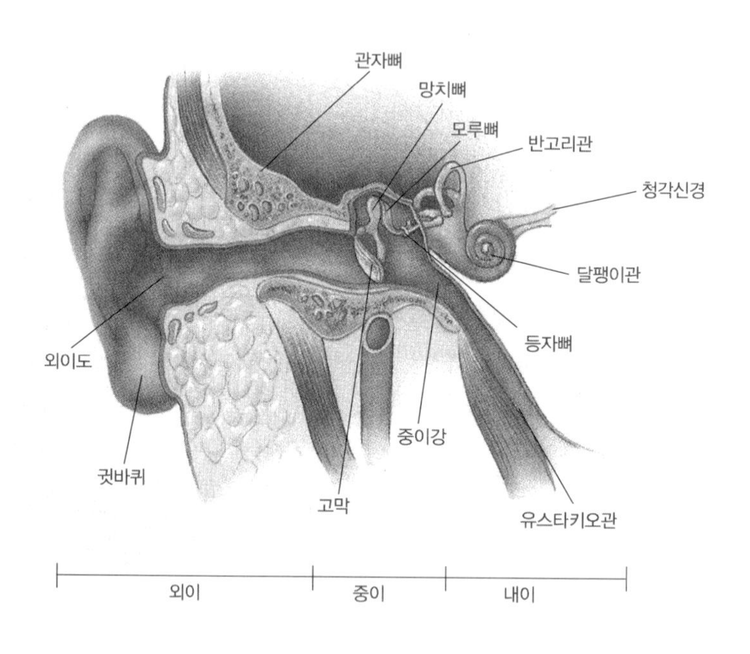

귀의 구조. 외이 · 중이 · 내이로 나뉘는데, 소리를 듣는 데 가장 중요한 역할을 하는 기관은 내이에 자리한다.

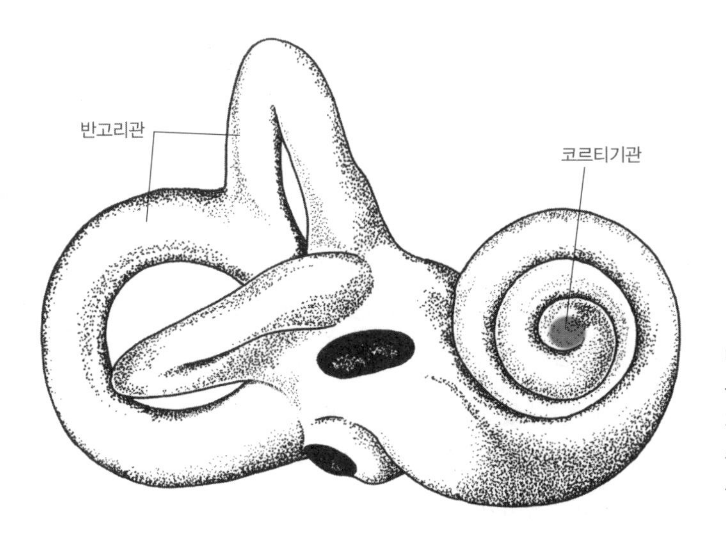

내이의 확대된 모습. 내이는 몸이 얼마나 기울었는가를 가늠하는 평형기관과 소리를 담당하는 청각기관으로 이루어진다.

지닌 감각기관)이 있어 청각기 기능을 한다. 내이는 귓구멍으로 전달되는 소리의 압력을 구별해 먼저 들은 소리와 나중에 들은 소리를 구별하고, 소리의 크기와 높이를 감지한다. 이 정보가 뇌에 전달되면 뇌는 그것이 어떤 소리이고 어느 방향에서 왔는지 판단한다.

눈으로 볼 수 있는 범위가 제한되듯 귀로 들을 수 있는 소리의 주파수도 20~2만헤르츠로 한정된다. 음의 주파수와 높낮이를 식별하는 달팽이관이 길수록 주파수 식별능력이 높아지는데, 포유류의 경우에는 작은 동물이 높은 주파수를 감지한다. 고양이는 5만헤르츠, 박쥐는 10만헤르츠에 이르는 높은 주파수를 감지하며, 코끼리는 20헤르츠 정도를 가장 잘 듣는다. 고래는 큰 덩치에도 15만헤르츠의 높은 음을 듣는다. 그래서 박쥐나 고래는 사람이 알아들을 수 없는 높은 주파수의 음으로 의사소통을 하거나 주변 물체를 감지한다.

귀는 소리를 들을 뿐 아니라 몸의 균형을 유지하기 위한 평형감각도 담당하는데, 반고리관이 그 역할을 한다. 귓속에는 액체로 가득 찬 주머니가 있고, 여기에 신경섬유와 평형모래가 들어있어 반고리관과 함께 인체의 평형을 유지한다. 평형감각에 이상이 생기면 제대로 서있기조차 힘들다. 눈을 감고 오래 서있으면 알 수 있듯, 평형감각을 유지하려면 귀뿐 아니라 눈도 필요하다.

귀를 연구해 노벨 생리의학상을 수상한 사람은 헝가리 출신의 미국 생물리학자 베케시(Georg von Békésy, 1899~1972)다. 배를 타고 가던 그는 갑판 위에서 아주 잘 들리던 고동소리가 선실에서 작아지는 현상을 이상하게 여겼고, 곧 연구에 나섰다. 배에 탔을 때 고동소리가 어떻게 귀로 전달되고 뇌가 어떻게 판단하는가가 연구의 주된 내용이었다.

귓구멍으로 들어온 소리는 고막을 진동시키고, 이 고막의 진동이 귀에 들어있는 아주 작은 뼈인 청소골을 거쳐 달팽이관으로 전달된다. 그러면 달팽이관에 들어있는 림프액이 진동하면서 섬모가 움직이고 이것이 청세포를 흥분시킨다. 이 흥분이 청각신경을 거쳐 뇌세포로 전달되고 어떤 소리인지 판단한다. 이렇게 귀를 통해 소리가 전달되는 과정을 설명한 주인공이 베케시다.

귀에서 일어나는 물리적 전달 과정을 연구해 좋은 결과를 얻은 학자들은 많지만, 특히 그가 인정을 받은 이유는 귓속의 아주 작은 구조물에서 일어나는 현상을 정밀하게 기록했기 때문이다. 그는 1밀리미터의 1000분의 1에 해당하는 진폭을 가진 복잡한 막의 운동을 기록할 수 있는 고배율 스트로보스코프 현미경stroboscope microscope을 사용했다. 고막의 진동양식과 청소골의 기능도 해명했고, 달팽이관이 음파의 주파수분석기라는 생각의 기초를 만들기도 했다. 다시 말해 기계적 에너지가 생리학적 과정으로 변환되어 신경계로 전달되는 과정을 규명했던 것이다.

의학자가 아니면서도 우리 몸의 중요한 문제를 해결한 베케시는

의·과학의 발전과 임상적 응용에 큰 영향을 주어서 정밀한 진단법의 발달을 가져왔다. 베케시가 문제 해결을 위해 시도한 방법은 관측장치를 먼저 개발하고, 이를 인체에 적용시켜 그전까지 누구도 못했던 미약한 자극을 감지하고 증폭할 수 있게 한 것이다.

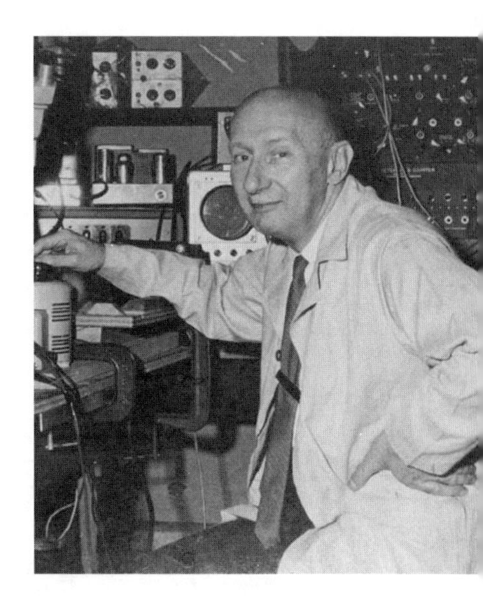

연구 중인 베케시. 그는 귀에서 일어나는 물리적 전달 과정을 설명해 노벨상을 받았다.

노벨상을 수상한 베케시는 '관찰의 기쁨과 내이의 역학에 대하여' 라는 기념강연을 했다. 여기서 그는 '지금은 귀·피부·눈 세 감각이 생리학 교과서에서 별도로 제시되지만 멀지 않은 날에 한 장에서 모두를 다루게 될 것이며, 이것이 감각기관에 대한 설명을 단순화하게 될 것이다.' 라고 했다. 귀와 눈은 모두 피부가 변형된 형태로, 지금은 장님이 코끼리 만지듯 제대로 이해하지 못해서 서로 다른 기관으로 다루지만, 기능만 제대로 알면 공통점이 많은 기관으로 밝혀지리라는 예언이었다. 그러나 아직 그의 말은 실현되지 않고 있다. 오히려 시간이 흐를수록 각 기관의 특징이 강하게 나타나므로, 그의 의견이 무위로 돌아갈 가능성이 더 커지고 있다.

유스타키오관은 유스타키오가 발견하지 않았다

기차를 타고 가던 중 터널로 들어갈 때 왜 갑자기 귀가 먹먹해지는 일까? 기차에서 발생한 소리는 터널 안에서 빠져나갈 곳을 찾지 못하고 공기의 압력을 증가시키는 효과를 일으킨다. 이때 귓구멍을 통해 귀 내부로 압력이 가해진다. 귓구멍을 통해 들어온 압력 변화는 고막 안팎의 압력을 다르게 만든다. 코를 풀 때 힘을 주고 나면 귀가 먹먹해지는 것도 같은 원리다. 입을 벌리거나 침을 삼키거나 껌을 씹으면 없어진다.

이렇듯 고막 안팎의 압력을 같게 하는 것은 유스타키오관이 존재하기 때문이다. 유스타키오관은 중이에서 입 쪽으로 연결되어있는 작은 관이므로 입을 벌리면 이 관을 통해 외부의 공기 압력이 동시에 전해진다. 인체 안팎의 압력이 같아지면 더 이상 먹먹한 느낌이 들지 않는다.

그런데 잘못 알려진 사실 중의 하나가 유스타키오(Bartolommeo Eustachio, 1524~1574)가 이 구조물을 발견하고 자신의 이름을 따서 '유스타키오관'이라 명명했다는 이야기다. 유스타키오는 청각기 소근육에 대해 상세히 조사해서, 단지 귓바퀴에 위치하는 유스타키오판막Eustachian valve을 발견했을 뿐이다. 유스타키오가 청각기전에 관해 기술하면서 주위 구조물들을 자세히 설명한 것이 이런 오해를 낳았다. 유스타키오관의 발견자는 확실치 않으나 고대그리스부터 그 존재를 알고 있었다.

신의 은혜로운 선물, 입

인체 점막은 대부분 보이지 않지만 외부로 노출된 경우도 있다. 가장 대표적인 것이 입술이다. 입술은 피부가 아닌 점막이므로 피부보다 신경분포가 많고 민감하다. 다른 곳보다 색이 붉은 이유는 혈관이 집중되어 있기 때문이다. 입은 음식을 먹고 소화시키며 말을 하는 기관이다. 코에 문제가 생기면 입으로 호흡하기도 한다. 이런 기능을 위해서는 입 속에 특수한 구조물이 있어야 하는데, 바로 혀와 이다.

먹음직스러운 음식이 눈앞에 놓여있을 때, 우리는 입에 넣지 않아도 그 맛을 짐작할 수 있다. 맛을 아는 데는 혀의 기능 못지않게 코로 냄새 맡는 기능이 중요하다. 냄새를 맡지 않고 음식을 먹으면 맛에 대한 감각이 줄어드는 데서 이를 확인할 수 있다.

맛있는 음식을 보면 침을 흘리면서 혀를 날름거리거나 입맛을 다시는 현상은 '조건반사'다. 이는 1904년 노벨 생리의학상 수상자 파블로프(Ivan Petrovich Pavlov, 1849~1936)가 개를 이용한 실험으로 증명했듯, 경험에 대한 반응이 우리 몸에 입력되어있기 때문이다. 일단 음식을 보거나 냄새를 맡아 자극받으면 입의 침샘에서는 미리 침을 분비한다.

'혀'는 입에서 가장 중요한 기관이다. 혀의 부위에 따라 느낄 수 있는 맛이 다르다. 혀끝은 단맛, 혀끝에서 양옆과 위쪽까지 포함한 넓은 부위는 짠맛, 혀 안쪽은 쓴맛, 혀 양옆은 신맛을 느낀다. 그렇다면 혀를 쑥 내밀고 소금, 설탕, 식초 등을 이용해 자극해보자. 교과서에서 배운 이러한 진리에 의문을 가질 수도 있다. 더구나 자극 강도가 강해지면 혀의 부위에 관계없이 맛을 구별할 수 있기도 하다. 하지만 절대적인 것은 아니라서, 혀의 부위별 자극에 대한 더 자세한 연구가 필요한 상황이다.

맛을 느끼는 부분은 혀 위쪽에 위치한 맛봉오리(미뢰)라는 돌기다. 사람은 쓴맛을 단맛보다 1000배나 잘 느낄 수 있는데, 이는 생존을 위해 적응한 결과다. 일반적으로 단 것은 먹을 수 있지만 쓴 것은 몸에 해롭다. 그러나 맛으로 먹을 수 있는지, 독이 있는지를 섣불리 판단해서는 안 된다. 독버섯은 먹을 수 있지만 인체에 치명적이다. 사람의 혀에는 맛봉오리가 약 9000개 있지만 새는 200개, 염소와 돼지는 1만 5000개, 소는 3만 5000개, 메기는 10만 개를 가지고 있다. 입 크기를 생각한다면 사람의 미각이 동물보다 둔하다.

미각은 맛을 통해 음식 섭취에 대한 만족감을 느끼게 하고, 소화에 필요한 침·위액·이자액·쓸개즙 등이 원활하게 분비될 수 있도록 조절한다. 신생아는 본능적으로 맛을 식별하는 능력이 있으며, 단맛을 좋아하고 쓴맛과 신맛을 싫어한다.

맛봉오리에서 감지한 미각은 뇌신경 7번(얼굴신경), 8번(혀인두신경), 10번(미주신경)이 전달한다. 얼굴신경은 혀의 앞 삼 분의 이를 담당하고, 혀인두신경은 혀의 뒤 삼 분의 일을 담당한다. 인두 아래쪽과 후두개의 맛봉오리는 미주신경이 지배한다. 맛 성질의 세기를 전달하는 신경정보는 신경의 자극 빈도에 의존하는데, 각각의 맛을 구별하는 기전은 아직 더 연구가 필요하다.

한편 구강에 노출된 단단한 조직의 구조물을 이라고 한다. 이는 섭취한 음식을 잘게 부순다. 이가 없다면 말이 정확히 전달되지 않으므로, 언어기능도 담당한다. 사람의 이는 일생 동안 두 번 난다. 아기가 태어나면 이가 한 개씩 나기 시작해 위·아래 양쪽으로 5개씩 모두 20개의 치아가 생겨난다. 이때 생긴 이는 6~12세경에 모두 빠지며, 이를 젖니(乳齒)라 한다. 젖니는 생후 약 6개월이 지난 후 아래쪽 중간의 두 개가 가장 먼저 나고, 위쪽 중간의 두 개가 다음으로 나오면서 순서대로 20개

17세기 초기 테오도르 롬바우트의 유화. 치아를 뽑는 장면을 잘 묘사했다. 플랑드르 사실주의 회화에서 의학과 관련 주제는 자주 등장한다.

가 돋아나지만, 시기와 순서에는 개인차가 있다. 젖니는 영구치보다 빛깔이 희고 치열이 일정하므로 유치만 보고는 교정해야 할지를 전혀 알 수 없다. 유치는 영구치보다 충치가 발생할 확률이 높으므로 예방과 조기 치료가 중요하다.

학교에 들어갈 때쯤 되면 영구치가 돋아나기 시작한다. 영구치는 초등학교를 마칠 무렵 모두 28개(여기에 사랑니를 더하면 32개)가 돋아난다. 흔히 사랑니라고 하는 '제3대구치'는 선천적으로 나지 않는 경우도 있으며, 사랑에 빠질 나이인 사춘기 무렵에 나기도 한다.

음식을 먹고 나면 이에 찌꺼기가 남기 때문에 닦아내야 한다. 입 안에는 항상 병을 일으키는 세균이 살고 있다. 음식 찌꺼기를 빨리 쓸어내지 않으면, 병균이 찌꺼기에 달라붙어 이를 썩게 한다. 이 병균은 단 음식을 특히 좋아하므로 식사 후와, 단 음식을 먹은 다음에는 반드시 이를 닦아야 한다.

이는 말발굽 모양으로 배열되어있다. 윗니와 아랫니를 꽉 깨물었을 때 서로 닿는 부위가 정확히 맞물리지 않는 상태를 부정교합이라 한다. 부정교합이 있고 치열이 고르지 못하면 교정을 한다. 입을 크게 벌렸다가 입을 닫는 순간 양쪽 턱뼈와 머리뼈가 결합한 부위에서 다른 사람에게서 들을 수 없는 큰 소리가 나면 두 뼈가 정확히 결합하지 않는 경우이므로 치과의사의 검진을 받는 것이 좋다.

원시시대에는 오늘날처럼 잘 조리된 음식을 먹을 수 없었다. 그래서 현대인보다 원시인의 이가 더 강했다. 조리법이 발전하면서 턱뼈의 힘이 갈수록 퇴화했고, 턱뼈의 모양은 사각형에서 아래쪽이 좁은 삼각형으로 변해간다.

충치로 병원에 다녀온 경험은 누구나 있을 것이다. 충치는 학문용어로 '우식증齲蝕症', 말 그대로 풀면 '벌레 먹었다'는 뜻이다. 실제로 벌레가 이를 먹은 것은 아니다. 구강의 미생물이 치아조직을 서서히 파괴했을 뿐이다. 충치의 원인은 애석하게도 아직 정확하게 밝혀지지 않았다. 현재 가장 의심하는 충치 발생의 주범은 구강에 존재하는 미생물이다. 그 외에 탄수화물, 숙주의 상태, 시간 경과 등이 충치발생에 관여하는 인자로 알려졌다. 기존 미생물의 균형이 깨져서 충치가 생기는지, 특정 미생물이 산을 만들어내 충치를 일으키는지, 두 가지 모두인지, 다른 이유가 더 있는지 확실치 않다. 그러나 미생물로 인해 충치가 발생한다는 점은 분명하며, 이를 예방하기 위한 가장 좋은 방법은 양치를 잘하는 것밖에 없다. 또 정기적인 스케일링을 통해 치아 표면의 치석을 제거하는 일도 필수다.

음식물이 포함되는 탄수화물의 양을 최소화하거나 아예 제외하면 충치가 발생하지 않는다는 연구 결과도 있고, 입속에 사탕이 오래 남아있으면 충치가 쉽게 생긴다는 사실도 밝혀졌다. 입안의 탄수화물 양을 줄이면 충치를 예방할 수 있다. 충치와 관련 있는 숙주의 상태라면 침의 분비량, 치아의 모양, 치열 상태를 들 수 있다. 동물실험에 따르면, 침을 분비하는 편이 그렇지 않은 경우보다 충치 발생을 줄일 수 있다.

충치를 예방할 수 있는 대표적인 방법 세 가지를 소개하면 다음과 같다. 첫째, 양치를 잘해 구강에 미생물이 살지 못하게 한다. 둘째, 역학적으로 플루오르(불소)가 존재하는 경우 충치 발생이 줄어든다는 보고가 있으므로 플루오르를 물에 섞는다. 셋째, 충치 발생의 원인이 되는 탄수화물 식품을 덜 먹는다.

한편 치아는 개인을 식별하는 데 도움을 주기도 한다. 전쟁에 투입된 군인이 전투를 벌이다 사망하면, 당장 시체를 처리할 수 없는 경우가 생긴다. 이때 항상 목에 걸고 다니는 군번이 찍힌 인식표를 시체 입에 끼워넣는다. 다른 곳이 다 부패해도 치아는 끝까지 남아있기 때문이다. 최근 인기를 끌고 있는 미국 드라마 〈씨에스아이CSI〉에서는 범인을 추적해가는 과정에서 많은 법의학 지식을 보여준다. 여기서도 치아를 통해 개인을 식별하는데, 이 방법은 지문만큼 정확하다고 평가받는다. 의과학의 발전이 예상치 못한 곳에서 활용 가능한 지식을 쏟아내고 있다.

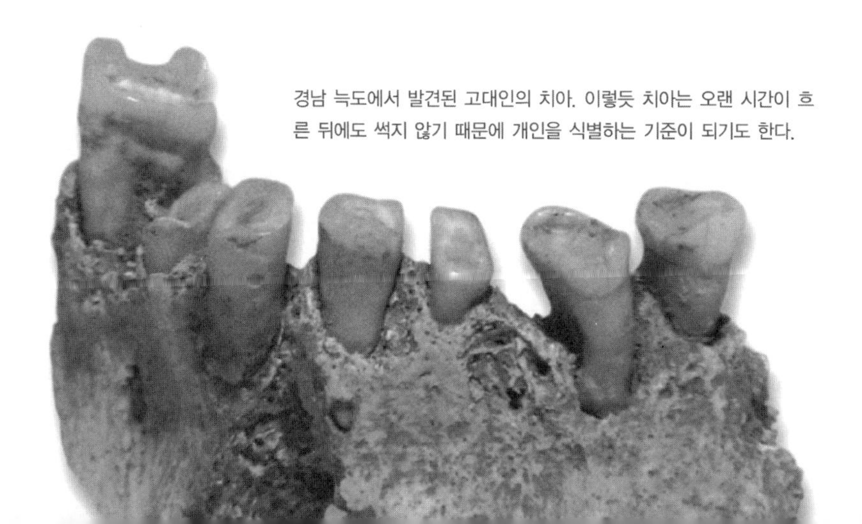

경남 늑도에서 발견된 고대인의 치아. 이렇듯 치아는 오랜 시간이 흐른 뒤에도 썩지 않기 때문에 개인을 식별하는 기준이 되기도 한다.

성형수술의 역사

바야흐로 '성형의 시대'다. 본래 성형수술은 인체에서 제 기능을 못하는 부위를 바로잡는 수술법이었지만, 지금은 미용을 위한 성형이 크게 늘고 있다. 성형수술의 역사는 기원전까지 거슬러 올라간다. 고대이집트 제3왕조시대에 피라미드를 세운 건축가이자 의사 임호텝이 썼다고 알려진 기원전 약 2900년경의 파피루스에는 코의 바깥쪽에 외상을 입었을 때 이를 재건하는 방법이 적혀있다. 기원전 1550년 무렵의 에버스 파피루스에는 조직을 이식하는 방법이 나와있다. 실제로 이러한 수술법이 얼마나 자주 행해졌고, 결과가 어떠했는지는 알 수 없지만, 고대문명의 수준이 꽤 높다고 보면 많은 수술 지식을 알고 있었을 것이다.

인도에는 기원전 약 600~700년경 국소적으로 피부를 떼어서 코에 붙이는 수술이 행해졌다는 기록이 있다. 기원전 6세기에 활약한 인도 최초의 외과의사 수슈루타Sushruta는 저서 《수슈루타 삼히타》에서 코와 귀의 성형술에 대해 썼다. 여기서 그는 120가지가 넘는 수술기구와, 300가지가 넘는 수술기법을 다뤘다. 사람을 수술하는 방법을 8가지로 분류하기도 했다. 손상된 부위를 되살리기 위해 피부도 이식했다고 기록되어있다. 한편에서는 수슈루타의 저서가 본인이 아니라, 제자나 학파 전체가 쓴 것이라고도 한다.

고대인도에서 성형술, 특히 귀와 코의 성형술이 발달한 이유는 무엇이었을까? 당시 인도에서는 악한 기운을 물리칠 부적을 지니기 위해 귀에 구멍을 뚫는 경우가 많았다. 또 절도죄를 처벌할 때 코를 자르기도 했다. 수슈루타의 책에는 귀를 재건하는 열다섯 가지 방법이 나와있다. 코는 오늘날의 피부이식과 같은 원리로 되살렸는데, 정교하게 다듬은 나무관을 이용해 콧구멍을 복원할 수 있다고 적었다.

로마인의 기록을 찾아보면, 1세기경에 손상된 귀를 되살리기 위한 수술을 했다고 나온다. 하지만 중세 내내 성형수술에 대한 발전된 내용은 찾아보기 힘들다. 15세기 중반 폴스포인트Heinrich von Pfolspeundt는 팔 뒷부분에서 피부를 잘라 코를 완전히 잃어버린 사람에게 새로운 코를 만들어주는 방법을 설명하기도 했다. 하지만 어떤 수술이든 늘 위험했고, 특히 얼굴과 머리의 수술은 더욱 그러해서 성형수술은 19세기 말까지 널리 퍼지지 못했다.

1791년 초파트는 목의 피부로 입술을 수술했고, 1814년 카르푸에Joseph Carpue는 수은 치료를 받다가 독성에 의해 코를 잃은 영국군 장교를 수술해주기도 했다. 1818년에는 그라페Karl Ferdinand von Gräfe라는 독일 의사가 《코 재건술》이라는 책을 발표했다. 그라페는 폴스포인트의 방법을 바탕으로 새 기법을 고안했다. 미국의 메타우어John Peter Mettauer는 1827년 자신이 개발한 수술기구를 이용하여 선천성 구개열(윗 입술이 세로로 찢어져, 토끼 입술 같아 보이는 선천성 기형, 언청이)을 최초로 수술했다.

1845년 디펜바흐Johann Friedrich Dieffenbach는 코 재건술에 대한 새로운 책을 쓰면서 재건수술을 한 코를 한 번 더 수술하여 미용상 좋게 만드는 방법에 대해 언급했다. 미용을 위한 성형수술이 가능하다는 사실을 처음 보여준 예다. 마취제와 무균처리법이 발견된 19세기 후반 이후에는 향상된 수술법이 많이 개발되었다.

20세기에 들어서자 피부 외에 뼈·연골·신경·근육·점막 등 여러 조직의 이식술이 개발되었다. 이때 성형수술이 크게 발전한 이유는 의학발전뿐 아니라, 두 번에 걸친 세계대전에서 중증 전상자가 많이 발생했기 때문이기도 했다. '현대 성형외학의 아버지' 라고 불리는 길리스Harold Gillies는 제1차 세계대전 때 환자를 돌보면서 수많은 성형수술법을

르네상스 시대 성형외과 의사인 가스파레 타글리아코치의 코 재건술. 코에 상처를 입은 환자에게 피부 이식을 하고, 20일 뒤에는 새로운 코가 생겨나 손으로 가리킬 수 있었다는 내용이다.

개발했다. 20세기 후반에는 마취법과 항균화학요법이 크게 발전하면서 성형수술에 큰 힘이 되어주었다. 이로써 조직이식, 이식에 따른 면역 조절, 미세수술이 크게 발전했다.

요즘 유행하는 미용성형은 겉모습을 아름답게 바꾸기 위한 하나의 교정술로, 의학에서는 미용성형외과라 한다. 미국 성형외과학회ASPS 자료를 보면, 한 해에 약 1100만 건(2006년 기준)의 성형수술이 행해진다고 한다. 미국이나 우리나라에서 성형외과 전문의가 되기 위해서는 의사면허증을 딴 후 성형외과 전공의 과정을 거쳐 전문시험에 합격해야 한다. 하지만 성형외과 전문의만 미용성형을 하는 것은 아니므로, 병원을 선택할 때 주의해야 한다. 대한민국 의료법에 따르면 의사면허증 소지자는 전문과목에 관계없이 어떤 의술이든 할 수 있다.

요즘 뉴스에서는 방학을 이용해 미용성형을 하는 청소년이 많다고 전하는데, 성형수술은 성장이 완전히 끝난 뒤에 받는 편이 좋다. 계속 성장하다 보면 수술 부위와 다른 부위와의 균형이 뒤틀리기 때문이다. 성장할 때마다 반복 수술을 받아야 하는 경우도 있다.

미용성형의 방법은 여러 가지다. 가장 흔한 쌍꺼풀 수술은 윗눈꺼풀이 열릴 때 주름이 생기게 만드는 방법으로, 흉터가 남지 않는 특수실로 봉합한다. 콧대를 높이기 위해서는 실리콘을 재료로 하는 플라스틱으로 인공연골을 삽입하기도 하며, 입술이 지나치게 두터울 경우에는 입 안쪽에서 절개해 내부 지방조직을 적당히 제거한다. 반대로 입술이 너무 얇으면 피하지방을 모아 두텁게 만들어주거나 육질주사를 놓는다. 아래턱이 나왔을 경우에는 일부를 제거하고, 턱이 지나치게 작으면 코와 마찬가지로 플라스틱을 삽입하거나 육질주사를 사용한다. 주름살을 제거할 때는 주름살 주변 피부를 절개한 뒤 남은 피부를 잡아당겨 주름을 펴주었는데, 지금은 보툴리누스균Clostridium botulinum의 독소를 미량 주입해 그 독소의 근육이완 효과에 의해 주름살을 제거해주는 보톡스 주사법이 흔히 이용된다.

아름다워지고 싶은 욕망에 대해 비난할 수는 없다. 그러나 몸에 칼을 대는 수술법인 미용성형수술은 그 결과에 따라 만족도가 크게 달라질 수 있고, 때에 따라서는 치명적인 결과도 낳는다. 자연의 미를 가꾸되 군이 미용성형수술을 받기를 원할 경우에는 장점과 부작용을 확실히 알아야 한다.

과학을 빙자한 비과학 '골상학'

머리 모양이 인생을 결정한다

세계사적으로 중세는 1453년 동로마제국이 멸망했을 때, 과학사적으로는 1543년 코페르니쿠스가 《천체의 회전에 관하여》를, 베살리우스가 《인체의 구조》를 발표했을 때다. 이 사건으로 사람들의 생활과 사고방식에 큰 변화가 일었기 때문이다. 중세와 근대의 가장 큰 차이는, 인간의 지성과 이성이 사회를 움직이는 가장 큰 무기가 되었고, 학문을 연구하고 사고하는 데 과학이 중요한 도구가 되었다는 데 있다. 과학의 정의는 다양할 수 있지만, 일반적으로는 보편적인 진리와 법칙을 연구하고 발전시키는 학문을 가리킨다. 그러므로 특정 사실이 보편적인지 아닌지를 두고 논쟁할 수는 있지만, 과학으로 무엇인가를 판단하는 그 자체에는 잘못이 없다.

그런데 여기에 문제가 있었다. 보편에 해당하는지 아닌지를 판단하는 '과정'에 문제가 있으면 과학의 탈을 뒤집어쓴 '비과학'이 탄생하는 것이다. 19세기에 유행한 골상학이 그 예다.

골상학은 얼굴과 머리 골격으로 사람의 성격을 비롯한 심적 특성 및 운명 등을 추정하는 학문으로 성상학性相學이라고도 한다. 뇌에서 튀어나온 부분과 갈라진 틈이 어떤 모양인지 연구하면 개인의 특성·성격·범죄성을 알아낼 수 있다는 것이 주 내용이다. 독일의 해부학자 갈(Franz

Joseph Gall, 1758~1828)이 처음 주장했으며, 19세기에 대단한 인기를 끌어 많은 이들이 뇌의 모양을 토대로 무언가를 알아내기 위해 나섰다.

1796년 갈은 인간의 심적 특성이 각각 독립된 기능으로 나뉘며, 각 기능은 대뇌 표면의 각 부위에 일정하게 위치한다고 주장했다. 각 부위의 크기는 그곳에 자리한 심적 기능의 발달 정도를 나타내므로 대뇌를 둘러싼 머리뼈의 형상에서, 그 아래에 위치한 대뇌 부위의 요철을 확인하면 심적 특징을 알아낼 수 있다는 말이다. 갈은 이러한 학문을 가리켜 '두상학' 이라 불렀고, 함께 연구했던 제자 슈푸르츠하임(Johann Gaspar Spurzheim, 1776~1832)은 '골상학' 이라 했다. 대표저서 《신경계 일반과

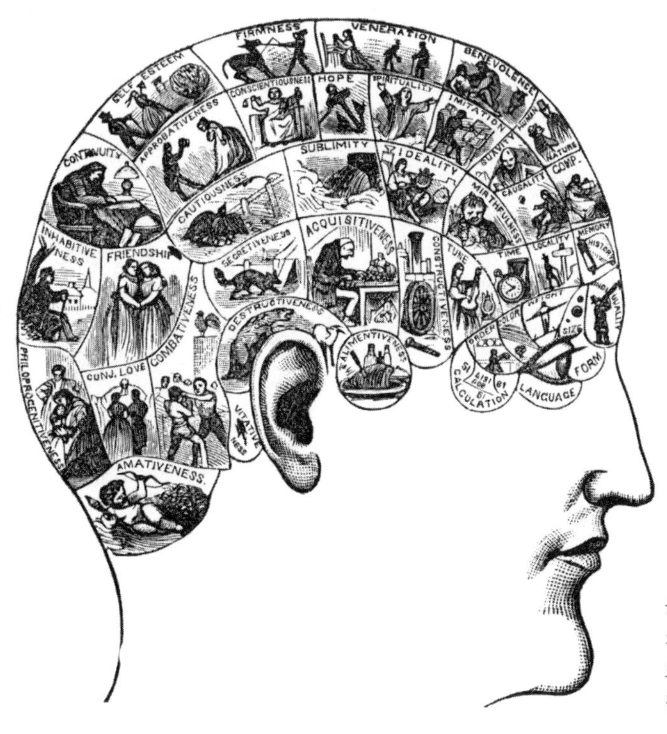

골상학에서 주장하는 뇌 기능의 지도. 골상학자들은 뇌의 모양이 지능과 심적 특성을 결정한다고 믿었다.

뇌의 특수한 해부와 생리학》 서문에서 갈은 골상학이 어떤 것인지 이렇게 설명했다.

> 도덕성과 지성은 선천적이다. 도덕성과 지성이 겉으로 나타나서 일상생활에 이용되는 것은 조직화에 의존한다. 뇌는 모든 성향 · 감정 · 기능을 담당하는 기관이다. 뇌는 본질적으로 서로 다른 성향 · 감정 · 기능을 담당하는 수많은 특수기관이 모여 구성된다. 머리와 머리뼈의 모양은 뇌의 모양을 반영한 것으로, 뇌의 발달 정도를 나타낸다.

실험생리학을 개척한 주인공으로 유명한 마장디(Françis Magendie, 1783~1855)는 1843년 '골상학이 현시대의 사이비 과학' 이라며 맹렬히 비판했으나 유행의 흐름을 끊지 못했다. 골상학은 19세기 정신과학과 현대 신경과학에 많은 영향력을 발휘했다. 골상학은 대뇌가 마음을 총괄하는 중추이며, 대뇌 특정부위가 브로드만Brodmann 영역처럼 각각 마음의 모듈성을 가진다는 것을 의미한다. 골상학자들은 마음이 서로 다른 정신기능의 총합이며, 이러한 정신기능이 서로 다른 뇌 부위에 각각 존재한다고 믿었다. 성격과 정신기능의 개인차가 서로 다른 머리뼈 모양에서 드러난다는 얘기다.

골상학의 기초를 닦은 갈은 사람의 뇌 27군데가 인격 형성에 일정한 역할을 한다고 믿었고, 이중 19군데는 동물에도 존재한다고 여겼다. 1820년대에서 1840년대까지는 어린이들이 커서 누구와 결혼하고 어떤 직업을 가져야 하는지도 골상학으로 판단했다. 갈은 이를 지도로 그렸는데, 뇌 모양의 이 지도는 널리 이용되었다. 역사를 돌아보면 내부장기와 마음을 연결시킨 사람이 또 있었다. 바로 아리스토텔레스다. 그는 간과 분노 사이에 상관관계가 있다고 설명했다.

갈은 증명을 위해 수많은 사체의 뇌를 측정해, 생전 성격과 비교했다. 그전까지는 심장이 마음의 중심이라는 생각이 지배적이었는데, 갈의 연구부터 마음의 중추를 뇌라고 보는 견해가 시작되었다. 제자 슈푸르츠하임은 미국과 영국에 골상학을 전파했다.

이들의 이론은 영국을 비롯한 많은 나라의 학자들이 받아들였다. 스코틀랜드의 콤브Combe 형제는 골상학과 정신건강에 대한 책으로 가장 널리 읽혀졌다고 할 수 있는 《사람의 구성과 골상학의 요소》를 썼고, 골상학자로 뚜렷한 족적을 남긴 미국의 파울러Fowler 형제는 골상학과 관련한 출판사를 경영하기도 했다. 골상학을 인격과 정신적 통찰력의 중요 요소로 받아들이면서, 1916년부터 1922년까지 영국 수상을 지낸 로이드조지Pavid Lloyd George도 깊은 관심을 가졌다.

수많은 사람이 사람을 고용하거나 결혼 상대자를 찾을 때 조언을 듣기 위해 골상학자를 찾아오는 일이 벌어졌다. 그러나 골상학은 앞서 마장디의 예를 든 것처럼 주류학계는 받아들이지 않았다. 19세기에는 골상학이 점성학, 손금 보기처럼 대중에게 인기 있었지만 학문적 근거가 뒷받침되지 않았다.

20세기 초에는 골상학이 진화주의, 범죄학, 인류학 등과 관련해 더 인기를 끌었다. 20세기 영국에서 가장 유명한 골상학자는 정신의학자인 홀런더(Bernard Hollander, 1864~1934)였다. 《뇌의 정신기능》(1901), 《과학적 골상학》(1902)을 발표한 그는 골상학적 진단에 정량적 접근법을 사용해, 두개골을 측정하는 정교한 방법을 결정하고, 통계학적으로 분석해 특정 집단의 평균치를 발표했다.

학문을 자신들의 이데올로기에 적극 악용한 나치 과학자들도 골상학

대중 앞에서 골상학을 설명하고 있는 골상학자. 어린이들의 장래도 머리 모양을 보고 결정하는 '골상학의 시대'가 있었다.

에 관심이 많았다. 그들에게 골상학은 백인(게르만족)의 우수성을 증명할 수 있는 중요한 과학적 근거였다. 벨기에의 보츠(Paul Bouts, 1900~1999)는 개인의 학습 효과를 연구하기 위해 골상학을 분석했으며, 골상학을 필상학(graphology, 필적을 토대로 사람의 심리, 사회적 요인 등을 연구하는 방법)과 유형학(typology, 인간의 정신능력이나 체질을 유형적으로 분류해 성격을 연구하는 방법)과 결합하는 새로운 방법을 만들었다.

가톨릭 성직자인 보츠는 브라질, 캐나다 등지에서도 활약하며 성격학연구소를 설립하고, 연구 결과를 책에 담았다. 그는 선사시대 사람들의 머리뼈를 측정하여 진화의 발달 과정도 연구했고, 범죄자나 야만인들의 머리모양에 관한 내용을 발표하기도 했다. 보츠가 세상을 떠난 뒤에도, 그의 제자였던 뮐러Anette Müller 박사가 수장으로 활동했던 독일의 PPP(Per Pulchritudinem in Pulchritudine)재단에서 이 이론을 계속 연구하고 있다.

골상학은 인격과 성격에 초점을 맞추므로, 뇌의 크기·무게·형태를 연구하는 두개측정법(머리측정법, craniometry), 얼굴 모양을 연구하는 인상술과는 다르다. 사람의 감정이 심장이 아니라 뇌와 관련 있고, 뇌의 감정과 행동을 결정한다는 그 당시 가히 '혁명적인' 골상학은 신경과학 발전에 기여한 바가 크다.

하지만 20세기 초 영국과 미국 등지에서 잠시 빛을 보는 듯했던 골상학은 더 이상 과학으로 발달하지 못했다. 골상학을 옹호하는 논문에 허점이 많았으며, 정신과학과 심리학이 발전하면서 사람의 성격이 단순히 인체기관에 따라 결정된다는 논리를 받아들이기 어려웠기 때문이다. 20세기 중반에는 대중적 인기마저 시들해졌는데, 유독 미국에서는 인기가 많아 골상 분석을 위한 자동기구도 고안되었다. 미네소타의 과학박물관에는 당시 고안된 자동 전기 골상측정기가 전시되어있다.

이렇게 결국 갈을 포함한 골상학자들은 과학의 이름으로 '엉터리 이론'을 퍼뜨린 셈이 되었다. 캐리Stephen S. Carey가 쓴 《초보자를 위한 과학적 방법 소개》에 따르면, 사이비 과학이란 그 시대 기준으로 볼 때 '과학적 방법을 잘못 적용하는 행위'다. 골상학자들은 사람의 머리뼈와 인격이 관련 있다는 증명하기 힘든 추론을 제시했다. 물론 정신적 사고가 뇌에서 일어난다는 이론은 타당했지만, 현대의학으로 볼 때 뇌의 모양이 어떤 행동도 예견하지 않는다. 골상학은 한 세기 동안 반짝한 사이비 과학이라 할 수밖에 없다.

 인체의 가장 큰 기관, 피부

외유내강의 피부 기능

우리 몸에서 가장 큰 기관은 어디일까? 답은 피부다. 동물의 표면을 덮고 주위 환경과의 접촉에서 내부구조를 보호하며 항상성을 유지하는 복합 조직층이 바로 피부다. 피부 면적은 1.6~1.8제곱미터이고 무게는 몸무게의 약 7퍼센트에 이른다. 부속기관으로는 모발(털), 피지샘, 땀샘, 손톱과 발톱이 있다. 피부 가운데 손·발바닥이 약 6밀리미터로 가장 두껍고 눈꺼풀이 0.5밀리미터로 가장 얇다. 평균 두께는 약 1.2밀리미터로, 남성이 여성보다 두껍지만 피하지방층은 여성이 남성보다 더 두껍다. 그래서 여성이 추위에 더 잘 견딜 뿐 아니라 낙하 사고가 일어나면 생존할 가능성도 높다.

피부는 무척 약해 보이지만 그 역할은 다양하다. 우선 피부는 몸의 내부와 외부의 경계다. 밖에서 침입하는 각종 유해물질과 환경에서 몸 내부를 보호한다. 피부색 결정에 관여하는 멜라닌은 흑갈색 색소로, 자외선으로부터 피부를 보호한다. 피부 바깥쪽은 표피, 안쪽은 진피로 나뉘는데, 표피는 다시 바깥부터 안쪽으로 투명층, 각질층, 과립층, 유극층, 기저층 이렇게 다섯 층으로 구분된다. 투명층은 손바닥과 발바닥에만 있기 때문에, 사실상 각질층이 피부 맨 바깥쪽에 위치한다.

이러한 피부 각 층은 고정되지 않고 안에서 바깥으로 계속 자란다.

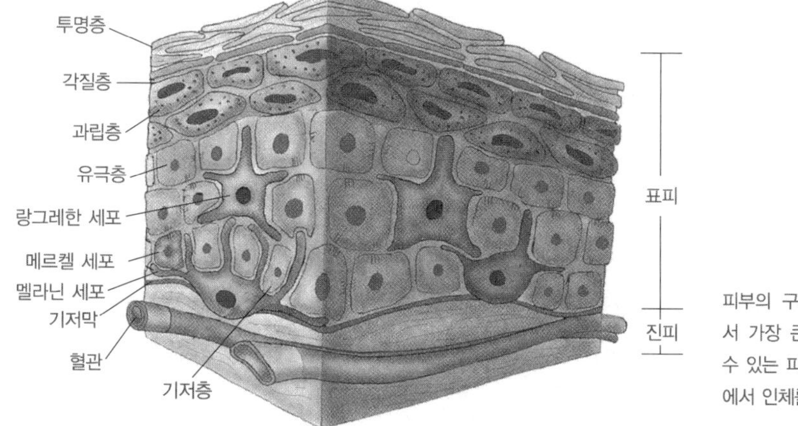

피부의 구조. 우리 몸에서 가장 큰 기관이라 할 수 있는 피부는 외부환경에서 인체를 보호한다.

화상을 입었을 때 표피에만 상처가 나면 흔적이 남지 않지만, 진피 부위까지 침범하면 상처가 남는다. 진피에 상처가 그대로 남은 상태에서 바깥쪽 표피가 자라다 보니 원래 모양을 유지하지 못하는 것이다. 이렇듯 심각한 경우가 아니라면 피부의 상처는 아물면서 딱딱한 덩어리가 생겨나고 완전히 떨어져 원상태로 회복된다. 그래서 피부 표면에는 미생물이 기생할 수 없다. 표피와 함께 떨어져나가기 때문이다.

피부는 다양한 사이토카인cytokine을 분비해서 이물질의 침입에 대한 면역을 담당한다. 사이토카인은 당단백질의 일종으로, 면역, 감염병, 조혈기능, 조직회복, 세포의 발전 및 성장에 도움을 준다. 또 항체의 생성을 유도하고 외부 침입에 대해 인체의 방어체계를 제어하고 자극한다.

땀을 흘리는 가장 큰 이유는 신체 내부의 열을 외부로 발산해 체온을 유지하기 위해서다. 피부에는 아포크린샘apocrine gland과 에크린샘eccrine gland 이렇게 두 종류의 땀샘이 있다. 이렇게 구분하는 이유는 분비되는 방식과 포함 물질이 다르기 때문이다.

시상하부의 체온조절중추에서 자율신경을 통해 체온을 유지시키나는 신호가 전달되면 피부는 땀의 양을 조절한다. 이때 혈관이 확장되면 체온 발산이, 혈관이 수축하면 체온 유지가 쉽다. 갑자기 추위에 노출되면 피부에 소름이 돋고 몸이 떨리는데 혈관을 수축시켜 열이 밖으로 빠져나가는 것을 막기 위해서다.

피부에는 냉각을 감지하는 크라우제Krause 소체, 통각과 촉각을 감지하는 말초신경, 압각을 감지하는 바터-파치니Vater-Pacicni 소체, 따뜻함을 느끼는 루피니Ruffini 소체, 촉각을 감지하는 마이스너Meissner 소체, 촉각과 자극 속도를 감지하는 메르켈Merkel 세포, 털의 움직임을 감지하는 모낭신경말단 등이 분포한다. 또 땀샘을 통해 노폐물과 땀을 배출하고 피지샘으로 지질성분을 내보내며, 각질층에서 쓸모없는 피부성분이 떨어져 나가게 한다.

북유럽같이 햇빛에 노출되는 시간이 적은 지역에서는 쌀쌀한 날씨에도 사람들이 일광욕을 한다. 취미라기보다는 필수생활인데, 피부에 존재하는 비타민 전구물질은 자외선과 작용해야 비타민D로 전환되어 우리 몸에서 칼슘 대사와 관련된 기능을 할 수 있기 때문이다. 피부는 피하 지방 형태로 지방을 저장하기도 하고 화장품이나 연고 같은 다양한 물질을 흡수한다.

피부과학 발전에 공헌한 헤브라와 베체트

가려움이 심한 신경성 피부질환을 '양진'이라 한다. 양진은 증상이 나타난 후 지속되는 기간에 따라 급성과 만성으로 구분하고, 발생 모양이나 양상에 따라 심상성 양진, 결절성 양진, 임신성 양진 등으로 나눌 수 있다. '안창'이라는 것도 있는데, 이는 발진이 일어났다가 사라지기를 되풀이하는 동안 쌀알 내지 완두콩 크기의 결절이 여러 개 발생하는, 아주 가려운 피부 질환이다. 피부를 긁는 경우 수포 · 농포 · 농가진과 색소침착 등이 나타나고, 림프절이 붓기도 한다. '헤브라 양진' 이라고도 하는 안창을 처음 기술한 사람은 헤브라(Ferdinand Riter von Hebra, 1816~1880)다. 오스트리아 모라비아 지방의 브륀에서 출생한 그는 1841년 빈대학 의학부를 졸업한 후 피부질환에 관심을 가지고 피부병 연구에 정진했다. 1840년대는 병리학의 아버지 피르호가 본격적인 활동을 개시하기 전이었지만 로키탄스키(Karl von Rokitansky, 1804～1878)를 비롯한 여러 병리학자들에 의하여 질병을 세포 수준에서 연구하려는 시도가 왕성하게 이루어지던 시기였다.

헤브라는 이들과 학문적으로나 인간적으로 긴밀한 관계를 유지하면서 당시에 일반화되었던 체액의 불균형에 의한 피부병 발생을 부정하고, 피부병의 원인이 국소자극 또는 기생체에 의한 것이며, 국소 치료에 의하여 피부병을 해결할 수 있다고 주장했다. 헤브라는 1846년 발표한 《병리 해부학을 바탕으로 한 피부병 분류》에서 조직학과 병리학 연구를 바탕으로 자신의 이론을 주장했고, 이후 피부과학을 발전시키는 데 크게 공헌했다.

그는 1869년 빈대학의 피부과 교수가 되었으며, 1860년부터 1876년까지 긴 세월에 걸쳐 또 하나의 역작인 《피부병 교본》을 저술하여 현대 피부과학의 기초를 다졌다는 평가를 받고 있다. 그의 이름은 '헤브라 양진' 외에 '헤브라 홍색비강진' 에도 남아있으며, 여러 피부과 질환 치료에 유용하게 사용되는 헤브라 연고도 제조했다. 그의 연구에 의하여 1870년경부터 피부과학은 의학의 한 분야로 독립했으며, 헤브라는 현대 피부과학의 기초를 구축한 신新빈학파의 창시자로 남았다.

1889년, 멸망해가는 오스만 제국의 이스탄불에서도 유명한 피부과의사가 출생했으니 베체트(Hulusi Behçet, 1889~1948)가 그 주인공이다. 그의 아버지는 터키 공화국의 창시자인 아타튀르크의 친구인데, '찬란하게 빛난다' 는 뜻을 지닌 '베체트' 라는 성을 사용하기 위해 아타튀르크의 허가를 받았다고 전한다. 일찍 어머니를 여의고 할머니의 손에 자란 베체트는 학창 시절부터 프랑스어, 라틴어, 독일어 등에 능통했고, 16세 때 걸란 군의학교에서 의학을 공부하기 시작했다.

의사가 된 후 피부과학과 성병에 관심을 가진 그는 제1차 세계대전에서 군의관으로 활약했고, 전쟁 후에는 부다페스트와 베를린에 유학한 후 1923년부터 오늘날 이스탄불 의과대학의 전신인 구라바 병원에서 일했다. 이해에 터키 공화국이 건국되었다. 건국 후 정치적으로 어수선한 상황에서도 베체트는 처음 관심을 가졌던 피부과학과 성병 연구에 전력하여 터키 피부과학의 토대를 닦았으며, 터키 인으로는 최초로 교수 직함을 가지게 되었다.

그는 학문적인 토론을 좋아했고, 새로운 것을 배우고 접하기 위해 국제 학회 참석과 새로운 논문 번역 등에 힘을 쏟았다. 1922년부터는 매독 연구에 정진하여 진단, 치료, 유전학적 특성, 역학 등을 연구했다. 이 외에도 여러 가지 피부과 질환과 기생충 질환에 대하여 탁월한 업적을 남겼다. 1924년 《터키 피부과학 및 매독학》을 창간했으며, 여러 국제학회지의 편집위원으로 활약했고, 1940년 그가 저술한 《매독의 진단 및 매독과 관련된 피부병》은 지금도 그 가치를 인정받고 있다.

그가 베체트병에 관심을 가지게 된 것은 1924년경이었다. 이때만 해도 베체트병은 매독이나 결핵이라는 견해가 있었고, 원생동물에 의한 기생충 질환, 안과 질환 등 여러 가지 설이 있었으나 베체트는 환자를 꾸준히 관찰하여 구강, 외음부, 눈에 궤양과 염증이 생긴 이 병을 자신의 이름을 따서 베체트병이라 명명했다. 초기에는 베체트병을 독립된 질병으로 간주하는 데 반대 의견이 있었으나, 그의 꾸준한 관찰과 연구로 1947년 취리히에서 열린 학회에서 드디어 독립된 질병으로 인정받았다.

현대인의 피부에 찾아든 불청객, 아토피

아토피성 피부염은 가려움이 매우 심한 습진이다. '아토피atopy'는 그리스어로 '이상한', '부적절한'이라는 뜻이다. 대체로 생후 2~3개월부터 나타나며 가려움이 특징적인 증상이다. 계속 긁다보면 피부염으로 발전하고 심하면 피가 흐르기도 한다. 이로 인해 정서장애가 일어나거나, 사회 활동력이나 적응능력이 감소하고, 학습 장애도 발생할 수 있다. 습진이 함께 나타나 겉모습이 보기 좋지 않아서 사춘기 청소년들에게는 심적 갈등을 불러일으킬 수 있다. 요즘 아토피성 피부염이 있는 사람들이 흔한데도, 아직 원인을 정확히 밝히지는 못하고 있다.

아토피성 피부염에는 유전과 환경 두 가지 원인이 있는 듯 보인다. 알레르기 질환에 잘 걸리는 사람이 오랜 시간 동안 집먼지, 집먼지진드기, 동물털, 꽃가루, 특정 음식 같은 항원과 접촉하면 두드러기 반응이 일어난다. 건조한 기후, 정신적 스트레스, 도시화·산업화 같은 환경적인 요인도 아토피의 발생요인이다. 열대지방보다는 온대와 한대지방의 건조한 지역에서 발생률이 높고, 농촌보다 도시에서 더 자주 발생한다.

1970년대까지는 전 세계적으로 6세 이하 어린이의 3퍼센트 이하가 발생했지만, 최근에는 어린이의 20퍼센트, 성인의 1~3퍼센트가 아토피성 피부염을 앓고 있다. 아토피성 피부염은 치료를 받으면 좋아졌다가 치료를 중단하면 나빠지는 상황이 반복된다. 심하지 않은 경우에는 피부가 건조해지지 않도록 잘 관리하고, 스테로이드steroid 기능을 대신할 수 있는 국소 면역조절제를 투여하는 것으로 치료가 가능하다.

하지만 더 심한 환자에게는 항히스타민제를 투여해 가려움증과 두드러기를 예방하고, 항생제, 항바이러스제, 항진균제 투여로 2차적인 문제를 예방한다. 그리고 아토피성 피부염 환자에게 부족하기 쉽다고 알려진 필수지방산인 감마리놀렌산γ-linolenic acid도 투여한다. 증상이 정말 심한 환자에게는 아토피성 피부염을 유발하는 세포의 기능을 억제하기 위하여 자외선을 이용한 광선치료를 하고, 스테로이드제나 사이클로스포린cyclosporin과 같은 전신 면역억제제를 사용하며 급성인 경우에 인터페론 감마interferon-gamma를 주사한다.

생체 에너지의 공급자, 내장기관

05

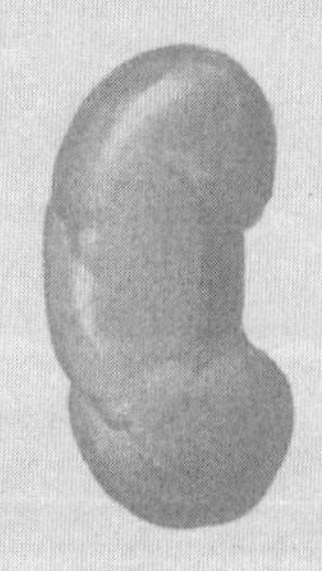

몸에는 많은 내장기관이 있다. 음식을 소화시키는 위, 독성을 없애주는 간, 호흡하는 폐, 불필요한 물질을 걸러내는 콩팥 등이 제대로 기능할 때 인간은 건강하다. 각 장기들의 특징과 관련 질병을 알아보고, 병원균을 직접 마셔버릴 정도로 연구에 열정적이었던 학자들도 만나보자.

의사와 환자의 '믿음'이 위를 열다

의학사를 뒤흔든 위대한 만남

입으로 들어온 음식이 식도를 거쳐 제일 먼저 도착하는 곳이 위다. 위가 음식의 첫 번째 경유지라는 사실은 고대그리스 이전에도 알려져 있었다. 고대그리스인들은 위가 음식을 소화시켜 즐거움과 만족감을 전해준다고 생각했다.

히포크라테스와 갈레노스 등도 소화를 담당하는 위와 창자의 기능에 대하여 기술했지만, 과학적 근거는 없었다. 모르가니(Giovanni Battista Morgagni, 1682~1771)는 위암, 위궤양에 대한 연구업적을 남겼지만, 위의 소화 기능은 잘 몰랐다.

이처럼 위가 소화기관이라는 사실은 고대부터 알았지만 어떻게 소화가 일어나는지 그럴 듯한 해답이 제시된 시기는 19세기에 접어든 후였다. 저명한 의학자인 탤보트가 '의학 역사상 가장 유명한 의사와 환자의 관계'라고 이야기했던 보몬트(William Beaumont, 1785~1853)와 마르탱(Alexis Saint Martin, 1794~1880)의 반평생에 걸친 밀접한 관계가 위의 소화 기능을 이해하는 시금석 역할을 했다.

섭취한 음식물의 양이 아무리 많다 해도 그 속에 포함되는 영양소는 탄수화물, 지방, 단백질, 비타민, 무기질이 전부다. 이것이 입과 식도를 시작으로 인체 내 소화계통으로 들어가서 어떻게 소화·흡수되는지는 현재에 아주 잘 알려져있다.

그러나 200년 전만 해도 소화에 대한 지식은 극히 한정적이었다. 음식을 잘 먹어야 몸에 필요한 성분을 제대로 공급할 수 있고, 어떤 음식이든 입으로 들어간 후에 식도, 위, 작은창자, 큰창자를 거치면서 대변으로 바뀌어 항문으로 빠져나온다는 사실은 알고 있었다. 하지만 음식물이 변하는 과정과 그 이유를 설명할 수 없었으므로 소화에 대한 지식은 쌓을 수 없었다.

맛있게 먹은 음식이라도 구토 때문에 입으로 다시 올라오면 심한 불쾌감을 느낀다. 이때 음식은 입을 통과할 때와 달리 잘게 부서져있고, 기분 나쁜 느낌을 풍기는 액체가 혼합되어있기 때문이다. 하지만 이 구토 '덕분에' 위가 액체를 분비해 음식물을 부순다는 사실을 알 수 있었다. 헬몬트(Jan Baptista van Helmont, 1577~1644)는 이 기분 나쁜 액체에 질산이나 염산 같은 물질이 포함되었으리라고 생각했으나 증명하지는 못했다.

보몬트 이전의 학자들은 음식을 먹고 일정한 시간이 지난 동물의 위를 해부해 음식물이 어떻게 변해가는지를 관찰했다. 그러나 이러한 연구는 동물마다 소화 과정이 다르므로 한계가 있었다. 예를 들면 소는 되새김질을 하고 닭은 모래주머니를 가지고 있다.

사람을 이용한 소화연구는 식도를 통해 입으로 역류한 위액을 모아, 음식물과 혼합한 후 시간을 재며 음식물이 어떻게 변하는지를 관찰하는 것이 전부였을 정도로 보잘것없었다. 위에서 일어나는 상황과 다른 실험조건으로 사람의 소화에 대한 정확한 지식을 얻기 힘들었다. 한마디로 불가능한 일이었다.

이런 상황에서 마르탱에게 발생한 총기사고는 소화에 대한 인류의 지식이 발전할 수 있는 계기가 된 사건이었다. 마르탱과 보몬트의 연구 방법은 훗날 실험생리학이 발전하는 데 큰 자극이 되었다.

그 문제의 총기오발사고는 1822년에 미국 미시간주 맥키낙 섬의 한 마을에서 우연히 발생했다. 프랑스계인 18세 청년 마르탱은 모피 회사의 직원으로 모피용 동물을 사냥하기 위한 덫을 놓고, 사냥도구를 운반하는 일을 담당하고 있었다. 그런데 불과 1미터도 안 되는 거리에서 오발사고가 발생했다. 마르탱의 왼쪽 옆구리를 뚫고 들어온 총알은 5~6번째 갈비뼈와 왼쪽 폐의 아랫부분을 통과한 후, 위의 앞쪽에 구멍을 뚫고 지나갔다. 사고 지점 주변에서 근무하던 군의관 가운데 유일한 외과의사였던 보몬트는 사고 즉시 달려와 응급처치를 실시했으나 상처가 워낙 깊어서 마르탱이 곧 생명을 잃을 것이라고 판단했다. 보몬트의 기록에 의하면 손바닥보다 큰 상처가 생겼다고 한다.

큰 상처는 인체에 감염성 질병을 일으키는 병원성 미생물의 침입 통로가 되어 2차 감염의 원인이 된다. 따라서 항균화학요법이 전혀 개발되어있지 않던 19세기에는 큰 수술 후에 2차 감염에 의해 사망하는 일이 비일비재했다. 그런데 기적이 일어났다. 보몬트의 예상과 달리 마르탱이 회복되기 시작한 것이다. 상처는 깊었지만 다행히 출혈도, 2차 감염도 일어나지 않았기 때문에 비록 느린 속도이기는 하나 마르탱은 서서히 정상을 되찾았다.

완전히 소화되지 못한 음식물이 위에 뚫린 구멍을 통해 몸 밖으로 빠져나오는 일이 가끔 발생하기도 했다. 하지만 사고 발생 4주가 지날 때쯤, 위의 구멍에서 조직이 재생되면서 상처가 조금씩 닫혀갔다. 아직 완치되었다고 할 수는 없었으나 소화 기능은 완전히 회복되어, 사고 전같이 음식을 먹고 소화시키는 데 아무 어려움이 없었다. 위로 들어온 음식물이 밖으로 새나가지 않을 정도로 구멍이 닫힌 뒤에는 재생 조직이 마치 뚜껑 같은 모양이 되어, 손가락으로 그 부분을 밀면 위 내부를 들여다볼 수 있었다. 사고 후 1년 반이 지나자 위벽은 사고로 생긴 구멍을 완전히 덮을 정도로 깔끔한 뚜껑 모양이 되었다.

이때까지 마르탱은 계속해서 보몬트에게 치료를 받았는데, 다행히 사고 보상금을 받으면서 경제적으로 큰 어려움 없이 살 수 있었다. 보몬트는 소화기전을 알아내기 위해 마르탱의 몸이 필요하다고 이야기했고, 마르탱은 동의했다. 이렇게 해서 1825년 4월 1일, 포트 나이아가라Fort Niagara에서의 실험을 시작으로 총 4회에 걸쳐 보몬트는 마르탱을 대상으로 소화에 대한 연구를 진행했다.

보몬트는 마르탱의 위가 비어있을 때 위액을 채취하여 그 성분과 기능을 조사했다. 그 결과 구토할 때 식도를 타고 올라오는 위액과 공복상태의 위액에 차이가 있음을 알았다. 위액이 산성인 경우는 소화시켜야 할 음식이 위에 들어올 때뿐이었다. 버몬트는 '위벽의 뚜껑'으로 실에 매단 음식물을 넣은 다음, 시간 변화에 따라 이 음식물이 어떻게 변화하는지, 위에서 채취한 소화액이 온도를 비롯한 여러 환경 변화에 따라 어떻게 기능하는지를 알아보았다. 시험관에 위액을 나눠 담고 각종 음식물을 넣고 소화되는 과정을 연구하기도 했다.

네 차례의 연구를 진행하는 동안 보몬트는 캐나다를 비롯하여 미시간에서 꽤 먼 곳으로 전임을 가기도 했지만, 마르탱은 보몬트의 요구가 있을 때면 흔쾌히 먼 길을 오가며 그의 연구에 협조했다. 이러한 실험결과를 토대로 보몬트는 1833년에 〈위액과 소화생리의 실험과 관찰〉이라는 논문을 발표했다. 보몬트의 연구는 윤리문제 등으로 지금은 아무도 따라할 수 없는 완벽한 임상실험이었으며, 여러 인자를 고려하여 진행되었기에 이해와 해석이 쉽고, 누구도 이의를 제기하기 쉽지 않은 '완벽한' 결과를 얻을 수 있었다.

마르탱은 보몬트의 실험에 협조하는 동안 보몬트에게 약간의 경제적 지원을 받기는 했으나 큰 대가를 받지 않았다. 다만 생명의 은인인 보몬트의 연구에 적극 협조하는 일을 즐겁게 생각했다. 이를 통해 마르탱은 보몬트와 함께 의학 역사의 한 획을 긋는 주인공이 될 수 있었다. 오늘날 미시간주의 로열 오크와 트로이에는 보몬트의 이름을 딴 병원이 있다. 텍사스주 엘파소에 있는 육군병원의 이름도 윌리엄 보몬트 육군 의료원이다. 맥키낙 섬에는 보몬트를 기념하는 건물도 있어서 그의 이름은 널리 알려졌다.

1833년에 가장이 된 마르탱은 보몬트의 네 번째 실험을 마친 후 다시 만날 것을 기약하며 캐나다로 떠났고, 그 후 농부로 살아가던 마르탱은 보몬트를 다시 만나지 못했다. 그러나 보몬트의 사망 소식을 들은 마르탱은 그의 가족을 찾아 위로했으며, 보몬트 부인이 죽은 후에는 보몬트의 아들과 연락을 주고받을 정도로 친분을 유지했다. 술을 좋아했던 마르탱은 말년에 위 뚜껑 주변에 문제가 생겨 고생하기도 했지만, 총기사고 이후 58년이나 더 살았으니 건강하게 생을 누렸다고 할 수 있겠다.

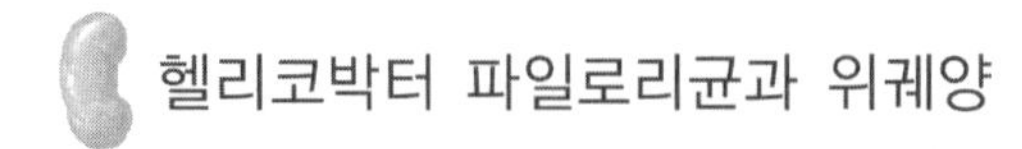

헬리코박터 파일로리균과 위궤양

위궤양의 원인을 찾아라

소화성궤양은 소화기관의 점막이 헐어서 점막 아래 부분까지 드러나는 현상을 가리킨다. 위와 샘창자에서 주로 발생하지만 식도와 창자의 다른 곳에서도 발병할 수 있으며, 위산이 많이 분비되거나 위벽 또는 샘창자벽의 보호작용이 이루어지지 않을 때 더 빈번하다.

샘창자궤양이 위궤양보다 네 배 이상 많고, 남성의 발병률이 여성보다 세 배 정도 높다. 환자의 50퍼센트 이상은 1년 이내에 재발한다. 샘창자궤양은 암이 되는 경우가 드물지만, 위궤양은 환자의 5퍼센트가 암으로 진행된다. 샘창자궤양이 위산의 과잉분비와 밀접한 관련이 있는 것과 달리, 위궤양은 위산 분비가 감소하면서 일어난다. 샘창자궤양은 통증이 공복에 나타났다가 밥을 먹으면 사라지지만, 위궤양은 밥을 먹으면서 통증이 시작되거나 오히려 더 심해지기도 한다. 궤양이 심해지면 세포 사이에 분포하는 혈관을 손상시켜 출혈이 일어날 수 있으므로 주의해야 한다.

소화성궤양의 원인은 아스피린 등 진통소염제의 복용, 흡연, 불규칙한 식사 습관, 자극성 음식 섭취, 위의 염증, 정신적 스트레스, 헬리코박터 파일로리Helicobacter pylori균 감염 등이다. 치료는 약물요법과 항균요법을 시행하며, 치료 후에도 재발하거나 난치성 궤양으로 진행하는 빈도가 높으므로 의사와 상의하여 약을 꾸준히 복용해야 한다. 발병 원인에서 충분히 유추할 수 있듯이 금연, 자극성 없는 적당한 음식 섭취, 스트레스 줄이기 등이 완치를 위해 필요하다.

앞에서 열거한 궤양의 여러 원인 가운데 20세기 후반 가장 관심을 받기 시작한 것은 헬리코박터 파일로리균이다. 헬리코박터 파일로리균은 전체 소화성궤양 중 약 80퍼센트의 원인으로 밝혀졌지만, 감염된 사람의 약 20퍼센트 정도만 의사의 진찰을 받는다는 통계가 있다. 헬리코박터 파일로리균은 나선 모양의 세균으로, 산성인 위에서도 잘 생존할 수 있다. 이렇게 특정 세균과 위궤양의 연관성은 1979년에 워런Robin Warren이 처음 발견했다. 그리고 헬리코박터 파일로리균은 마셜Barry Marshall이 1982년에 이름을 지었으며 이듬해 그에 관한 논문을 발표했다. 그렇지만 이 세균의 발견은 19세기로 거슬러 올라간다.

19세기 말, 밥을 굶은 상태에서 위 속의 내용물을 면밀히 조사한 결과 정상적인 위의 점액에 막대 모양의 세균과 효모가 존재한다는 사실이 알려졌다. 그러나 위산 분비에 이상이 있는 환자에게서는 미생물이 발견되지 않았다. 초기의 관찰 결과를 바탕으로, 위의 특정 이물질이 특정 질병을 일으킨다고 추론했으나 외부에서 들어온 미생물이 실제로 병을 일으키는지 확인할 방법이 없었다.

초기 위 세균학자라 할 수 있는 독일의 보트케G. Bottcher는 프랑스인 협력자 레툴레M. Letulle와 함께 1875년에 점막 부위의 궤양에서 세균 집락을 발견했다. 이들은 특정 세균의 감염이 궤양의 원인이 된다는 가설을 세웠지만 인정을 받지 못했다. 1881년 병리학자 클렙스E. Klebs는 위의 세포에 기생하는 간균을 찾아냈지만 세균이 궤양의 원인이라는 이론은 여전히 받아들여지지 않았다. 위액에는 염산이 포함되어서 강한 산성을 띠기 때문에 그 속에서 생명체가 살 수 있으리라고 가정해보는 일조차 당시에는 거의 불가능했다.

보트케와 레툴레는 연구를 계속하며 1888년까지 궤양이 세균 감염에 의해 발생한다고 줄기차게 주장했다. 그러나 가설을 입증할 실험방법을 정립하지 못해, 더 이상의 파급효과는 없었다. 그러나 이들의 연구내용은 다른 연구자로 하여금 세균 연구를 하도록 자극했고, 락토바실러스Lactobacillus, 디프테리아균diphtheria, 폐염구균 등에 관한 연구발전에 기여했다.

한편 이탈리아의 비초제로(Giulio Bizzozero, 1846~1901)도 비슷한 실험을 했다. 1893년, 훗날 노벨상을 받는 제자 골지(Camillo Golgi, 1844~1926)와 함께 개를 대상으로 위 점막 실험을 한 결과, 나선 모양을 한 스피로헤타균이 위 점막에 존재하며, 이것이 소화성궤양의 원인이 된다는 주장을 펼쳤다. 혈액에서 혈소판을 처음 발견하고, 이것이 혈액을 응고시킨다는 사실을 최초로 기술한 비초제로는 헬리코박터 파일로리균의 최초 발견자라는 평가도 동시에 받고 있다.

비초제로의 의견에 동의한 살로몬Hugo Salomon은 1896년 발표한 논문에서 개, 쥐, 고양이의 위 점막에서 스피로헤타균을 발견했다고 했다. 살로몬은 면봉 같은 도구로 개의 위 점막을 문지른 다음, 여기에 묻어나온 물질을 다른 동물에 주입하여 이 세균이 전달되는지를 확인하려 했으나, 올빼미, 토끼, 비둘기, 개구리를 이용한 실험에 실패하고 만다. 그러나 흰쥐에게 위 점막 성분을 투여하자 일주일 내에 위점막에 세균 집락이 생기는 결과를 얻었다.

1920년에 고바야시小林六造가 살로몬의 실험을 반복하여 고양이 위에서 얻은 스피로헤타균을 토끼에 옮기는 데 성공했다. 토끼의 위를 조직검사해보니 피가 나면서 위벽이 벗겨지고 허는 출혈성 미란糜爛을 볼 수 있었다. 또한 궤양에서 분비된 점액에서 스피로헤타균이 대량으로 검출되면서 세균 감염으로 궤양이 발생한다는 가설이 점차 신빙성을 더해갔다.

위궤양 연구의 개척자

1889년, 폴란드의 야보르스키(Walery Jaworski, 1849~1924)는 사람의 위에 존재하는 세균을 발견하고 '비브리오 루굴라Vibrio rugula' 라고 명명했다. 그는 이 세균이 위궤양, 위암, 위액결핍증을 일으킨다고 생각했다. 《위장 질환 안내서》에 이런 내용을 기술했지만, 폴란드어로 쓰인 까닭에 다른 학자의 관심을 끌지 못했다. 하지만 헬리코박터 파일로리균의 최초 발견자를 거론할 때 가장 후한 점수를 받는다. 그의 업적을 알지 못했던 수많은 의학자들이 약 80년에 걸쳐서 위궤양의 원인균을 찾아내기 위한 연구를 계속했다.

20세기 초에 소화계통의 질병을 치료하던 의사들은 장티푸스, 세균성 이질, 콜레라 같은 수인성 전염병은 물론, 결핵과 같은 각종 감염성 질병에 아주 친숙해졌다. 20세기 초부터 위암 환자의 위 내용물에서 스피로헤타균이 검출되었으며, 스피로헤타균을 자세히 분류하기 위한 연구도 진행되고 있었다. 한편 위벽세포에서 주로 발견되는 스피로헤타균이 건강한 사람의 위점막과 위액에는 아주 드물게 존재한다는 사실도 알려졌다.

실험을 통해 위를 연구하던 투르크Turck는 바실러스균Bacillus coli을 수개월 동안 개에게 주입하는 실험을 하여 개의 위에서 궤양이 발생하는 것을 확인했다. 그는 궤양을 지닌 환자의 대변에서 바실러스균을 분리하여 개에게 정맥주사를 놓았고, 이렇게 균을 주입받은 동물의 위와 샘창자에 조직이 갈라지는 변화가 일어났다. 이러한 조직의 변화를 궤양이라고 처음 부른 사람이 바로 투르크다. 그러나 투르크의 실험을 반복한 기벨리Gibelli는 같은 결과를 얻지 못했고, 투르크의 연구결과도 사장되는 듯했다.

로즈나우E. C. Rosenow는 1913년부터 약 10년에 걸쳐 토끼, 개, 원숭이, 기니피그, 고양이, 생쥐 등 광범위한 실험동물을 이용하여 위궤양을 일으키는 세균을 찾아내기 위해 노력한 후 연쇄상구균이 궤양의 원인이 된다는 결론을 내렸다. 그는 연쇄상구균이 위점막에 선택적 흡착력을 지니며, 샘 주변 조직을 국소적으로 파괴한다고 추론했다. 그는 세균에 의한 손상이 궤양을 야기하고, 위산에 의해 손상된 세포가 자기분해되는 능력을 지닌다고 주장했다. 로즈나우는 위궤양의 원인이 되는 세균이 충치가 생긴 치아에서 혈액을 통해 이동하다 위 조직에 침입하여 궤양을 형성한다고 주장하기도 했다. 그럴 듯하지만 오늘날 위궤양의 원인으로 익히 알려져있는 헬리코박터 파일로리균과는 거리가 먼 추론이었다.

이렇게 세균이 위궤양의 원인인지에 대한 연구가 한창 진행 중일 때 이미 알고 있는 확실한 원인이 있었다. 정신적 스트레스와 음식으로 인한 위산 분비 증가다. 그러니 위산 분비를 감소시키면 위궤양을 치료할 수 있다는 얘기가 된다. 그렇다면 위산을 분비하라는 신호를 전달하는 미주신경을 잘라버리면 위산 분비가 억제되리라고 생각한 의사가 나타났으니 드래그스테트(Lester Reynold Dragstedt, 1893~1975)가 바로 그 주인공이다.

위와 샘창자 궤양에 관심이 많았던 그는 1917년에 급성으로 발생하는 위와 샘창자궤양 치료에 위액이 어떤 영향을 미치는지를 설명하려고 했다. 그는 궤양을 일으킨 세균의 독성에 따라 진행 여부가 결정된다는 로즈나우의 이론에 의문을 가지고, 우선 위궤양이 생긴 세포에 어떤 세균이 자라고 있는지 확인하기 위해 세균을 분리하는 연구를 진행했다. 이렇게 해서 연쇄상구균과 바실러스균을 검출했다. 그로부터 15년 후 궤양에 발생하는 2차 감염을 줄이기 위해 부분적으로 미주신경절단술을 시행하는 등 궤양 연구에 많은 업적을 남겼으나, 그 후 관심을 큰창자로 돌려버렸다.

1920년 고바야시에 의해 스피로헤타균이 검출된 후부터 궤양이 발생한 조직에서 균을 찾는 단순한 연구보다는 스피로헤타균을 표적으로 하는 연구가 진행되기 시작했다. 위에서 분비되는 호르몬인 가스트린gastrin을 발견한 영국의 에드킨스John Edkins는 위의 여러 부위에서 스피로헤타균이 어떻게 선택적으로 위치하는가를 연구한 후 자신이 연구한 균을 스피로헤타 레가우디Spirochete reguadi라고 명명했다. 에드킨스는 고양이의 위 점막층에 의치한 개체가 형태학적으로 매독균 스피로헤타와 유사하다는 것을 알아냈다.

제2차 세계대전 초기에 널리 퍼진 매독은 트레포네마Treponema균에 의해 발생하는 질병으로, 이 균은 스피로헤타균에 속했다. 그래서 애초부터 위궤양과의 연관성이 제기되었다. 이 시기에는 세균염색법이 발전하여 원숭이와 개를 이용한 새로운 실험이 실시되고 사람의 위에서 스피로헤타균을 검출하기 위한 연구도 진행되었으나, 결과적으로 궤양의 원인이 되는 균주를 찾지는 못했다. 단지 궤양이 발생한 위의 53퍼센트에서 스피로헤타균이 검출되어, 건강한 위의 14퍼센트보다 흔하다는 사실만 확인할 수 있었다. 이후로도 1970년대까지 궤양의 원인균을 찾기 위한 노력은 계속되었지만 뚜렷한 성과를 거두지 못한 채 1980년대로 접어들었다.

헬리코박터 파일로리균을 발견한 마셜과 워런

호주의 왕립퍼스병원Royal Perth Hospital에서 오랜 시간을 보낸 워런은 수년간 위염 환자의 위에서 세균을 관찰하고 있었다. 그는 자신이 연구대상으로 삼은 이 균이 질병 발생에 특정한 역할을 하는 것은 확실하지만, 당시 위액이 궤양을 유발한다는 사실이 진리로 받아들여지고 있는 시점에서 다른 연구자들의 비판을 받아가며 논쟁을 벌이기를 주저하고 있었다.

1979년에 왕립퍼스병원으로 온 마셜은 1981년에 연구강사 과정을 밟으면서 위염을 연구하고 있던 워런을 만나게 된다. 그는 세균이 위궤양의 원인이라는 워런의 가설에 흥미를 가졌다. 그리고 연구강사 과정을 마치기 위한 연구과제로 워런의 가설을 선택하고 다음해부터 연구에 착수했다. 워런의 지도로 마셜은 궤양의 원인이 되는 세균을 배양하기 시작했다.

헬리코박터 파일로리균이 위에서 생존할 수 있다는 가설은, 강산성인 위액 때문에 위에는 어떤 세균도 생존할 수 없다는 의견이 지배적이던 당시 상황에서 다른 과학자들의 조롱을 받았다. 마셜은 1998년 인터뷰에서 "모두가 내 의견에 반대했지만, 나는 옳았다"라고 회상했다.

1984년 돼지 새끼에 배양한 균을 감염시키는 실험에 실패하자, 마셜은 배양한 균을 직접 마시는 모험을 감행했다. 그리하여 위액의 염산분비가 감소하고 위염이 발생하는 결과를 얻었다. 자신의 몸을 이용한 연구는 오늘날 연구윤리에 벗어나는, 비판받을 일이다. 마셜은 위가 더부

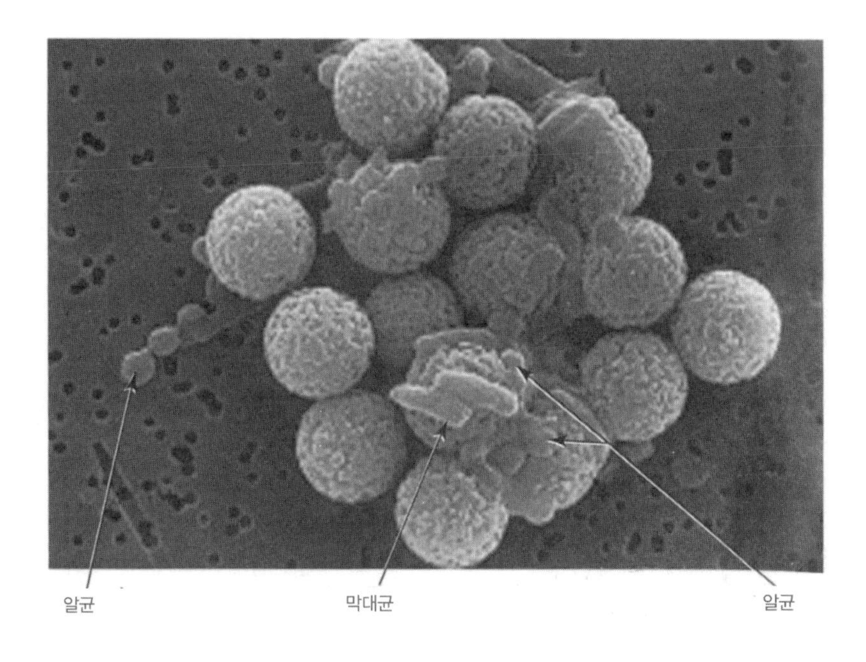

7일간 배양한 헬리코박터 파일리로리균의 전자 현미경 사진. 나선형 구조의 헬리코박터 파일로리균은 위염 및 소화성 궤양과 밀접한 관계가 있다. 특히 십이지장궤양 환자의 90% 이상이 감염되었다.

룩하고 오심惡心, 구토 증상이 나타났으며 입에서는 악취가 났다. 그러나 14일째 되는 날 실시한 위생검 결과, 어떤 세균도 검출되지 않았다.

마셜은 아내의 권유로 내시경 검사 직후 항생제를 투여 받았는데, 흥미롭게도 그의 몸에서는 헬리코박터 파일로리균 항체를 찾아낼 수 없었다. 특정 세균이 특정 질병의 원인임을 주장하기 위하여 만족시켜야 하는 코흐(Robert Koch, 1843~1910)의 네 가설 가운데 세 가지가 들어맞았으며, 마셜의 몸에서 세균을 검출할 수 없었던 것은 선천적 면역반응에 의해 헬리코박터 파일로리균이 제거된 결과로 보였다. 가설 세 가지는 병원균이 질병을 앓는 환자나 동물에서 '발견'되고, 순수배양법에 의해

'분리' 되며, 분리된 병원균이 다른 실험동물에 같은 질병을 일으켜야 한다는 것이다. 열흘이 지난 후 위 내시경을 해본 결과 위염이 발생했음을 확인할 수 있었다. 이 결과는 감염된 동물에서 동일한 병원균이 나와야 한다는 코흐의 마지막 가설도 간접적으로 맞았음을 보여준다.

마셜은 자신의 몸을 이용한 실험 후 비스무스와 메트로니다졸metronidazole을 투여하여 치료했으며, 헬리코박터 파일로리균은 항생제 등을 이용한 치료가 효과적인 세균임을 보여주었다. 이 실험 결과는 1985년 논문으로 발표되었으며, 현재까지 헬리코박터 파일로리균과 관련하여 가장 많이 인용된다.

마셜은 이후에 여러 기관을 옮겨 다니며 헬리코박터 파일로리균을 계속 연구했다. 워런은 헬리코박터 파일로리균을 쉽게 찾아낼 수 있는 진단법(^{14}C-urea breath-test)을 개발했다. 둘은 자신들의 연구결과를 토대로 처음에는 소화성궤양의 원인이 스트레스, 음식물 등이 아니라 자신들이 위점막세포에서 분리한 세균이라고 주장했다. 오늘날에는 헬리코박터 파일로리균이 소화성궤양의 100퍼센트는 아니더라도 80퍼센트 이상 연관 있다고 여겨진다.

헬리코박터 파일로리균에 의해 궤양이 발생한다는 이들의 연구업적은 2005년 노벨 생리의학상이라는 영광을 가져다주었다. 19세기 말, 세균학이 한창 발전하면서 질병의 원인이 되는 특정 미생물의 발견이 학계에서 각광을 받기는 했지만 노벨상을 받은 경우는 거의 없었다. 새로운 밀레니엄이 시작된 후 단순히 질병의 원인이 되는 세균을 발견했다는 공로로 노벨상을 받게 된 것은, 이들의 발견이 유병률이 높으나 정확한 해결책을 찾지 못하고 있던 질병의 해결 가능성을 제시했을 뿐 아니라 산성에서는 세균이 생존할 수 없을 것이라는 기존관념을 깨는 역할을 했기 때문이다.

과거에는 정확한 작용기전을 모른 상태에서 비스무스를 위궤양치료에 이용하곤 했으나 이제는 비스무스염이 항생작용을 한다는 사실이 명확해졌고, 소화성궤양 치료에 항생제를 널리 사용하고 있다. 참고로 헬리코박터 파일로리균 가운데 다른 포유동물의 간에서 집락을 이루는 것도 발견되어서 산성이 아닌 곳에서 생존 가능한 헬리코박터 파일로리균도 있음이 밝혀졌다.

헬리코박터 파일로리균은 아마도 인류의 탄생과 함께 위 속에서 기생해왔을 것으로 생각되며, 선진국에서는 대략 20~30퍼센트에 해당하는 사람들의 위에서 발견되지만 우리나라의 경우는 약 70퍼센트, 후진국에서는 80퍼센트 이상의 감염률을 보인다. 이처럼 헬리코박터 파일로리균 감염은 아주 유병률이 높은 질병이며, 1990년대 이후 발표된 논문이 연간 1000편을 상회할 정도로 의학자들의 많은 관심을 끌고 있다.

현재 세계보건기구(World Health Organization, WHO)에서는 헬리코박터 파일로리균을 제1의 발암물질로 규정하고 있다. 헬리코박터 파일로리균이 어떤 경로로 위암을 일으킬 수 있는가에 대해서는 몇 가지 증거가 있다. 헬리코박터 파일로리균에서 만들어진 'CagA'라는 단백질이 간세포 성장인자 수용체의 신호 전달 과정에서 특정 단백질에 결합하여 세포 성장을 활성화시킨다는 연구결과가 대표적이다. 하지만 역학조사 결과 위암과 관계가 없다는 연구도 있으므로 아직까지 속단하기는 어렵다.

'대단한 발견', 코흐의 4원칙

18세기 중반, 프랑스의 파스퇴르는 제너(Edward Jenner, 1749~1823)의 종두법을 이용하여 닭콜레라, 탄저, 광견병에 대한 백신을 개발함으로써 '미생물학의 아버지' 라는 별명을 가지게 되었다.

한편 독일의 코흐는 탄저, 결핵, 콜레라의 원인이 되는 세 가지 병원균을 발견한 사람으로 그 업적을 인정받아 '세균학의 아버지' 라는 별명을 얻었다. 코흐의 탄저의 원인이 되는 세균을 발견했을 때 대학 시절 스승인 콘(Ferdinand Julius Cohn, 1828~1898)에게 실험결과를 보고했다. 세균학계의 권위자였던 콘은 그의 연구를 높이 평가하고, 동료 병리학자인 콘하임(Julius Friedrich Cohnheim, 1839~1884)에게 이 내용을 알리고, 논문으로 발표하게 했다.

1876년에 발표된 이 논문은 전염병이 세균에 의해 발생한다는 것을 처음 밝혔으며, 2년 후 코흐가 특정 병원균이 특정 질병을 일으킨다는 것을 증명하는 기준으로 제시한 '코흐의 가설' 또는 '코흐의 4원칙' 을 정립하는 토대가 되었다.

코흐의 4원칙

1. 병원균은 질병을 앓고 있는 환자나 동물에서 반드시 발견되어야 한다.
2. 병원균은 질병을 앓고 있는 환자나 동물로부터 순수배양법에 의하여 분리되어야 한다.
3. 분리된 병원균을 건강한 실험동물에 접종하면 동일한 질병을 일으켜야 한다.

4. 실험적으로 감염시킨 동물로부터 동일한 병원균이 다시 분리 배양되어야 한다.

코흐가 '세균학의 아버지'라는 별명을 가지게 된 데는 이 4원칙이 큰 역할을 했다. 코흐가 활약한 19세기 말은 미생물학이 크게 발전하던 시기였으며, 특정 질병의 원인이 되는 세균을 찾기 위한 연구가 활발하게 진행 중이었다. 특정 질병을 지닌 환자의 검체에서 그 이전까지 알지 못하던 새로운 세균을 찾아냈을 때 코흐의 4원칙은 중요한 지침이 되었다.

오늘날에도 새로운 병원체를 발견하면 코흐의 4원칙에 부합되는가를 확인한다. 코흐의 4원칙은 세균학 연구에 가장 중요한 교리로 100년 이상 남아있다. 그러나 이 위대한 업적은 코흐만의 독창적인 것이 아니었다. 그는 대학 시절의 스승 헨레(Friedrich G. J. Henle, 1809~1885)가 쓴 《전염병은 살아있는 작은 기생충에 의해 발생한다》를 읽고 미생물에 관심을 갖게 되었다. 코흐의 4원칙은 헨레의 세 가지 조건을 좀 더 명확히 한 데 불과했다.

헨레의 3조건

1. 특정 질병에는 기생균이 항상 존재해야 한다.
2. 이 기생균을 다른 생명체로부터 분리해야 한다.
3. 분리된 기생균은 똑같은 질병을 일으킬 수 있어야 한다.

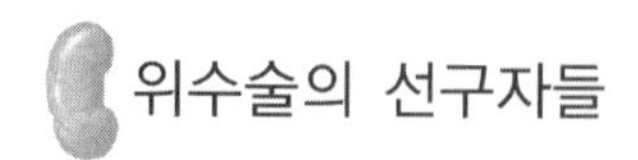

산전수전 끝에 위에 칼을 대다

뇌수술이 신석기시대에 이미 시행되었고, '외과학의 아버지' 파레가 16세기에 등장하여 외과학을 발전시켰지만 19세기 중반까지도 수술은 팔다리를 절단하는 것이 대부분이었다. 다행히 19세기에 아산화질소, 에테르, 클로로포름chloroform과 같은 물질을 마취제로 사용할 수 있다는 사실이 알려지면서 외과 수술에 널리 이용되었으며, 리스터Joseph Lister가 무균처리법을 소개하면서부터는 인체 내부의 장기에 대한 수술도 발전할 수 있었다.

위를 수술하는 방법은 위를 절개하는 경우, 위의 일부를 잘라내어 다른 곳에 이어붙이는 경우, 위의 일부 또는 전부를 잘라내는 경우 이렇게 세 가지로 나눌 수 있다.

위창냄술은 위벽에 구멍을 뚫고 복벽과 봉합하여 밖으로 통하는 구멍을 만드는 수술법이다. 위창구멍에 실리콘 등의 관을 삽입·고정해 영양을 공급하기 위해 주로 시행한다. 위 상부, 식도, 입안에 생긴 병으로 음식물을 섭취하기 어려울 경우 영양분을 인위적으로 공급할 수 있다. 이와 비교하여 내부를 들여다보기 위해 위벽에 칼을 대어 그은 후 열어보는 수술을 위절개술이라 한다.

기록상 최초로 위에 칼을 대어 위절개술을 성공한 사람은 체코의 외과의사 마티아스Florian Mathias다. 1602년, 마티아스는 목구멍으로 칼을 넣으면 맥주를 공짜로 주겠다는 위험한 제의에 응한 36세의 농부가 실제로 칼을 삼켰다는 소식을 듣고 달려왔다. 농부는 초기에는 아무 이상 없이 맥주를 얻어 마셨으나 차차 통증이 심해지면서 의사를 부르게 되었다. 자초지종을 들은 마티아스는 칼이 위벽을 건드려서 통증이 발생했다고 판단하고 칼을 뱃속으로 넘긴지 51일째 되는 날, 위를 절개하여 21센티미터의 칼을 끄집어내는 수술을 시행함으로써 환자가 완전히 회복되는 기록을 남겼다.

1635년에는 소화불량으로 고생하는 22세 남자가 구토를 유발하기 위해 18센티미터 길이의 칼을 삼키는 일이 발생했다. 슈바르베Daniel Schwalbe라는 의사는 환자를 의자에 꽁꽁 묶은 후 배를 째고 위를 절개하여 칼을 빼냈다. 이 과정에서 슈바르베는 칼을 제거한 후 위를 꿰매지도 않고 배를 닫아버렸다. 그런데 놀랍게도 환자는 무사히 회복되었다. 위궤양이 심하면 위벽이 갈라져 위에 구멍이 뚫리며, 위액을 포함한 위 내용물이 흘러나오기 때문에 문제다. 그런데 슈바르베는 절개한 위를 꿰매지도 않고 회복되었으니 칼을 삼킨 환자나 위를 째어서 열고도 꿰매지 않은 의사나 황당하기는 마찬가지지만, 역사상 최초로 배를 열고 위창냄술을 시행했다는 점에서 의의를 찾을 수 있을 것이다.

앞서 소개한 총기사고의 주인공 마르탱도 위창냄술이 이루어진 경우라 할 수 있다. 1842년에는 개의 위에서 복부표면으로 샛길(fistula, 내장에서 신체 표면으로 통하는 비정상적인 통로)을 만드는 수술을 시행했다. 1849년에 사람 환자에게 위창냄술을 시행한 프랑스의 세디요Charles Sedillot가 위창냄술이라는 용어를 처음으로 사용했다.

18세기까지 그다지 수술법이 발전하지 못했던 것은 2차 감염과 같이 수술 후 발생하는 합병증을 막을 수 있는 효과적인 방법이 개발되지 않았고, 수술시 환자가 느끼는 통증을 제거할 수 있는 마취제가 없었기 때문이었다. 이렇게 좋지 않은 환경에서도 선구자들은 위절개술, 위창냄술을 시행했다.

위를 절개하고 길을 만드는 일이 가능해지자 다음 과제는 위의 일부를 절제하는 것이었다. 1810년에 메렘Charles T. D. Merrem은 개 세 마리를 대상으로 위의 윗부분을 일부 잘라내는 수술을 했다는 논문을 발표했다. 세 마리 가운데 한 마리는 복막염으로 사망하고 한 마리는 22일 후에 끊임없는 구토를 하다가 굶어 죽었다. 나머지 한 마리는 27일 동안 생존한 후에 사라져버려 더 이상 관찰을 할 수 없었다. 이 실험 과정에서 복막은 전혀 상처를 입지 않았고, 위에서 잘라진 부위는 꿰맨 후에 잘 회복되었다. 메렘의 보고는 위를 잘라내도 살아남을 수 있을 것이라는 기대를 가지게 했으나, 그의 행동이 다른 학자들에게 허무맹랑한 '메렘의 꿈' 이라는 식으로 받아들여지면서 '돈키호테' 취급을 받았다.

메렘의 수술법이 재발견된 것은 구젠바우어Karl Gussenbauer와 비니바르터Alexander von Winiwarter가 개의 위를 절제하는 데 성공한 1874년이었다. 1879년에는 위절제술을 받은 환자가 사망하는 일이 있었으나 1881년에 빌로스(Christian A. T. Billroth, 1829~1894)가 암으로 식도에서 위로 들어가는 부위가 막혀버린 젊은 여자 환자의 위를 절제하는 데 성공했다. 사람에게 시행한 위절제술이 최초로 성공한 것이다. 그 환자는 수개월 후 위암이 전이되는 바람에 세상을 떠나야 했지만 위절제술이 가능한 치료방법이라는 점을 알려주었다. 빌로스는 이외에도 최초로 식도절제술과 후두절제술을 시행하기도 했다.

훗날 미국 '외과학의 아버지'라 칭송받았던 핼스테드(William Stewart

Halsted, 1852~1922)가 외과 전공의 교육을 위한 프로그램을 마련했을 때 그는 빌로스의 수술교육법에 큰 영향을 받았다고 술회한 바 있다. 수술 외에 바이올린 연주에도 뛰어났던 빌로스는 브람스의 절친한 친구로도 알려져있다. 20세기에 접어들면서 위절제술은 발전을 거듭하여 대표적인 소화성궤양 치료법으로 대두되었으며, 현재는 위암 치료를 위해 위를 완전히 절제하는 방법도 행해지고 있다.

최초로 위절제술을 성공한 팽Jules Émile Pean은 1867년 난소에 발생한 낭종을 절제하면서 이미 명성을 날렸다. 그는 난소 낭종을 제거하기 위한 개복술을 시행하던 중 우연히 비장에 발생한 상처를 발견하여 최초로 비장절제술을 성공하기도 했다. 1868년에는 수술시 발생하는 출혈을 막기 위한 클립을 이용, 지혈을 쉽게 하는 데 성공했으며, 1879년에 위의 유문부(작은창자와 접하는 부위)에 발생한 암을 제거하기 위해 위절제술을 시행했다. 수술은 약 2시간 반이 걸렸고 성공적이었지만, 환자는 수술 후 3일간 수혈을 받다가 5일째 되는 날 사망하고 말았다. 사망 원인은 알려져있지 않으나, 당시 수혈 방식을 토대로 유추해볼 때 수혈한 피의 혈액형이 맞지 않은 것이 유력한 사망 원인으로 추정된다. 수혈 후 패혈증 등이 발생한 것이 사망 원인일 수도 있다.

1880년에 리디기에르Ludwik Rydygier는 위 유문부에 암이 생긴 환자를 대상으로 부분 위절제술을 두 번째 시행했으나 성공하지 못했다. 그로부터 수개월 후 빌로스는 세 번째 위절제술을 시행했으며, 수술 3주 후 환자가 퇴원할 정도로 경과가 좋았다. 팽의 위절제술 이후 20년간 위절제술을 시행한 환자의 생존율이 약 50퍼센트에 이르렀으며, 당시 다른 치료법과 비교하면 비교적 좋은 결과를 얻었다고 볼 수 있다.

위와 창자를 연결하는 수술은 프랑스의 자불레Mathieu Jaboulay가 처음 개척했다. 1860년에 리옹에서 태어나 외과의사가 된 후 독창적인 수술법을 개발하면서 명성을 얻어가던 자블라는 복부 통증이 있는 환자를 치료하면서 그 통증 부위를 담당하는 신경을 절단해버리는 수술법을 개발해 유명해졌다. 그는 위와 샘창자가 만나는 부위가 막힌 환자의 위와 창자 일부를 잘라낸 후 남은 부위를 연결하는 위창자연결술을 개발해 유럽에서 명성을 얻었다. 실제로 이 방법은 1910년대까지 소화성궤양과 위암 치료에 흔히 이용되었다.

위를 완전히 잘라내는 방법은 1897년 슐라터Carl Schlatter가 처음 성공했다. 이때부터 위 없이도 사람이 생존가능하다는 사실이 알려졌고, 더 적극적인 수술법이 개발될 수 있는 계기가 되었다.

소화성궤양 치료를 위해 위를 절제하던 시절에는 창자가 막히거나 창자에 출혈이 생기는 것이 흔한 합병증이었다. 위절제술 또는 위와 샘창자를 연결하는 문합을 형성하는 수술을 시행했을 때 동반되는 가장 큰 문제점은 덤핑증후군(Dumping Syndrome, 위를 잘라낸 뒤 일어나는 식후의 오심·구토·현기증 등의 증상)이었으며, 이를 해결하기 위해 새로운 수술법을 계속 개발해가면서 소화계통 수술방법이 지속적으로 발전했다.

체중조절을 위해 멀쩡한 위를 떼어내다니?

위절제술을 받은 환자가 체중이 줄어드는 현상이 보고되기 시작한 것은 수십 년 전이다. 음식을 소화시키는 위를 잘라냈으니 음식이 잘 소화될 리가 없고, 소화가 잘되지 않으면 덩어리가 큰 음식을 창자벽을 통해 흡수되기 어려우니 위절제술 후 체중감소는 당연하다는 것이 초기의 생각이었다. 그런데 20세기가 저물어갈 무렵부터 영양과다에 의한 비만이 개인과 사회의 심각한 문제로 대두되자 머리 좋은 의사들이 비만치료를 위해 위를 잘라내자는 생각을 하게 되었다.

배리애트릭스Bariatrics란 비만의 원인, 예방, 치료법을 연구하는 의학의 한 분야를 가리키며, 비만 해결을 위해 수술을 하는 방법을 배리애트릭 수술이라 한다. 이 수술은 위를 90퍼센트 정도 잘라내거나, 작은창자의 일부를 잘라내어 짧게 만들어서 음식을 적게 먹도록 하거나 체내 영양의 흡수를 줄이는 방법을 가리킨다. 보통 복부를 절개하지 않고 내시경 등을 통해 수술한다.

위궤양이 생겨서 심한 통증이나 출혈이 생기거나, 위암 초기 환자의 경우 암세포가 발생한 부위를 제거하기 위하여 위의 많은 부위를 절제하고 작은창자로 바로 연결시키는 위장우회술을 실시하기도 한다. 이런 수술을 받은 환자들은 적은 양의 식사로도 포만감을 느끼게 되므로 식욕이 떨어져 체중감소 효과가 나타난다.

이러한 수술 방법을 사용하면 체중감량의 효과가 확실하게 나타나지만, 모든 의학적 치료법이 그렇듯 잘못되면 합병증이 발생할 수 있다. 가끔은 심각한 후유증이 발생해 사망할 수도 있으므로 주의해야 한다.

단순히 체중을 조금 줄이기 위해 위를 잘라내는 수술을 하자는 의사는 아마도 없을 것이다. 보통은 비만이 워낙 심하여 체질량지수가 매우 높거나 당뇨병, 고혈압 같은 합병증을 가진 경우에만 수술을 시도한다. 하지만 외모를 꾸미기 위해 살 좀 빼야겠다고 의사를 졸라서 위를 잘라내는 경우도 있다고 한다. 2001년도에 미국에서 배리애트릭 수술을 받은 사람은 약 4만 7200명이었고, 곧 10만 명에 육박할 것으로 예상된다.

비만은 심각한 질병이다. 하지만 멀쩡한 위를 잘라냈다가는 생명을 잃거나 위궤양 같은 합병증으로 고통받을 수 있다. 날씬한 몸매를 원한다면 당장 식사 조절과 규칙적인 운동을 시작하라. 그런 후에 의학의 발전 과정을 지켜보는 편이 좋다.

우리 몸의 파수꾼, 간

간은 어떤 기관인가

간은 오른쪽 갈비뼈 아래에 있는 소화기관의 하나로 무게는 약 1~1.5킬로그램이다. 텔레비전에서 간에 좋다는 약 광고를 흔히 볼 수 있는데, 거기서 간은 중간보다 왼쪽 부분이 가장 두꺼운 모양이다. 하지만 실제로는 좌우가 바뀐 모습이다. 간은 우엽과 좌엽으로 나눌 수 있으며, 우엽은 좌엽보다 4~5배 더 크고, 대부분이 몸의 중앙보다 오른쪽에 위치해있으며, 암적갈색을 띤다. 물렁물렁하므로 교통사고 등이 발생하면 부서지기 쉬운 장기다. 손상된 후에도 재생이 잘 된다는 점이 그나마 다행이라 할 수 있다.

담즙이라고도 하는 쓸개즙은 어디에서 만들어질까? 단순하게 생각해서 쓸개(담낭)라고 이야기한다면 틀렸다. 사실은 간에서 만들어진다. 간 옆에 쓸개가 있어서 처음에 이름을 붙일 때 헷갈려서 쓸개즙이라 했을 뿐이다. 굳이 연관성을 찾자면 간에서 만들어진 액이 쓸개로 모인 다음 담도를 통해 샘창자로 전해지므로, 아예 틀린 표현은 아닌 셈이다. 포유류의 쓸개즙은 소화효소가 없으며, 단지 지방을 소화하는 효소인 리파아제lipase의 작용을 도와줄 뿐이다. 기생충 또는 병원균 감염의 위험을 무릅쓰면서 비싼 돈 내고 마시는 곰의 쓸개즙이 건강에 도움된다는 말은 전혀 근거가 없다.

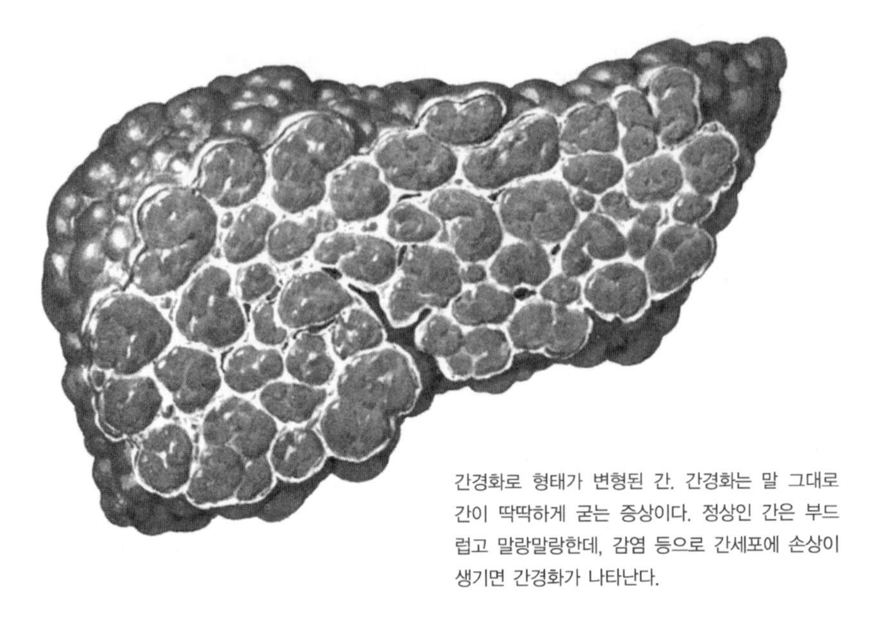

간경화로 형태가 변형된 간. 간경화는 말 그대로 간이 딱딱하게 굳는 증상이다. 정상인 간은 부드럽고 말랑말랑한데, 감염 등으로 간세포에 손상이 생기면 간경화가 나타난다.

음식으로 섭취한 탄수화물은 간에서 글리코겐(당원, glycogen) 형태로 저장되었다가 필요할 때 이를 분해하여 사용한다. 그러므로 간에 탄수화물이 저장되는 것은 정상적인 일이지만 지방이 끼어 지방간이 되면 간의 크기가 커지면서 문제가 발생한다. '간이 부었다' 는 옛말은 틀린 말이 아니다. 여러 가지 이유로 간이 딱딱해지는 현상을 간경화라 하는데 이때는 간이 작아지게 되므로 '간이 콩알만 해졌다' 는 말도 간에 이상이 생겼음을 의미한다. 옛 선조의 말이 심오한 뜻을 담고 있다고 인정할 수 있는 대목이다.

단백질은 우리 몸에 꼭 필요한 영양소이긴 하지만 단백질이 대사되면서 생성되는 암모니아는 뇌에 손상을 일으킬 수도 있는 위험한 물질이다. 간에서는 암모니아를 인체에 무독한 요소로 전환하는 오르니틴 ornithine회로반응이 일어나므로, 간 기능이 정상인 경우에는 암모니아로 인한 뇌손상을 전혀 걱정할 필요가 없다.

쓸개의 모세혈관 벽은 대부분 내피세포로 구성되는데, 최초 발견자인 쿠퍼(Karl Wilhelm von Kupffer, 1829~1902)의 이름을 딴 쿠퍼세포Kupffer cell가 가운데에 존재한다. 이는 간에만 존재하는, 크기가 큰 세포로 유독물질을 삼키거나 세포 내에서 무독화하는 작용을 담당한다. 이렇게 해서 간은 해독작용을 할 수 있다. 이외에도 간에서는 탄수화물 대사, 지방 대사, 빌리루빈bilirubin 대사, 혈액응고인자 생산, 알코올을 포함한 약물 대사, 태아의 적혈구 생산 등 수많은 생리작용을 담당하고 있다.

이름조차 낯선 F형 간염

간염은 간에 염증이 일어난 것을 말한다. 간에 염증이 일어났다는 것은 간을 이루는 세포에 염증이 생겼다는 뜻이므로 염증이 심할수록 간세포가 기능을 못할 가능성이 커지게 된다. 결과적으로 간염이 생기면 수많은 간 기능 가운데 일부 또는 전부가 이루어지지 않으므로 몸에 이상이 생긴다.

간에 염증이 생기는 이유는 다양하다. 첫째는 사염화탄소, 사염화에탄, 클로로포름, DDT(독성이 강한 살충제이자 농약), 버섯독, 바지락 중독 등에 의한 간염, 둘째는 질병치료를 위해 약으로 쓴 물질에 의한 간염, 셋째는 간을 파괴하는 바이러스에 의한 간염 등이다. 간염을 일으킬 수 있는 독성 물질이나 약제는 사용설명서에 내용이 소상히 소개되어있으므로, 사용설명서만 주의 깊게 읽는다면 위험하지 않다.

우리나라에서 가장 발생 가능성이 높은 간염은 바이러스에 의한 것이다. 1980년대까지만 해도 간염을 일으키는 바이러스의 종류는 A형, B형, 비A-비B형으로 구분했으나 1989년에 C형을 필두로 비A-비B형 바이러스가 속속 분리되기 시작하면서 지금은 A, B, C, D, E, G 등 6가지 종류의 바이러스가 알려져있다.

일반인들에게 가장 익숙한 B형 간염은 B형 간염 바이러스에 감염되어 발생하는 질병으로, 1980년대 이후 홍보에 힘입어 예방접종률이 높아져 한때는 전 인구의 10퍼센트이던 환자와 보균자의 비율이 현재는 5퍼센트에 못 미친다. 젊은 인구의 감염률이 낮으므로 앞으로 더 낮아질 것으로 기대된다.

상대적으로 과소평가된 A형 간염은 우리나라에 거의 없다고 알려져 있었으나, 사실과 다른 것으로 밝혀졌다. 그래서 지금은 소아 예방접종을 권유한다. 수인성 전염병이므로 수영장 등에서 전파되기 쉽고 날음식을 먹을 때 조심해야 한다.

C형 간염은 전 세계적으로 널리 퍼져있는 질병으로 나라마다 1~2퍼센트 정도의 유병률을 보인다. A형, B형과 달리 뚜렷한 예방접종법이 개발되지 않았으며, 오염된 피를 수혈하는 것이 가장 흔한 발생 원인이다. B형 간염 바이러스와 함께 감염 후 오랜 시간(보통 수십 년)이 지나면 간암으로 발생할 수 있으므로 걸리지 않는 것이 최선이다.

D형 간염은 중남미, 동남아 등지에서 흔하며, B형 간염 환자에게서 자주 발생한다. 우리나라의 유병률은 극히 낮으므로 무시해도 될 정도다. E형 간염의 원인이 되는 E형 간염 바이러스는 아직 실체가 정확히 규명되지 못했다. 동남아, 북·중아프리카, 중앙아메리카와 같이 열대기후에서 흔히 발생하며, 가축이 보균자 역할을 할 수 있다. 특별한 예방법은 개발되지 않았으며, 우리나라에서는 2005년과 2007년에 바이러스가 검출된 바 있다. 앞으로 우리나라 기후가 더 더워진다면 발생가능성이 높아질 수 있다.

F형 간염 바이러스의 경우 유전자는 발견되었지만, 바이러스의 실체는 아직 밝혀지지 않은 상태다. 코흐의 가설에 의하면 병원균으로 인정할 수 없다. 하지만 20세기 후반에 분자생물학을 필두로 생명과학이 발전하면서 이제는 바이러스를 검출하지 않고도 유전자만으로 바이러스의 존재를 확인할 수 있게 되었으며, 실제로 C형 간염 바이러스가 이런 방법으로 확인된 최초의 예다. F형 간염 바이러스도 조만간 그 실체를 드러낼 것으로 기대된다.

G형 간염 바이러스는 1995년에 발견되었다. 발견 초기에는 만성 간질환을 일으킨다고 생각했으나 지금은 간질환과 관계가 없다는 이론이 대두되고 있다. 과거에는 유병률이 1퍼센트에 못 미치는 것으로 보고되었으나 지금은 더 높아지고 있다. 흥미롭게도 C형 간염 바이러스나 인체 면역결핍 바이러스(Human Immunodeficiency Virus, HIV)와 함께 감염되는 경우 질병 발생이 느려진다는 연구 결과도 있다.

황달도 간염 증상의 하나

혈액 속에 포함된 빌리루빈 양이 이상적으로 증가하여 피부나 얼굴에 침착되어 노랗게 변하는 현상을 황달이라 한다. 인체 밖으로 배출되어야 할 빌리루빈이 질병 등으로 인해 인체 밖으로 혈액을 떠다니다가 농도가 높아지면 생체조직을 노란색으로 변화시킨다. 빌리루빈이 축적되면 얼굴이 노란색으로 변하고, 이것이 심해지면 누런색을 거쳐 검은색이 된다.

빌리루빈은 적혈구에서 생성된다. 혈액에는 적혈구, 백혈구, 혈소판 등 세 가지 종류의 세포가 각각 기능을 하고 있다. 적혈구는 산소 운반,

백혈구는 식균 작용, 혈소판은 혈액 응고를 담당한다. 중학교 생물 시간에 들은 적이 있을 것이다.

적혈구의 산소 운반 기능에 문제가 생기면 생명이 오가는 응급상황이 발생할 정도로 효과가 빠르게 나타난다. 산소 운반은 적혈구 내부에 존재하는 헤모글로빈hemoglobin이 담당한다. 적혈구는 골수에서 생성되어 120일간 수명을 다한 다음 파괴되며, 정상 성인의 경우 시간당 1억 내지 2억 개의 적혈구가 파괴되어 하루 평균 약 6그램의 헤모글로빈이 혈액으로 쏟아져 나온다.

헤모글로빈을 구성하는 글로빈과 헴heme에 붙어있는 철 성분은 인체 내에서 다시 이용되지만, 철을 제외한 나머지 헴 부분은 대사되어 빌리루빈을 형성한다. 이렇게 만들어진 빌리루빈은 여러 대사과정을 거치며 구조가 바뀐 다음, 간으로 전달된다. 간에서 다시 '접합' 이라는 과정을 거쳐 빌리루빈은 담즙과 함께 장으로 배출된다. 그 뒤 장내 세균에 의해 대사된 후 일부는 간으로 재흡수되고 나머지는 인체 밖으로 배출된다.

그러나 적혈구의 용혈(깨지는 현상)이 비정상적으로 잦거나, 빌리루빈이 간으로 들어가지 못하는 경우, 간질환으로 빌리루빈을 접합시키지 못하는 경우, 간에서 체외로 보내는 과정에 이상이 생긴 경우에는 빌리루빈이 정상적으로 배출될 수 없다. 이렇게 해서 빌리루빈의 양이 증가하고 심하면 황달에 이르는 것이다.

앞에서 나열한 빌리루빈의 이상 가운데 간질환에 의해 접합 과정이 일어나지 못하는 경우가 가장 흔하다. 대표적인 간질환에는 간염, 간경화, 간흡충(간디스토마), 간암 등이 있으며 발생빈도는 간염이 압도적으로 높다. 1980년대 이전에는 B형 간염의 천국이라 할 정도로 우리나라에 B형 간염이 많아서 얼굴이 노랗게 변하는 황달 환자도 꽤 있었을 것이다. B형 간염 증상으로 가장 흔한 것이 피로감이므로, 얼굴이 노랗게 변한 사람에게 피로한지를 묻는 것은 개연성이 충분하다. 안색으로 건강을 판단했던 옛날 할머니들의 방식은 나름의 의학적 근거가 있었던 셈이다.

참고로, 앞에서 적혈구의 수명이 120일이라고 했는데 헌혈 안내문을 보면 두 달에 한 번씩 헌혈을 해도 좋다는 내용이 있다. 적혈구의 수명에 따르면 헌혈 후 두 달이 지나도 반밖에 보충되지 못하는데, 어찌된 일일까? 우리 인체는 보상 기능이 워낙 뛰어나 헌혈이나 출혈 등이 생긴 후에는 혈액 생산 능력이 보통 때보다 왕성해진다. 그래서 두 달이면 원상태로 복구가 가능하고, 그 주기로 헌혈해도 아무 문제없이 건강을 유지할 수 있다.

작지만 중요한 장기, 췌장

췌장과 당뇨병

당뇨병은 오래전부터 유명한 질병이지만 텔레비전 뉴스 등을 보면 과거에 비해 '당뇨병', '대사증후군', '성인병' 등에 대한 이야기를 접할 수 있는 빈도가 잦아졌다. 불과 반세기 전만 해도 "먹다죽은 귀신 때깔도 곱다"는 식으로 잘 먹는 것을 강조했지만, 지금은 잘 먹는 게 무슨 죄인 것처럼 먹어서 안 되는 음식에 대한 이야기를 많이 듣는다. 여기에 한 가지를 더한다면 운동의 중요성도 새삼 강조된다.

당뇨병은 문자 그대로 소변에 포함되어있는 탄수화물 양이 증가하는 병이다. 당뇨병이 생기면 피 속에도 탄수화물의 양이 증가한다. 현대화가 진행될수록 당뇨병 환자의 수가 증가하고, 일단 생기면 완치도 어려우며 합병증에도 심각하다.

입으로 들어온 음식물은 침에 포함된 아밀라제amylase에 의해 탄수화물이 소화되고, 식도를 거쳐 위에 들어가면 운동에 의한 분절작용이 일어나 음식이 잘게 쪼개진다. 위액에 포함된 리파아제는 지방을, 펩신pepsin은 단백질을 분해한다. 그러나 정작 위에서 소화되는 음식물의 양은 전체의 반에도 못 미친다. 소화가 가장 많이 일어나는 곳은 작은창자의 맨 앞부분이자 위 다음에 있는 샘창자다. 샘창자는 간에서 생성된 쓸개즙과 췌장에서 분비된 트립신trypsin, 카르복시펩티다제carboxypeptidase,

카이모트립신chymotrypsin 등 여러 소화효소를 가지고 있다.

췌장에 문제가 발생하면 심각한 증상이 나타난다. 췌장은 소화효소를 많이 분비하는데, 우리 몸도 탄수화물, 지방, 단백질로 이루어졌으므로 '소화' 될 수 있다. 그 주변 장기들이 녹는다는 것이다.

췌장은 약 15센티미터의 가늘고 긴 장기로 위 뒤쪽에 위치한다. 췌관에 의해 샘창자로 연결되며, 이를 통해 소화액을 분비한다. 췌장은 소화효소와 호르몬 분비라는 두 가지 일을 담당한다. 췌장조직을 염색해 현미경으로 관찰하면, 밝고 어두운 부분으로 나뉘는데 밝은 부분이 호르몬을 분비하는 랑게르한스langerhans 섬이고, 어두운 주변 조직이 소화효소가 나오는 곳이다.

췌장액은 무색투명하며, 하루에 약 700밀리그램이 분비된다. 약알칼리성이므로 위액에 의해 산성을 띠는 샘창자 내의 물질을 중화하여 췌장액에 들어있는 효소의 기능을 돕는다.

랑게르한스 섬에서는 네 종류의 세포가 네 가지 호르몬을 분비한다. 이 가운데 가장 유명한 인슐린insulin은 베타β세포에서 분비되어 혈당을 떨어뜨리며, 알파α세포에서 분비되는 글루카곤glucagon은 혈당을 올린다. 델타δ세포에서는 췌장의 내분비 기능을 억제하는 소마토스태틴somatostatin이, PP세포에서는 췌장의 외분비 기능을 억제하는 췌장 폴리펩티드polypeptide가 분비된다.

인슐린의 분비가 떨어지면 혈중 탄수화물이 증가하고 소변으로 빠져나가는 포도당이 증가한다. 이를 '당뇨병' 이라 한다. 당뇨병의 종류는 여러 가지가 있는데, 인슐린 분비가 저하되는 제1형 당뇨병, 인슐린이 분비되지만 인슐린 기능의 경로에 이상이 생겨 혈당을 조절하지 못하는 제2형 당뇨병이다. 혈당은 인슐린 외에도 글루카곤, 성장호르몬, 에피

네프린epinephrine 등 여러 인자에 의해 조절된다.

당뇨병을 해결할 수 있는 물질을 찾아라

당뇨병은 기원전 1552년, 이집트 의사 헤지라HesyRa가 남긴 파피루스에 최초로 기록되었다. 헤지라는 갈증, 당뇨, 체중감소 등의 증상이 있는 질병을 기술했으며, 현재도 이것이 전형적인 당뇨병 증상이다. '당뇨병' 이라는 용어를 처음 사용한 사람은 17세기 영국 의사 윌리스(Thomas Willis, 1621~1675)였다. 윌리스는 해부학과 감염성 질환의 여러 연구 결과를 발표했으며 철학자로도 활약했다. 그는 환자의 오줌에서 단맛이 느껴진다는 것을 처음 기술하여 '당뇨병' 이라는 이름을 만들었다. 당뇨병 증상의 하나인 다뇨多尿를 처음 기술한 사람이기도 하다.

프랑스의 메링(Joseph F. von Mering, 1849~1908)과 민코프스키(Oskar Minkowski, 1858~1931)는 1906년 개의 췌장을 적출한 후 수명에 변화가 있는지를 알아보는 실험 중에 개의 소변에 파리가 많이 모여드는 현상을 발견했다. 그들은 이것이 개의 소변에 많은 양의 탄수화물이 포함되었기 때문이라는 사실을 알게 된다. 메링과 민코프스키는 췌장을 떼어내면 당뇨병이 생긴다는 사실을 발표했으며, 당뇨병에 관한 여러 현상을 연구했다.

그로부터 6년 후 샤퍼(Edward A. Sharpey-Schafer, 1850~1935)는 췌장의 랑게르한스 섬에 변화가 생기면 당뇨병이 발생한다는 사실을 보고했다. 1916년에는 당 대사를 조절하는 췌장의 가상 물질에 '인슐린' 이라는 이름을 붙였다. 오피(Eugene Lindsay Opie, 1873~1962)는 각각 다른 진단이 붙은 16명의 환자를 대상으로 췌장의 랑게르한스 섬을 조사해, 당뇨병 환자의 랑게르한스 섬은 위축되어있고, 이를 염색하면 유리가 반짝이는 모양이라는 기록을 남겼다.

20세기 초에는 많은 나라의 과학자들이 당뇨병과 그 조절물질을 연구했다. 독일의 주엘처(Georg Ludwig Zuelzer, 1870~1949)는 1908년, 개의 췌장추출물을 계속 정맥 주사하면 개의 소변에 포함된 탄수화물의 양이 감소하지만, 췌장추출물 주입을 중지하면 곧바로 요당이 처음 수준으로 상승하는 현상을 발견했다.

동물실험 결과에 자신을 얻은 주엘처는 당뇨병 환자 8명을 대상으로 임상시험을 실시해 치료 가능성이 있는 결과를 얻었으나, 부작용이 나타나고 사망자가 발생하면서 더 이상 연구를 진행할 수 없었다. 주엘처의 연구는 발열반응으로 당의 배설이 감소되었으리라는 비판을 받았다. 그는 자신의 실험 결과를 확인하기 위해 췌장추출물 정제에 관한 연구를 계속했으나 더 좋은 결과를 얻지는 못했다.

한편 부카레스트대학교 생리학 교수로 명성이 높았던 파울레스코 Nicolas Paulesco가 췌장추출물에 대한 연구를 시작한 때는 1916년이다. 그러나 제1차 세계대전으로 지체되다 1920년에 논문을 발표할 수 있었다. 그는 췌장추출물에서 당뇨병에 효과 있는 순수 물질을 분리하기 위해 노력했는데, 1921년 정맥주사를 통해 당뇨병에 걸린 개의 혈당을 극적으로 감소시킬 수 있는 판크레인(pancrein, 샤퍼가 인슐린이라 명명한 것과 같은 물질)이라는 물질을 분리했다는 논문을 발표했다.

그 후에도 더 순수한 물질을 얻으려는 노력을 계속해 수년 후 소량의 수용성 분말을 분리하는 데 성공했으나, 바다 건너 자신과 비슷한 연구를 진행하던 밴팅(Frederick G. Banting, 1891~1941)의 연구팀에게 한 걸음 뒤지고 말았다.

마침내 '인슐린'을 발견하다

여러 문헌에 인슐린 발견자로 소개되는 밴팅은 1891년 캐나다에서 태어났다. 신학과 의학을 공부한 후 제1차 세계대전에 군의관으로 참전했으며 전쟁이 끝난 후 정형외과를 전공한 다음 개업했다. 그러나 찾아오는 환자가 없어서 파리를 날리던 1920년, 웨스턴 온타리오 의과대학에서 생리학 담당 시간강사 자리를 얻는다. 그 후로도 환자는 늘지 않았으므로 늦게까지 도서관에 남아 강의 준비에 최선을 다 할 수 있었다. 학술잡지를 훑어보던 그는 바론Moses Barron이 쓴 논문에 눈길이 닿았다. 결석이 췌장관을 완전히 막고 췌장의 선세포가 위축되어 없어져도 당뇨병이 발생한다는 내용이었다. 그는 여기서 췌장관을 묶어 당뇨병을 조절하는 내분비물질을 얻겠다는 결심을 한다.

췌장에서는 여러 소화효소가 분비된다. 췌장에서 당뇨병과 관련된 물질을 분리하려면 소화효소에 의해 파괴되지 않는 것이 핵심 기술이다. 이를 위해 밴팅은 췌장을 결찰하고 적당히 방치해 소화효소를 분비하는 세포가 모두 퇴화된 후 췌장조직을 얻겠다고 구상했다. 파울레스코의 논문을 발견하지 못한 밴팅은 웨스턴 온타리오대학의 밀러 교수에게 이 생각을 이야기했고, 당뇨병 지식이 얕았던 밀러는 당시 당뇨병 권위자라 할 수 있는 토론토대학의 매클로드(John J. R. Macleod, 1876~1935)를 소개해주었다.

오랜 시간 대화를 나눈 결과 매클로드는 밴팅이 당뇨병을 잘 모르고, 그의 생각이 전혀 새롭지 않다고 생각했다. 또한 밴팅의 생각은 당뇨병에 대한 자신의 주장과도 반대였으므로 정중히 거절을 하려 했다. 그러나 밴팅이 집요하게 물고 늘어지는 바람에 매클로드는 수개월간 병원문 닫을 각오가 있으면 다시 연락하라고 했다.

개업의로서 한동안 파리를 날리던 밴팅이었지만 1921년이 되면서 병원은 손익분기점을 넘어서면서 자리를 잡아가고 있었다. 그러나 밴팅은 자신의 아이디어를 실험하고 싶었다. 매클로드는 밴팅에게 췌장을 적출해 당뇨병 개를 만드는 방법과 췌장관을 결찰하는 방법을 가르쳐주고, 관련 문헌도 제공했다. 그리고 실험실에서 일하던 학생 베스트(Charles Herbert Best, 1899~1978)에게 밴팅을 도와주라고 지시하고 8주간의 휴가를 얻어 고향인 스코틀랜드로 떠나버렸다.

매클로드가 휴가를 떠난 후 연구를 시작한 밴팅과 베스트는 췌장관을 결찰한 개를 희생시켜 췌장을 떼어낸 후 이를 갈아서 당뇨병을 가진 개에게 주사했다. 그 결과 혈당의 감소를 관찰할 수 있었다. 9월이 되어 휴가에서 돌아온 매클로드는 췌장에서 혈당량을 조절하는 물질을 얻는 연구가 잘 진행된다는 밴팅의 이야기를 들었으나, 더 많은 지원을 해달라는 밴팅의 요구를 들어주지 않았다.

실망한 밴팅이 연구를 위해 토론토대학을 떠날 수도 있다고 경고하자, 매클로드는 밴팅의 요구를 일부 수용했고, 연구는 계속 진행되었다. 하지만 이때 벌어진 둘 사이의 인간관계는 크게 개선되지 못하여 훗날 업적 분쟁에 휩싸이게 된다.

밴팅과 베스트는 신바람을 내며 밤낮을 가리지 않고 췌장추출물에서 혈당을 조절하는 순수 물질을 분리하기 위한 연구를 진행했다. 그리고 매클로드의 도움을 받아 논문을 작성하기 시작했다. 논문 작성 초기에는 밴팅과 베스트의 이름만 올라있었으나 이때부터 매클로드는 논문에 자신의 이름을 공공연히 사용했다. 이미 관계가 멀어져가던 밴팅과 매클로드는 더욱 매끄럽지 못한 관계가 되었다.

밴팅과 베스트가 일낭 소실 물실 성세를 눈앞에 두고 있을 때, 매클로드는 1921년 12월 21일 뉴헤이븐에서 열리는 미국 생리학회에 이 결과를 발표하자고 했다. 이 논문의 초록은 매클로드가 작성했으며 밴팅, 베스트와 함께 매클로드의 이름도 포함되었다. 학회에 발표된 이들의 논문은 다른 연구자의 관심을 끌기에 충분했으며 언론의 주목도 받았다. 그런데 수많은 청중 앞에서 제대로 발표를 못한 밴팅과 달리, 좌장이자 논문의 대표저자였던 매클로드가 밴팅에게 쏟아진 질문공세에 직접 답하면서 밴팅의 이름은 잊혀지고 말았다. 언론은 매클로드가 당의 대사를 조절하는 인슐린을 발견했다고 보도했다.

그러나 밴팅은 이를 정정해줄 것을 공개적으로 요구했다. 그는 매클로드가 인슐린 발견에 대해 아무것도 한 일이 없다고 생각하고 있었고, 매클로드는 자신이 처음부터 적극적으로 연구에 임하지는 않았지만 연구 중간중간에 자신의 아이디어가 반영되면서 좋은 연구 결과를 얻었다고 생각했다.

1922년 1월, 밴팅과 베스트가 분리한 소의 췌장추출물을 이용하여 임상시험이 시행되었다. 2년간 심한 당뇨병으로 고생하던 14세의 남자 환자 톰슨이 시험 대상으로 선정되었다. 그 결과 소변에 포함된 케톤ketone과 당이 감소하는 효과를 얻을 수 있었으나, 불순물에 의한 부작용으로 계속 주사할 수 없었다.

매클로드는 당시 방문교수로 자신의 실험실에서 일하고 있던 콜립(James Collip, 1892~1965)에게 더 순수한 췌장추출물을 분리하라고 했고, 콜립은 기대에 어긋나지 않게 밴팅과 베스트가 분리한 추출액을 알콜 처리하여 더욱 순수한 물질을 얻었다. 톰슨은 콜립이 분리한 물질을 지속적으로 주입받았고, 수년 후 교통사고로 세상을 떠날 때까지 아무 문제없이 생명을 유지할 수 있었다. 톰슨에 대한 임상시험 결과는 1922년 3

월에 논문으로 발표되었다.

본격적으로 임상시험을 시행하기 위해서는 정제된 췌장추출물이 많이 필요하였으므로 대량생산이 이루어졌다. 콜립이 대량생산의 책임을 맡았으나 그가 이끈 연구팀은 인슐린 순수정제를 대량으로 해낼 수 없었고, 결국 베스트가 작업에 다시 참여하여 1922년 5월, 드디어 임상실험하기 충분한 양과 순도를 가진 추출물을 제조했다. 이후 베스트가 생산책임자가 되었으며 1922년 8월 7일에 첫 생산에 성공했고, 10월 15일부터 미국 밖으로 수출되기 시작했다. 베스트는 이 특허권을 미국 제약회사 엘리 릴리Eli Lilly에 넘겼으며, 1923년 토론토대학에는 밴팅과 베스트의 업적을 기념하는 의학연구소가 설립되어 밴팅이 소장으로 임명되었다.

인슐린의 진정한 발견자는 누구인가

많은 자료에는 밴팅과 베스트가 인슐린 발견자로 기록되어있고, 매클로드에 대해서는 별다른 언급이 없다. 그런데 대단히 신중한 노벨상 선정위원들은 왜 매클로드를 밴팅과 함께 수상자로 결정했을까?

경력이 일천한 밴팅과 달리 매클로드는 유명한 당뇨병 권위자였다. 매클로드는 밴팅이 자신을 찾아오기 직전인 1920년에 출판된 저서《현대 생리학과 생화학》에서 "당 대사와 관련된 인자를 췌장에서 분리하려는 시도는 지금까지 성공하지 못했다"라고 쓴 바 있다. 따라서 그는 밴팅의 실험계획 자체를 무모하고 가능성 없는 것으로 생각하여 처음에 밴팅의 제의를 거절하려고 했다. 그러나 밴팅의 요구를 거절하지 못해 휴가 기간에만 자신의 실험실을 사용해도 좋다고 허락했다. 휴가를 마치고 돌아와서 연구 진행과정을 들은 그는 1916년 샤퍼가 췌장의 가상 물질에 붙인 이름인 'insuline'에서 'e'를 제거하고 인슐린insulin이라 명명하자고 제안했다. 이후에 그는 본격적으로 인슐린 연구에 참여했다.

매클로드는 인슐린이라는 이름을 지었고, 실험 능력이 없던 밴팅에게 실험기술을 가르쳐주었다. 연구의 가능성을 찾은 후부터는 적극적으로 참여하였기에 인슐린 연구가 빨리 진행되었다고 볼 수 있다. 가진 것이라고는 아이디어밖에 없던 밴팅이 인슐린 분리에 성공한 것은 직·간접적으로 매클로드의 도움이 있었기 때문이었다. 밴팅은 인슐린 발견이 자신과 베스트의 업적이라고 생각했지만, 미국 생리학회에 논문을 발표할 때는 초록을 작성한 매클로드의 이름이 함께 실렸다. 이후 밴팅과 매클로드가 원만치 못한 관계를 이루는 바람에 서로 인슐린 발견이 자신들의 업적이라고 주장하기에 이르렀다.

위대한 발견이 업적 싸움으로 치닫게 되면서 1922년 토론토대학 당국은 밴팅, 매클로드, 베스트에게 인슐린 발견 과정에 대한 보고서를 제출하도록 요구했다. 자신들의 업적만 강하게 주장한 밴팅과 매클로드와는 달리 베스트는 비교적 객관적인 보고서를 제출했다. 학교의 조사 결과 매클로드는 일부나마 연구에 공헌한 점을 인정받았고 결과적으로 자신의 이름을 노벨상 역사에 남길 수 있었다.

매클로드가 인슐린 발견자라고 할 수는 없지만 인슐린을 발견하고 정제하기 위한 연구팀의 총책임자로서, 초보 연구자들의 연구진행이 원활하도록 도움을 준 것은 사실이다. 연구책임자가 노벨상 수상자로 선정된 것은 전혀 문제가 아니라는 생각이 든다. 매클로드의 수상을 비판하기보다는 수상자로 선정되지 못한 베스트를 안타깝게 여겨야 할 것이다. 최초로 인슐린을 정제했다는 평을 듣는 콜립은 순수 인슐린을 소량 분리하는 데 성공했을 뿐 대량생산은 밴팅과 베스트의 손에서 이루어졌다.

역사를 거슬러 올라가면 파울레스코는 물론이거니와 주엘처 등 많은 사람들이 혈당을 떨어뜨리는 물질의 존재를 예견했다. 그렇다면 누가 진짜 인슐린 발견자일까? 파울레스코는 밴팅과 매클로드의 노벨상 수상 소식이 전해지자 왜 자신이 수상자가 아니냐고 노벨위원회에 항의하기도 했다.

밴팅의 연구를 도와주었을 뿐인 매클로드가 노벨상 수상자가 되면서 노벨 생리의학상 역사상 가장 일을 적게 한 사람이라는 별명을 가지게 된 것은 그렇다 치고, 밴팅의 업적도 '인슐린 발견'이라는 표현을 쓰기에는 부족한 감이 있다. 다른 연구자들의 업적이 제대로 평가받지 못한 듯한 느낌이 들기 때문이다. 하지만 그가 있었기에 임상시험과 대량생산이 이루어졌음에는 틀림 없다.

인간의 이타성을 시험하다, 콩팥

콩팥의 대표적인 질환, 신부전증

콩팥(신장)을 흔히 강낭콩 모양을 한 아기 주먹 크기의 장기라고 설명한다. '신장腎臟' 이라는 한자어와 함께 '콩팥' 이라는 한글이 널리 사용되는 이유는 확실치 않으나, 생긴 모양이 콩과 팥을 닮은 데서 유래한 것으로 생각된다. 콩팥의 가장 중요한 기능은 대사과정에서 발생한 노폐물을 걸러내는 것으로 인체에서 단위면적당 혈관분포가 가장 많은 기관이다. 노폐물을 내보내는 것 외에 콩팥은 체액의 전해질 조절, 적혈구 생성, 호르몬 분비, 비타민 D를 활성화하여 칼슘 대사를 조절하는 기능을 한다.

몸속에 있는 어느 기관이나 마찬가지지만 콩팥도 문제가 생기면 생명을 유지하기가 힘들다. 체내의 대사과정에 발생한 노폐물이 몸 밖으로 빠져나가지 못하고 계속해서 피를 타고 돌아다니거나 몸 어딘가에 축적되기 시작하면 자신도 모르는 사이에 몸이 서서히 망가지기 때문이다.

콩팥 자체에 문제가 생겨 발생하는 질병은 감염에 의한 염증이 가장 흔하지만, 당뇨병 같은 질병이 생겼을 때 2차적으로 콩팥에 문제가 생길 수도 있다. 다른 장기와 비교할 때 콩팥은 간접적인 영향을 받아 문제가 발생하는 경우가 흔하다.

콩팥에 발생하는 가장 심각한 질병은 신부전증이다. 이것은 신장이 제 기능을 할 수 없을 정도로 망가져 도저히 회복할 수 없는 상태를 가

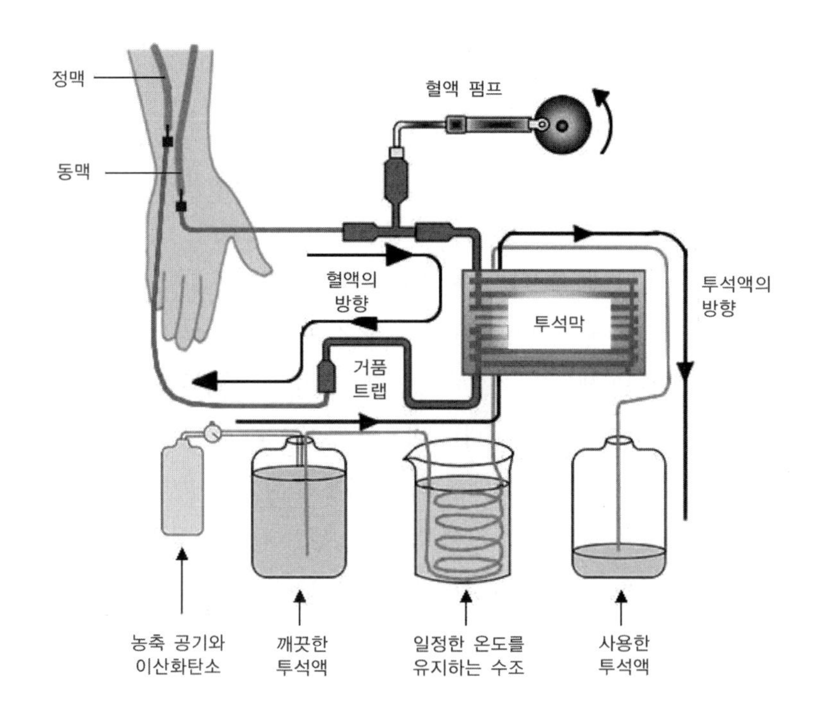

혈액투석 원리도. 혈액투석기는 콩팥의 기능을 인공적으로 대신하는 장치다. 투석액으로 정상인의 혈액과 비슷한 전해질용액을 사용하면 셀로판으로 이루어진 '투석막'을 통해 노폐물이 확산되어 환자의 혈액이 정상화된다.

리키며, 이 경우 노폐물이 축적된 피를 인공적으로 걸러주거나 못쓰는 콩팥을 다른 것으로 바꿔야만 한다. 그렇지 않으면 해가 되는 물질이 계속 쌓여서 생명을 잃는다.

노폐물이 쌓인 피를 걸러주는 것을 투석이라 하며, 투석 방법에는 혈액투석과 복막투석이 있다. 혈액투석은 피를 인공신장기에 통과시켜 여과하는 방법이다. 종합병원의 신장내과에서 관리하는 인공신장실에서 이 같은 투석법을 실시하며, 최근에는 내과의원에서도 '인공신장실'이라는 안내판을 걸어놓은 곳을 볼 수가 있다. 혈액투석은 환자의 혈액에 포함된 질소함유성 노폐물을 제거하고, 혈장 내에 산·염기와 전해질이 평형을 이룰 수 있도록 구성된 용액에 투석막으로 만든 관을 넣는다. 이 관 속에 환자의 혈액 일부를 순환시켜 콩팥의 기능을 대신하는데 이렇듯 혈액투석을 행하는 장치를 '인공신장' 이라고 한다.

혈액투석은 보통 주 3회 실시하며, 1회 투석시간은 3~5시간이다. 투석과정이 대단히 불편하기 때문에 미국 같은 선진국에서는 가정투석이 전체 환자의 30퍼센트를 차지하고 있다. 이 밖에 혈액투석은 식사 내용과 물의 양이 제한될 뿐만 아니라 비용이 많이 드는 등 단점이 많다.

복막투석은 살균한 투석액을 복강 내에 주입하는 방법이다. 환자의 체내에서 과잉 생산된 물과 단백질대사로 생긴 질소 노폐물을 복막으로 제거하고 혈장의 산-염기평형과 전해질 농도를 개선시킨다. 이 방법은 1959년에 복막관류액의 기본조성이 개발된 이래 임상에 응용되어 요독증 치료법으로 이용된다. 복강에 삽입한 카테터catheter로 1.5~2리터의 관류액을 약 10분간 주입한 후 60~90분간 체액과 혼합하여 배출시키는 과정을 10~15회 되풀이한다.

최근에는 자동복막 투석장치도 개발되었으며, 혈액투석과 비교하면 특별한 장치와 항응고제가 필요없을 뿐 아니라, 비용도 적게 든다. 요독증을 일으키는 물질을 제거하는 효율도 높고 산염기와 전해질 평형 조정효과도 뛰어나며, 환자가 병원에 갈 필요 없이 집에서 직접 행할 수 있다. 그러나 조작이 번거롭고 시간이 많이 걸리며, 전해질을 미세하게 조절할 수 없고, 복막염 발생 가능성이 있다.

투석이 신부전증의 치료법이기는 하지만 콩팥 기능을 보완해줄 뿐 손상된 본래 기능을 회복시키지는 못하므로 이식이 신부전증의 근본적인 치료법이다. 다행히 콩팥은 양쪽에 두 개가 있고, 정상일 경우 각각 약 20퍼센트의 기능만 사용한다. 따라서 한 개만 있더라도 콩팥 고유의 역할을 하는 데 전혀 문제가 없다. 누구든 마음만 먹으면 콩팥 한 개를 다른 사람에게 제공해도 아무 해가 없다.

콩팥 이식의 발전과 현실

콩팥을 못쓰는 환자에게 처음으로 이식수술을 시도한 사람은 미국의 머레이Joseph E. Murray였다. 당시는 면역학 지식이 오늘날만큼 발전하지 않은 시기여서, 오늘날 이식 수술에서 가장 중요한 거부반응에 대한 지식도 부족한 상태였다. 제2차 세계대전 참전 군의관이었던 그는 군인들의 화상을 치료하다가, 일란성 쌍둥이끼리는 피부를 이식하더라도 면역 거부반응이 일어나지 않는다는 사실을 알았다. 그리하여 장기이식에 의한 거부반응도 일란성 쌍둥이에게는 일어나지 않을 것이라는 생각으로, 개를 이용한 콩팥 이식 방법을 연구한 다음 실행에 들어갔다.

1954년 세계 최초로 콩팥 이식수술이 이루어졌다. 콩팥을 이식받은 환자는 일란성 쌍둥이였다. 형제는 그로부터 7년을 더 살았으므로 수술은 비교적 성공적이라 할 수 있었다. 머레이는 유전적으로 연관성이 없는 사람들에게도 콩팥 이식을 하기 위해 면역 거부반응을 연구했으며, 콩팥을 이식받는 환자에게 면역억제제를 사용하여 면역기능을 약화시켜주면 다른 사람의 콩팥을 이식받았을 때 성공률을 향상시킬 수 있음을 발견했다.

그의 선구자적 역할로 콩팥 이식이 1980년대 이후 전 세계적으로 널리 행해졌으며, 머레이는 '질병 치료에 있어서 장기와 세포치료에 관한 발견'의 업적을 인정받아 골수이식을 성공시킨 토마스E. Donnall Thomas와 함께 1990년 노벨 생리의학상 수상자로 선정되었다.

참고로 한국에서는 1969년 가톨릭 의과대학의 이용각, 전종휘 교수팀이 최초로 콩팥 이식수술을 시행하여 성공했다. 이후 단기간에 보편화가 되어 현재는 거의 모든 종합병원에서 콩팥 이식수술을 시행할 수 있을 정도가 되었다. 성공률도 세계 수준에 떨어지지 않을 정도로 높다.

콩팥을 비롯한 장기이식의 가장 큰 부작용은 면역 거부반응이다. 면역이란 몸이 자기 것과 남의 것을 구별하는 기능으로, 외부 이물질이나 미생물로부터 '인체를 지키려는 과정'이다. 건강을 유지하기 위해 반드시 필요하다.

그러나 남의 장기를 공여받는 경우 이야기가 달라진다. 반드시 받아들여야 하는 상황에서 면역거부반응이 일어나면 죽음에 이를 수도 있다. 이를 해결하기 위해서는 면역 반응을 억제할 수 있게 치료해야 한다. 1980년대에 콩팥 이식수술이 세계적으로 널리 퍼진 데는 1979년 개발된 사이클로스포린이 큰 역할을 했다. 스위스 산도즈sandos사에서 개발한 이 약은 이식받은 사람의 몸에서 면역반응을 담당하는 T림프구가 거부반응을 일으킬 때 분비되는 활성 세포물질(인터류킨interleukin-2, 감마인터페론γ-interferon 등)을 억제함으로써 거부반응이 일어나지 못한다.

이 같은 활성 세포물질은 정상적으로는 인체에 침입한 병원성 미생물을 제거하므로 반드시 필요하지만, 콩팥을 이식받은 경우처럼 특수한 상황에서는 억제가 필요하다. 사이클로스포린 개발 이후 여러 회사에서 아자티오프린azathioprin, 스테로이드 등을 계속해서 개발하면서 장기이식법의 일반화에 크게 기여했다.

다른 이식수술과 비교해 콩팥과 골수이식이 일찍 개발되어 비약적으로 발전한 것은 콩팥은 한 개를 떼어내도 기능에 아무 문제가 없고, 골수는 공여자의 것을 조금만 채취하면 되기 때문이다. 간, 심장 등은 사람에게 하나밖에 없고, 이를 일부만 떼어낼 수가 없기 때문에 다른 사람에게 주기 위해 떼어낸다는 것은 곧 죽음을 의미한다. 그래서 뇌사자의 것만 가능하다. 뇌사자의 장기를 이용할 수 있다는 사실이 알려지기 전까지는 감히 이식할 생각을 할 수 없었기 때문에 첫 시도가 늦을 수밖에 없었다. 그런데 최근에는 간의 일부만 이식하는 방법이 개발되어 장기 이식수술은 나날이 발전하고 있다.

콩팥 이식은 세계적으로는 반세기를 넘겼고, 우리나라에서도 38년에 이르렀다. 이제는 일상적으로 행해지는 치료법의 하나다. 그러나 지금도 공여자를 구하는 일이 쉽지 않아 불법 장기매매가 이루어지고 있다. 의료 환경이 우리보다 열악한 중국 등의 나라로 원정 이식을 떠나는 일도 벌어진다. 생명을 포기해야 할 상태에 이른 환자 입장에서는 선택의 여지가 없으므로 무슨 방법이든 시도하겠지만, 불법 장기매매나 원정 이식은 '인체'가 암암리에 거래되면서, 많은 윤리적 문제를 일으킨다. 누구나 장기를 기증하고 받을 수 있는 문화를 시급히 정착시켜야 한다.

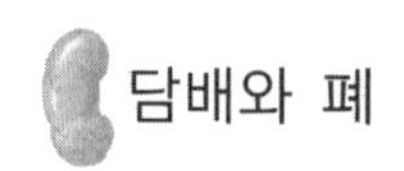

담배와 폐

호흡계통의 중추, 폐

대한민국 건국 이래 한국인에게 가장 흔히 발생하는 암은 위암이었다. 그러나 20세기 중반 미국에서 그랬던 것처럼 꾸준히 상승세를 보이던 폐암이 2005년에 드디어 터줏대감 위암을 물리치고 최고의 자리에 올랐다. 이로써 수천 년간 1위를 차지했던 위암은 그 자리를 물려주었다.

폐암 하면 생각나는 것이 담배다. 희극인 출신으로 국회의원까지 지낸 고故 이주일의 사망원인도 폐암이었다. 골초로 알려진 그는 폐암을 선고받은 후 담배를 끊었고, 생전의 마지막 시간 동안 금연 홍보대사를 지냈다. 그의 폐암은 비소세포암으로서 흡연과 별 상관이 없는 암이라는 점이 모순이기는 하지만.

산소가 필요한 모든 동물은 호흡으로 대기 중의 산소를 받아들인다. 숨을 쉴 때 들어온 공기에 포함되어있는 산소는 폐를 통해 적혈구의 헤모글로빈과 결합한다. 폐동맥으로 빠져나간 적혈구는 심장이 수축하는 힘에 의해 동맥으로 흘러나가서, 온몸의 조직이 필요로 하는 산소를 공급해주고 조직에서 발생한 이산화탄소를 헤모글로빈에 결합시켜 다시 폐로 돌아온다.

1980년대 초까지 시청자를 수시로 안타깝게 하던 일산화탄소 중독에 대한 뉴스는 연탄 사용이 줄어들면서 어느덧 먼 옛날의 이야기가 되었지만 어려운 시절을 경험한 사람들은 연탄가스 중독의 경험을 잊을 수 없다. 연탄이 타면서 발생하는 기체에는 일산화탄소가 포함되어있는데, 이 일산화탄소는 헤모글로빈과 결합할 수 있는 능력이 산소보다 50배 강하다. 일산화탄소가 공기 중에 50분의 1만 포함되더라도 적혈구의 산소운반능력은 반으로 줄어들어 신체 조직에서 필요로 하는 산소를 충분히 공급할 수 없게 된다. 조직이 손상되는 것이다. 인체가 산소를 충분히 공급받지 못하면 두통, 현기증, 오심, 구토 등의 증상이 나타난다. 깨어있을 때는 그 자리를 피하면 일산화탄소 중독을 막을 수 있지만, 자고 있는 경우에는 산소 부족 현상이 발생하고 심하면 사망에 이른다.

코로 들어온 공기는 기관, 기관지, 세기관지를 거쳐 꽈리 모양을 한 폐포로 들어간다. 코에서 폐로 갈수록 공기가 통과하는 길은 점점 가늘어진다. 폐의 꽈리는 아주 작은 주머니 모양이다. 공기가 드나들기 쉽도록 표면적이 아주 넓으며, 모세혈관이 그물을 이루며 빽빽하게 둘러싼다. 그래서 산소와 이산화탄소의 교환이 쉽다.

폐는 양서류 이상의 척추동물에서 볼 수 있다. 어류의 부레가 이와 유사한 기능을 한다. 사람의 폐는 반원추형 모양으로 양쪽 가슴에 있다. 가슴에서 가장 큰 부피를 차지하는 장기다. 폐는 인체에서 가장 손상받기 쉬운 약한 장기이므로, 갈비뼈가 이를 싸서 보호한다. 허파꽈리에는 근육이 없어서 스스로 기능할 수 없다. 호흡이란 폐에서 공기를 빨아들이는 호기呼氣와 폐에서 공기를 내보내는 흡기吸氣가 반복되는 과정이다. 여기에 관여하는 근육은 사람의 의지에 관계없이 스스로 운동한다. 이 운동에 대한 명령은 연수(우리말 용어로는 숨뇌, medulla oblongata)에 있는 호흡중추에서 담당한다.

폐는 심장과 함께 태어나서 죽을 때까지 잠시도 쉬지 않고 일한다.

그래서 심장마비는 곧 호흡마비다. 결국 사망진단서에 심장마비나 호흡마비라고 쓰는 것은 유족에게 그의 죽음에 대한 어떤 정보도 전해주지 못한다.

소리 없는 암살자, 폐암

한국인의 사망 원인 가운데 가장 흔한 것이 1위는 암, 2위는 뇌혈관질환, 3위는 심장질환이다. OECD 가입 국가에서 대부분 비슷하게 나타나는 현상이다. 여성의 폐암 발생률은 높지 않았으나, 남녀평등, 여권 신장이 이루어지면서 점차 늘더니 이제는 남녀 모두 암으로 인한 사망 가운데 폐암이 높은 비율을 차지하고 있다.

발생 부위에 따라 폐암을 구분하면 90~95퍼센트가 기관지의 상피에서 발병하는 기관지암이며, 5~10퍼센트가 기관지 유암종이다. 나머지 암은 그 비율이 아주 낮아 일반적으로 폐암은 기관지암을 의미한다고 할 수 있다. 폐암은 중년 이후 노년 사이에 주로 발생하며, 발생비는 1960년대에 칠 대 일이었으나 여성들의 흡연 인구가 증가하면서 여성 폐암환자가 증가하는 추세다.

폐암은 직업이 중요한 영향을 주는 질병이다. 폐암뿐 아니라 폐에 발생하는 질병 대부분이 그렇다. 직업에 따라 숨을 쉴 때 들어오는 유해물질의 양과 횟수가 현격하게 다르기 때문에 코로 들어온 물질이 곧 폐와 접촉한다는 점을 감안하면 쉽게 이해할 수 있을 것이다. 아직 정확한 원인은 알 수 없지만 실험 및 역학연구를 통해 흡연은 물론 라돈, 크롬, 니켈 등의 금속과 석면, 방향족 탄화수소, 비소 화합물, 방사선 등이 폐암 발생과 관련이 있다고 알려졌다.

어느 장기의 암이건 암세포의 기원에 따라 조직학적으로 분류한다. 세계보건기구에서는 폐암을 편평상피암종, 샘암종, 소세포암종, 대세포암종 등으로 구분한다. 이 가운데 편평상피암종은 전체 폐암의 약 35~50퍼센트를 차지한다. 주로 기도 입구 가까운 곳에 위치한 기관지에서 발생하며, 흡연과의 관련성이 가장 높다. 성장과 전이 속도가 다른 종류의 폐암보다 다소 느린 점이 특징이다.

전체 폐암의 약 15~35퍼센트를 차지하는 샘암종은 말초기관지에서 주로 일어난다. 조직학적으로는 샘을 형성하며 점액소를 분비한다. 20년 전까지는 수술하면 전이된다고 알려져서 수술을 꺼렸으나 최근에는 수술법이 개발되어 전보다는 예후가 좋아졌다. 하지만 다른 종류의 암보다 전이속도가 빠르므로 편평상피암종보다는 더 위험하다. 흡연과는 상관이 없다.

소세포암종은 전체 폐암의 약 20~25퍼센트를 차지하며, 작은 핵과 소량의 세포질을 가지고 있는 소형의 세포에서 발생한다. 편평상피암종과 함께 흡연과 밀접한 관련이 있다. 대세포암종은 전체 폐암의 약 10~15퍼센트를 차지하며, 말초기관지가 발생지다.

폐암은 췌장암과 더불어 가장 위험하다. 다른 암과 비교할 때 혈액을 통한 전이가 쉽게 일어난다. 특히 샘암종과 소세포암이 그러하다. 폐암 초기에는 증세가 없거나 기침, 객담, 혈담, 흉통 등의 일반적인 호흡기 증상이, 암이 진행되면서는 체중감소, 호흡 곤란, 쉰 목소리 등의 증세가 나타난다. 하지만 증상만으로 폐암을 발견하기란 어려워서 조기진단이 힘들다. 이 점이 특히 예후를 나쁘게 한다. 40세 이상의 성인 남자라면 호흡에 이상이 느껴질 경우 일단 폐암을 의심하고 검사를 하는 편이 좋다.

진단법으로는 X선 촬영, 전산화 단층촬영, 자기공명 영상술, 기관지 조영술 등의 영상의학적 검사와 기관지 내시경검사, 세로칸(종격동)내시경을 이용한 세포진 및 생검법, 생화학적 검사법 및 동위원소 검사법 등이 있다. 각 종류에 따라 치료는 다르므로 특성을 고려하여 외과적 수술, 항암화학요법, 방사선요법, 면역요법 등을 실시한다.

니코틴은 우리의 적인가?

흡연이 인체에 해롭다는 사실이 사회문제화되면서 담배에 들어있는 니코틴nicotine이라는 물질이 많이 알려졌다. 그러나 애연가들은 "담배 없는 내 인생은 팥 없는 찐빵"이라거나 "니코틴은 나의 힘"이라며 금연을 아예 포기한다.

니코틴과 흡연은 정말 몸에 해로울까? 담배의 원산지는 남아메리카다. 아메리카 대륙을 발견한 콜럼버스Christopher Columbus가 인디언들의 담배 피는 모습을 처음 본 이후 급속히 전 세계로 전파되었다. 우리나라에는 17세기 초반에 들어왔으므로 16세기 이전 사극에서 담뱃대를 물고 있는 장면은 모두 잘못된 것이다.

'니코틴'은 16세기에 포르투갈과 에스파냐 주재 프랑스 대사를 지냈으며, 프랑스에 흡연문화를 전파하는 데 일조한 장 니코Jean Nicot의 이름에서 유래했다. 제국주의가 팽배해진 18세기 남아메리카에서 에스파냐 출신의 통치자 자크 니코Jacque Nicot의 학정에 견디다 못한 원주민들이 그를 독살시킬 때 사용한 물질도 니코틴이었다.

니코틴은 중독성을 지닌 화학물질로 여러 가지 약리작용을 한다. 모든 세상사에 양면이 있듯이 독과 약은 단순히 양의 차이일 뿐이다. 니코틴도 특정 질병이나 증상을 해소하기 위해 사용할 수 있지만, 중추신경을 자극시켜 환각이나 각성 효과를 일으키고, 혈관 수축에 의한 혈압 상승효과를 낸다. 하지만 급성 또는 만성 중독 시에는 인체의 건강을 서서히 좀먹기 때문에 문제다. 담배 한 개비에 함유된 1밀리그램 이하의 니코틴이 모두 인체에 흡입되지는 않지만, 니코틴의 치사량이 40밀리그램이라는 점을 생각해보면 얼마나 독성이 강한지 쉽게 알 수 있다.

담배가 백해무익하다고 아무리 잔소리해도 애연가들은 기분 전환에 좋다고 고집을 부린다. 분명한 것은 담배를 피는 사람에게는 유익할지 모르지만, 피지 않는 사람에게는 음주운전과 마찬가지로 위험한 일이라는 점이다. 실제로 담배를 필 때 직접 피는 사람보다 옆자리에서 연기를 들이키는 사람의 폐해가 더 크다는 연구결과도 있고, 담배연기를 들이마시는 순간 양쪽 모두 혈관이 수축하는 조영술 사진이 보고되기도 했다.

아무리 담배의 해를 이야기해도 "그거 말짱 헛소리다. (가능한 많은 이들을 열거해 가면서) 누구누구는 평생 하루 세 갑씩 피워도 아무렇지도 않더라." 하고 반박한다. 이는 질병의 원인과 위험인자를 구별하지 못해서 하는 말이다. 시도 때도 없이 음주운전을 하는 사람은 교통사고를 일으킬 확률이 높기는 하지만, 음주운전을 몇 번 한다고 해서 반드시 교통사고를 일으키는 것은 아니다. 그렇다고 해서 음주운전을 장려하거나 방관할 수는 없는 일 아닌가?

담배도 마찬가지다. 질병 발생 가능성이 높아지는 것이지 반드시 질병을 일으키는 것은 아니다. 애연가들은 만약 당신의 자녀가 횡단보도를 건너지 않아도 사고만 나지 않는다면 상관할 자격이 없고, 불량식품을 먹더라도 배탈이 나지 않으면 항의하지 말 것이며, 도둑이 들어와서 공갈협박을 하더라도 다치지 않거나 빼앗긴 물건이 없으면 투덜대지 말라고 한다면 동의할 것인가?

담배 연기에는 40가지 이상의 발암물질과 수천 가지의 독성물질이 들어있다. 아무리 니코틴이 제거된 담배를 피운다 해도 흡연의 폐해에서 자유로울 수는 없다. 국제학술지인 《고혈압Hypertension》 2002년 6월호에 발표된 논문에 따르면 니코틴을 비강으로 분무하거나 피하를 통해 주입하는 방법보다, 흡연을 통해 다른 물질과 함께 흡입하는 경우가 심혈관계에 가장 나쁘다고 한다. 결국 흡연과 니코틴은 결코 뗄 수 없는 인류의 적이다. 당신의 달콤한 친구, 담배는 언제고 죽음의 사자로 바뀔 수 있다.

06

인체 순환의 신비, 혈액

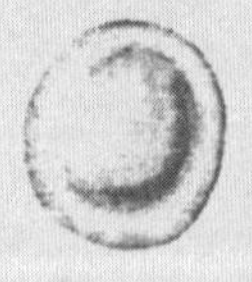

혈액은 액체인 혈장과 그 속을 떠다니는 다양한 특수 세포로 구성된다. 혈액은 온몸을 돌면서 조직이나 기관에 필요한 영양물질과 산소를 공급하고, 이산화탄소나 노폐물을 운반한다. 하지만 이러한 순환의 비밀을 알아내기 위해 인류는 수없이 많은 시행착오를 겪었다.

인류가 혈액순환의 비밀을 알기까지

혈액순환의 발견

인류는 탄생과 더불어 피의 존재를 알았다. 동물도 피를 흘리면 지혈을 시도하듯 원시 인류도 상처를 입으면 피가 흐르는 것을 막아야 한다는 사실은 알고 있었다. 흐르는 피를 막기 위해 상처 부위를 누르거나 상처 윗부분을 묶는 지혈법을 시도한 때도 아주 오래전이다. 피는 선명한 붉은색의 동맥피와 푸르스름한 빛의 정맥피가 있는데, 이 역시 수천 년 전부터 알던 사실이다. 다만 혈액에 두 종류가 있다고 생각했을 뿐, 차이가 무엇인지, 두 혈액이 서로 연결되었음을 알아내기까지는 수천 년의 세월을 보내야 했다.

17세기에 이를 때까지 피가, 섭취한 음식을 이용해 몸속에서 만들어진다고 생각할 수밖에 없었다. 혈액이 한 방향으로 흘러 온몸을 순환한다는 생각은 못했기 때문이다. 혈액순환이 증명된 시기는 17세기이지만, 이론적으로는 아주 오래전부터 제기되었다. 중국 진한시대 의서 《황제내경黃帝內經》에는 "심장이 혈액을 조종하는 기관이며 혈액은 이어져있다"는 내용이 나온다. 구전되던 이야기를 편집한 이 책에는 이집트 파피루스와 마찬가지로 혈액이 순환한다는 증거는 전혀 제시하지 않은 채 결론만 철학적으로 써놓았다. 13세기 이집트의 이븐 안나피스Ibn an-Nafis는 혈액이 폐를 중심으로 들어왔다가 나간다는 폐순환에 대한 내용을 기록으로 남겼지만 귀를 기울이는 사람은 아무도 없었다.

16세기에 들어선 후에야 혈액순환을 뒷받침하는 주장이 쏟아져 나오기 시작했다. 에스파냐 출신으로 의학은 물론 신학 · 법학 · 철학 · 수학 · 천문학 등 여러 분야에 뛰어난 팔방미인이었던 세르베투스(Michael Servetus, 1511?~1553)는 자신이 쓴 신학책에 "폐가 혈액의 필터 역할을 하고 있으며 공기가 혼합되면 혈액의 색이 바뀐다"며 혈액의 폐순환에 대한 내용을 최초로 썼다. 세르베투스는 자신의 주장이 담긴 책을 1553년 오스트리아 빈Wien에서 발간한 후 판매하지는 않았다.

하지만 라이벌이었던 종교개혁가 칼뱅(Jean Calvin, 1509~1564)에게 입수되는 바람에, 이단자라는 공격을 받았다. 결국 10월 27일 제네바Geneva 교외에서 그는 책과 함께 화형에 처해졌다. 물론 혈액순환에 대한 연구보다는, '삼위일체론'을 부정한 그의 신학적 태도 때문이었다. 그 와중에도 초판 1000권 중 2권이 후세에 전해졌는데, 르네상스 시기에 가장 희귀하고 가치있는 책으로 평가받는다.

혈액순환을 증명하다—하비

'근대생리학의 아버지'라는 별칭으로 유명한 하비(William Harvey, 1578~1657)는 영국의 남쪽 해안지방의 포크스톤에서 소지주의 아들로 태어났다. 1597년 케임브리지대학을 졸업한 후, 당시 유럽 학문의 중심지로 유명한 과학자들이 많이 모여있던 이탈리아의 파도바대학에서 의학 공부를 시작했다. 갈레노스의 의학은 이 시기에도 《성서》처럼 받들여졌으나 자유로운 학문적 분위기가 조금씩 나타나면서 교회 세력도 약화되었다. 시체 해부도 훨씬 자주 행해졌다.

모교의 교수가 된 하비는 심장과 혈액에 특히 관심을 가졌다. 1615년 왕립대학의 해부학 및 생리학 교수로 자리를 옮긴 그는 연구를 계속해 《심장의 운동》(1628)이라는 책을 저술했다. 여기서 형태학적, 수학적, 실험적 증거를 통해 혈액이 순환한다는 사실을 증명했다. 그의 발표는 이론적인 면과 해부학적인 면을 모두 다루었고, 실험적이고 확실한 증명을 담고 있었다. 이전의 연구자들보다 학문의 수준을 한 단계 더 끌어올린 것이다.

하비는 혈액순환 외에도 해부학, 생리학, 발생학 등을 계속 연구해 또 하나의 명저인 《동물의 발생》(1651)을 출판했다. 여기서는 그전까지 진리로 받아들여지던 전성설(前成說, 개개의 형태 · 구조가 이미 처음부터 정해

혈액순환의 본질과 심장의 펌프 작용을 분명히 밝혀 명성을 얻은 '근대생리학의 아버지' 하비. 용기와 진리를 꿰뚫는 지성, 정확한 실험을 통해 갈레노스라는 거대한 벽을 뛰어넘었다.

져있다는 학설)을 부정하고, 각종 기관이나 조직이 시간에 따라 성장하고 점차 형성된다는 후성설後成說을 주장했다. 찰스 1세의 어의이자 케임브리지대학 총장 등을 지냈으며, 인체 내 모든 작용을 연구하는 데 수량적 측정법을 도입한 최초의 학자였다.

하비는 갈레노스의 의학에서 이해가 안 되는 부분을 직접 확인하려고 마음먹었다. 스승인 파브리치우스 역시 그러했는데, "혈액은 동맥과 정맥을 통해 따로따로 순환하며 이 두 혈관의 유일한 연결장소는 심장막에 존재하는 미세한 구멍이다. 정맥피는 몸속에 빨려 들어간다."고 한 갈레노스의 이론이 반박 대상이 되었다. 파브리치우스는 정맥이 심장을 향해 흘러가며, 이때 반대로 거슬러 흐르지 않도록 곳곳에 마개가 붙어있다고 주장했다. 하비는 파브리치우스의 주장에 동의했다. 하비는 신체의 가장 중심지가 심장이라 믿었으므로, 심장을 통해 혈액이 순환하리라고 막연히 생각했다. 이론은 세웠지만 증명이 문제였다.

그에 앞서 베살리우스는 갈레노스가 주장한, 심실의 작은 구멍이 존재하지 않는다고 발표했다. 인체를 직접 해부한 하비도 베살리우스가 옳았음을 눈으로 확인할 수 있었다. 파브리치우스가 발표한 정맥판도 관찰할 수 있었다. 해부한 결과 사람은 물론 동물의 심장에서 나오는 동맥과 정맥도 나뭇가지처럼 뻗어있었다. 그는 살아있는 토끼와 개구리를 해부해 피의 흐름을 관찰하기도 했다. 하비는 혈액이 순환한다는 확신을 가졌으나 완벽한 증거를 제시하지는 못했다.

하비는 혈액의 양도 계산해보았다. 혈관을 흐르는 피는 좌심실에서 배출된다. 성인 좌심실의 부피는 56밀리리터 정도다. 맥박이 분당 75회 뛴다고 가정하면, 하루에 심장에서 배출되는 혈액의 양은 56밀리리터×75회×60분×24시간=6,048,000밀리리터로 자그마치 6,048리터나 된다! 원래 피가 물보다 약간 진하나 같다고 가정하면(1리터=1킬로그램), 하루 심장에서 배출되는 혈액의 양은 보통 어른 체중의 100배에 달한다.

하지만 이것은 이론적으로 불가능했다. 사람이 자신의 체중보다 100배나 많은 혈액을 죽는 날까지 매일 만든다는 주장은 받아들이기 힘들었다. 그래서 하비는 동맥과 정맥을 흐르는 피가 같으며 정맥피가 몸속으로 흡수되지 않는다는 가설을 세웠다. 그러면 혈액은 순환하면서 다시 사용되어야만 한다.

다른 증거는 혈관 묶은 뱀을 관찰하면서 발견되었다. 뱀의 대동맥을 묶으면 심장에 피가 모이지만, 뱀의 대정맥을 묶으면 심장이 비는 현상을 발견한 것이다. 즉 심장의 피는 대동맥으로 나갔다가 대정맥으로 들어온다. 피가 혈관을 통해 한 방향으로 흘러간다는 것이 증명된 것이다. 이를 응용하여 하비는 팔에 붕대를 묶는 실험을 고안했다. 붕대로 동맥을 누르면 붕대의 위쪽에 피가 고이지만, 정맥을 누르면 붕대의 아래쪽에 피가 고였다.

또 하비는 자신의 팔목을 구부려 동맥이 뛰는 것을 관찰한 후 끈으로

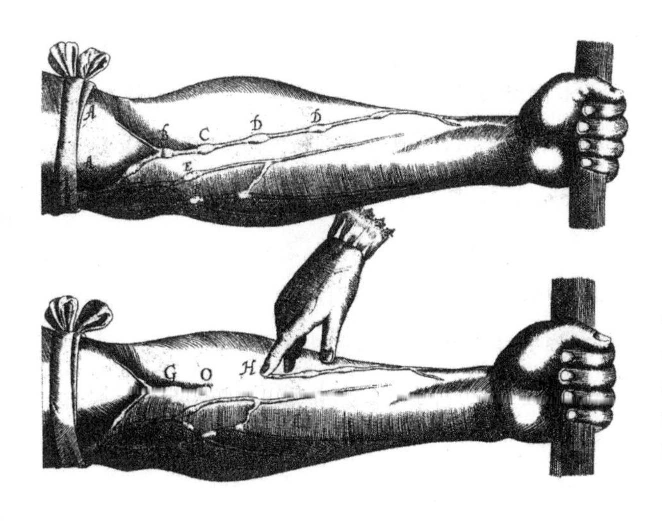

혈액순환을 증명하는 정맥 실험. 하비는 붕대로 자신의 팔을 직접 묶고 실험했다. 이 간결한 실험은 반박의 여지 없는 완벽하다.

팔을 묶었다. 예상대로 피가 통하지 못한 아래쪽은 동맥피를 공급받지 못해 피부가 파랗게 변했다. 개구리와 토끼로 실험을 반복해보니 결과는 마찬가지였다. 하비는 동맥피가 심장의 강한 수축력에 의해 힘을 받아 흐르기 때문에, 끊어버리면 몸속의 피가 밖으로 흘러나가서 사망한다는 생각이 떠올랐다. 어떻게 생각해보아도 혈액순환은 틀림없는 사실이었다. 뱀에 물렸을 때 온몸에 독이 퍼지는 것은 혈액순환 이론으로 쉽게 설명할 수 있었다.

하비의 과학적 실험으로 혈액순환이 증명되었고, 여기에 반대하는 사람들은 현저히 줄어들었다. 하비의 이론이 다른 사람들의 동의를 구하는 데 성공한 것이다. 그러나 하비는 동맥피가 어떤 경로로 정맥으로 흘러가는지는 증명하지 못한 채 세상과 작별을 고했다.

의학의 패러다임을 바꾸다

하비가 '근대생리학의 아버지'라고 불렸던 결정적인 이유는 의학의 패러다임을 바꾼 뛰어난 업적을 이루었기 때문이다. 이미 베살리우스 등에 의해 갈레노스 이론의 오류가 확인되었지만, 교통과 통신이 오늘날처럼 발달하지 못했던 당시 상황에서는 그러한 사실들이 널리 전달될 수 없었다. 따라서 그는 여전히 높은 위치에서 의학을 지배했고, 갈레노스의 책이 하나님의 마음과 뜻이 담긴 가장 훌륭한 책이라는 평가는 지속되었다.

베살리우스의 활약으로 수십 년 전보다 분위기는 완화되었지만 그렇다고 갈레노스에게 반기를 들었을 때 종교재판을 면할 방법은 극히 희박했다. 하지만 하비는 갈레노스라는 성역을 깨기 위해 '관찰과 실험'

이라는 완벽한 전략을 세웠다. 갈레노스가 건설한 성을 함락시키고 관찰과 실험의 중요성을 가르쳐준 것이다.

하지만 스승 세르베투스처럼 많은 반론에 맞서야 했고, 이는 하비 자신도 각오했던 일이다. 실제로 하비는 혈액순환을 증명할 수 있는 결과를 1616년에 얻었으나, 1628년에야 책으로 발표했다. 반론에 맞서기 두려워 더욱 확실한 근거를 마련하고, 비판을 감내할 마음의 준비를 하며 시대적 상황의 변화를 기다렸던 것이다. 그럼에도 하비의 저서가 발표되자 그를 미친 사람으로 취급하는 이들이 많았다. 진료실을 찾는 환자들의 수가 격감했다는 기록도 있다.

이렇듯 반대자가 많았던 이유는 갈레노스 지지자들이 하비의 이론을 완전히 무시했기 때문이다. 반대론자는 하비의 이론이 틀렸음을 주장하려고 여러 가지 방법으로 실험을 했지만, 결과는 하비의 이론이 진리라는 사실만을 증명할 뿐이었다. 그러자 반대론자는 하비의 연구는 새로운 것이 아니라 오래전부터 많은 사람이 익히 알고 있던 내용이라는 터무니없는 주장을 했고, 하비의 발견은 의학 발전에 아무런 영향을 주지 못하는 쓸모없는 발견이라고 낮게 평가했다.

하비는 케임브리지대학교 총장을 지낸 영국의 대표적인 지식인이었다. 영국은 유럽의 역사에서 보면 대륙의 나라들보다 나라와 민족 간의 전쟁 위험이 낮은 편이서, 국가가 군대를 가져야 할 필요성이 낮았다. 다른 나라들과 비교할 때 왕권도 강하지 못했다. 국민은 왕의 권리를 최소화하기 위해 노력했고, 그 결과 민주주의가 가장 일찍 발전한 나라가 되었다.

그런데 하비는 왕에게 충성을 맹세하는 왕당파였다. 찰스 1세가 내란에 굴복하고 사형을 당할 때도 왕에게 충성을 맹세할 정도로 군주정의 신봉자였다. 당연히 반대편에게는 하비의 올바른 이론도 공격 대상이 될 수밖에 없었다. 이런 어려움 속에서도 하비의 논리는 인정받았다. 논리에 전혀 빈틈이 없었기 때문이다.

하비의 왕당적 견해가 반드시 연구에 나쁜 결과를 미친 것은 아니었다. 찰스 1세의 주치의로 봉직하는 동안 실험에 필요한 동물을 쉽게 구할 수 있었고, 보이지 않는 후원을 받아 소신껏 연구를 진행할 수 있었기 때문이다.

몸속의 피를 뽑아내는 질병치료법

피 한 방울 흘리는 것이 아깝다는 이야기를 옛 어른에게 흔히 듣는다. 그러나 불과 100여 년 전까지만 해도 질병이 생기면 치료를 위해 고의로 피를 빼내기도 했다. 이것은 드문 일이 아니라 2000년 이상 이어진 가장 대표적인 질병 치료법이었다. 이 치료법을 '사혈瀉血'이라 하며, 히포크라테스 시대부터 19세기 말, 병원성 미생물이 감염질환의 원인이 된다는 사실이 널리 알려지기까지 이용되었다.

혈액이 순환한다는 하비의 발견도 사혈을 막지 못했다. 하비 자신이 사혈을 신봉하는 사람이었으니 그럴 만도 했다. 하비의 획기적인 발견은 어느 부위에서 피를 뽑아야 할 것인가에 대한 의사들의 고민을 덜어준 셈이었다. 히포크라테스가 활약하던 시기부터 사혈을 반대하는 사람들이 있었으나 소수 의견에 불과했고, 미국 초대 대통령 워싱턴(George Washington, 1732~1799)의 주치의인 러시Benjamin Rush는 사혈 과다에 의해 대통령을 죽음으로 내몰았지만 아무도 그를 비판하지 않았다.

사혈을 하면 산소 운반 능력을 지닌 적혈구가 부족해지면서 졸립고 몽롱해지는 느낌이 나타났다. 의사들은 이것이 치료효과라고 믿었다. 이 같은 엉터리 의학은 현재 세계 최고의 의과대학 중 하나인 존스홉킨스 의과대학을 설립하는 데 대단한 공을 세운 오슬러(William Osler, 1849~1919)에게 이어져 "지난 50년간 사혈치료를 너무 하지 않았다"는 명언 아닌 명언을 남겼다.

인체에 관한 다양한 업적을 남기다

역사를 공부하다 보면 가끔씩 만물박사가 등장하곤 한다. 고대그리스의 아리스토텔레스, 중세의 레오나르도 다빈치가 대표적이고 우리나라의 정약용도 이에 뒤지지 않았다. 앞서 소개한 세르베투스도 만물박사라 하기에 손색이 없었다. 여기에 또 한 명을 보태자면 '발생학의 창시자' 또는 '조직학의 창시자'라는 별명으로 유명한 이탈리아의 말피기(Marcello Malpighi, 1628~1694)를 들 수 있다.

말피기의 어린 시절에 대해서는 잘 알려져있지 않다. 하비가 혈액순환을 발표한 1628년에 이탈리아 크레발코레에서 태어난 그는 17세에 볼로냐대학에 입학해 생리학을 공부했다. 그러나 부모가 갑자기 사망하면서 한동안 학업을 중단하고 집안일에 열중할 수밖에 없었다.

1651년에 의학을 공부하기 시작한 그는 해부학 연구모임에 참여해 갈레노스와 아라비아 의학을 배우면서 해부학에 관심을 가졌고 1653년 의학 공부를 마쳤다. 그 후 모교에서 3년간 강사로 일한 후 피사대학에서 의학 이론을 가르쳤다. 1661년 모교로 돌아와 해부학 교수로 일한 그는 개구리의 폐를 연구하면서 모세혈관을 발견했다.

이후 메시나대학에 근무했지만 1666년 다시 볼로냐대학으로 돌아온 그는 25년간 해부학 교수로 일하면서 수많은 업적을 남겼으며, 1668년 이탈리아인 최초로 영국 왕립협회 정회원이 되었다. 1691년 교황 이노켄티우스 12세의 주치의로 발탁되어 모교를 떠난 그는 교황이 설립한 의학교에서 수업을 담당하면서 자신이 이룩한 업적을 논문으로 정리한 후 1694년 갑작스런 뇌졸중으로 세상을 떠났다.

말피기가 죽은 지 삼십 시간이 지난 후 유언에 따라 부검했다. 오른쪽 신장에 심각한 손상이 있었고, 방광에서는 작은 결석들이 여러 개 발견되었다. 왼쪽 심실은 비후해져있고 뇌혈관에도 문제가 있음이 판명되었다. 그가 이러한 여러 질환을 이미 알고 확인하라는 뜻에서 당시로는 흔치 않은 부검에 대한 유언을 남겼던 것일까?

말피기는 사람 내장의 미세구조에 관한 연구를 많이 했다. 콩팥에서 발견한 소체에 '말피기소체' 라는 이름을, 곤충의 배설기관에는 말피기관이라는 이름을 붙여놓았다. 그래서 오늘날 많은 사람들이 그의 이름을 기억한다.

콩팥소체(신소체, renal corpuscle)라고도 하는 말피기소체는 콩팥에 분포하는 혈관에서 소변 성분을 걸러낸다. 이 소체는 콩팥의 피질에 존재하며, 모세혈관으로 구성된 사구체와 이를 둘러싸는 보우먼주머니 Bowman's capsule로 구성된다. 말피기소체는 지름 0.1~0.2밀리미터의 작은 덩어리로 콩팥의 피질에 약 150만 개가 들어있다. 여기에 존재하는 모세혈관을 한 줄로 늘어뜨리면 길이가 약 80킬로미터다. 여기서는 혈액에 포함된 노폐물을 하루종일 걸러내어 소변으로 내보낸다.

말피기관은 절지동물 중 곤충류, 거미류, 다지류에서 볼 수 있는 특수한 배설기관이다. 곤충은 혈관이 제대로 발달되지 않아서 대사산물을 여과하고 배출하는 구조가 없다. 말피기관은 창자의 중간부분과 뒷부분의 경계에 위치한 가는 관으로, 종류에 따라 두 개에서 수백 개에 이른다. 이를 통해 노폐물을 배설한다.

현미경의 역사에서 말피기의 이름이 널리 거론되지는 않지만 그는 레벤후크에 앞서서 직접 만든 현미경으로 여러 가지를 관찰했다. 아마추어적인 자세로 아무 것이나 닥치는 대로 관찰한 레벤후크와 달리, 당대의 훌륭한 학자였던 말피기는 생물의 해부학 연구를 목적으로 현미경을 처음 사용했다. 차이가 있다면 말피기가 제작한 현미경의 수준이 그리 높지 않았다는 정도다.

생물의 발생 과정을 연구하고 적혈구를 발견했으며, 인간은 물론 동물과 식물조직까지 두루 살핀 관찰 결과를 기록으로 많이 남겼기에, 말피기의 연구는 비교적 지금도 소상히 알 수 있다. 현미경을 이용해 곤충류를 연구한 그는 곤충이 폐 대신 피부의 구멍으로 호흡한다는 사실도 알아냈다. 또한 사람의 지문을 최초 연구 대상으로 삼기도 했다.

오늘날에는 호르몬과 유사한 각종 신경전달물질이 알려져있어서 '뇌가 일종의 내분비샘' 이라는 사실이 지극히 당연하다. 이와 같은 주장을 처음 한 사람도 말피기였다. 그러나 뚜렷한 증거를 찾을 수 없었던 까닭에 거의 300년간 엉터리 취급을 받아야 했다. 보기 드물게 의학자면서도 식물학에 관한 훌륭한 저서를 남겼으니, 바로 1671년에 발행한 《식물 해부학》이다.

이 가운데 가장 큰 업적은 1661년에 있었던 모세혈관의 발견이다. 혈액순환이라는 당시로서는 감히 상상조차 하기 힘든 진리를 밝혀낸 하비가, 동맥에서 정맥으로 연결되는 곳이 어디인지 모른 채 자신의 임무를 마치고 세상을 떠난 지 4년 후, 말피기는 동맥과 정맥을 연결해주는 모세혈관을 현미경으로 발견했다. 이를 통해 심장을 떠난 혈액은 대동맥이라는 굵은 관을 지나 여러 동맥으로 갈라지면서, 점점 더 얇은 동맥으로 전해져 급기야는 맨눈으로 볼 수 없는 아주 가는 동맥으로 전달된다는 사실을 밝혔다. 또 인체 말단부터 아주 가는 정맥으로 연결되어 점차 굵은 정맥으로 이어지다가 혈액이 순환한다는 결론을 내렸다. 하비의 혈액 순환 이론을 명확하게 증명한 것이다.

한편 말피기의 뒤를 이은 로우어(Richard Lower, 1631~1691)는 1667년 동맥피와 정맥피의 차이가 호흡에 따른 것이라고 주장했다. 숨을 쉴 때 콧구멍으로 들어온 공기는 기도를 통해 폐로 전달되고, 폐에서 일어나는 생체기능에 의해 피의 색깔이 바뀐다는 내용이었다. 이로써 혈액순환과 호흡의 관계가 명확해졌다.

혈액은 폐에서 호흡할 때 들어온 공기(훗날 산소가 인체에 가장 중요한 물질임이 밝혀진다)를 받아들여 심장으로 간 다음, 심장이 수축하는 힘에 의해 동맥으로 흘러가고 혈액의 적혈구가 산소를 운반하여 인체조직에 전달한다. 모세혈관을 지난 혈액은 정맥을 통해 돌아온 뒤, 더 이상 쓸모없게 된 물질(훗날 이산화탄소임이 밝혀진다)을 폐로 전달하여 밖으로 보낸다. 동맥이 빨간색으로 보이는 것은 적혈구가 산소와 결합하기 때문이며, 정맥이 파란색을 띠는 것은 산소와 결합하지 않은 적혈구가 파란색이기 때문이다.

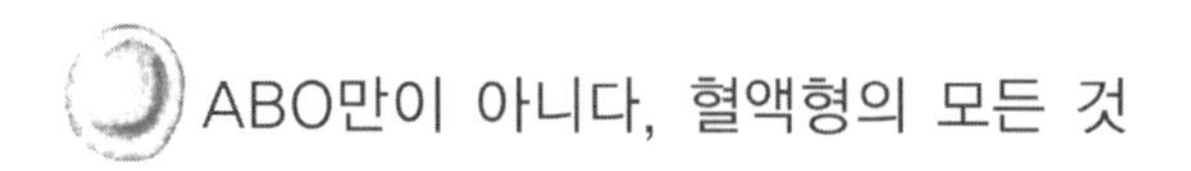

수혈의 역사

'피' 라고 하면 일반적인 사람들은 어떤 것을 연상할까? '빨갛다', '무섭다', '귀신', '드라큘라', '약손가락을 깨물어 아버지를 살린 효자 이야기', '헌혈차' 등…. 예로부터 동서고금을 막론하고 인간이라면 누구나 자신의 피를 소중히 여겼다. 특히 유교문화권에 속한 우리나라의 경우는 말할 것도 없다. '피를 나눈 혈육' 이나 '피보다 진한 친구' 라는 말이 그 예다.

응급처치를 할 때, 기도유지 다음으로 행해야 하는 과정이 지혈(물론 다리 절단 같은 특수한 경우에는 지혈이 더 신속히 요구될 수도 있다)이며, 출혈이 심할 때는 수혈로 혈액을 보충하지 않으면 자칫 생명을 잃을 수도 있다. 사슴 녹용의 피를 마셔 건강을 지키려는 습관은 예로부터 지금까지 동양에서 끊이지 않고 내려오는 건강관리법인데, 만약 옛사람들이 인간의 피를 돈으로 사고팔 수 있다면, 사슴 피 대신 사람 피를 마시는 반反인간적인 전통이나 역사가 생겨났을지도 모른다.

실제로 서양에서는 사람이 사람의 피를 마시기도 했다. 오위우스라는 시인은 젊은 사람의 피를 마시고 회춘한 노인에 대한 시를 지었으며, 교황 이노켄티우스 8세는 1492년 뇌졸중으로 의식을 잃었다가 정신을 회복하자 주치의의 권유에 의해 두 소녀를 희생시켜 얻은 피를 마시고 회춘하려는 엽기적인 행동을 보이기도 했다. 피에 대한 막연한 환상은 일반인들에게도 있었다. 강한 사람의 피를 약한 사람이 마시면 강해진다고 믿었고, 도저히 믿을 수 없지만 강인한 황소의 피를 마시고 강한 남자가 되었다는 기록도 남아있다.

'피'는 타인과 나눌 수 있는, 몇 안 되는 인체의 구조물이다. 심한 빈혈 증세로 고생하는 15세 중학생이 현기증을 느끼며 쓰러져 동생, 어머니, 친구와 함께 병원에 왔다면, 누구의 피를 받아야 할까?

당연하겠지만 정답은 혈액형이 같은 사람이다. 소량의 피를 채혈하여 혈액형을 확인한 후 같은 혈액형을 가진 사람의 피를 환자에게 주어야 한다. 혈액형이 다르다고 반드시 문제가 생기지는 않지만 A형과 B형을 혼합하거나 AB형을 AB형 아닌 사람의 피에 수혈한다면, 혈구 응집 반응에 의해 목숨이 왔다 갔다 하는 상황을 맞이할 수도 있다. 따라서 혈액형을 아는 것은 응급 상황에서 무엇보다 중요하다. 혈액형에는 ABO형만 있는 것은 아니지만, 가장 대표적인 혈액형 분류이므로 역사적인 중요성이 가장 크다.

오스트리아의 면역학자인 란트슈타이너(Karl Landsteiner, 1868~1943)에 의해 혈액형이 발견되기까지 피와 수혈에 얽힌 인류의 역사에는 과학자들의 끊임없는 노력이 공존해왔다. 1604년, 독일의 베게레우스는 옛날부터 전해온 좋은 피, 강한 피를 마시고자 하는 사람들에게 "피는 마시는 것보다 수혈하는 것이 더 좋은 효과를 가진다"는 주장을 했다. 그 당시의 학문 수준으로 보아 전혀 과학적인 뒷받침이 없는 이야기이지만, 선구자적인 진리임에 틀림없다. 혈액순환을 발견한 하비도 수혈에는 관심이 없었다.

현재는 의학적인 방법을 평가하기 위해 인체실험에 앞서 동물실험을 먼저 하지만, 과거에는 생명윤리, 실험윤리에 대한 개념이 지극히 희박했던 까닭에 곧바로 사람에게 시험하는 경우가 많았다. 그런데 유독 수혈실험은 수십 년에 걸쳐 동물실험이 여러 연구자들에 의해 선행되었다.

1665년 윌킨스는 동물에서 동물로 수혈한 첫 사례를 남겼다. 개의 정맥에서 채취한 혈액을 일단 돼지의 방광에 주입한 다음, 금속판을 통해 이 피를 다른 개의 정맥에 주입하고 그 경과를 관찰하는 데 성공한 것이다. 같은 해에 로우어는 개의 경정맥에서 피를 제거해 혼수상태에 빠지게 한 다음, 다른 개의 경동맥과 관으로 연결하여 정상개의 피가 흘러 들어가게 했다. 그 결과 혼수상태의 개가 정신을 차리고 일어남으로써, 수혈에 관한 동물실험에 최초로 성공했다.

1667년에는 루이 14세의 시의인 드니(Jean-Baptiste Denys, 1640~1704)가 동물의 피를 사람에게 수혈하려는 시도를 했다. 1667년, 6월 15일 고열로 고생하던 한 소년에게 새끼 양의 피를 수혈했으나, 수혈 부위인 팔에 열이 난 것을 제외하고는 별다른 이상 없이 증세가 호전되었다. 그 뒤 드니는 다른 환자를 대상으로 수혈을 계속했으나 수혈 받은 환자가 사망하는 바람에 프랑스 정부는 수혈금지령을 내렸다.

수혈이 다시 역사에 등장한 때는 19세기에 접어든 후였다. 스코틀랜드의 블런델(James Blundell, 1791~1878)은 동물 간의 수혈을 여러 차례 시험해본 후 이종동물의 혈액은 부적합하므로 사람에 대한 수혈은 사람의 혈액만 가능하다는 원칙을 세웠다. 이 가설에 따라 자신의 일을 돕던 조교들의 피를 채취하여 중환자들에게 수혈했으나 잠시 호전되는 듯하다 환자들이 모두 사망하고 말았다. 그는 1822년, 분만 후 과다출혈을 일으킨 부인의 몸에 조수의 혈액을 수혈해 환자를 살리는 데 성공했다. 이때 경험을 바탕으로 블런델은 수혈 중 혈액응고를 방지하기 위한 간접수혈

장치를 고안했으며, 1840년에는 그의 조언을 받은 레인이 혈우병 환자 치료를 위해 사람의 피를 수혈해 좋은 결과를 얻었다.

이후의 연구자들은 수혈 과정에서 혈액응고와 수혈시 혈액 알레르기 반응을 해결하기 위해서 노력했다. 이러한 알레르기 반응을 연구해 혈액형을 처음으로 알아낸 사람이 오스트리아의 면역학자인 란트슈타이너였다.

ABO식 혈액형 발견자 란트슈타이너

1868년 오스트리아에서 출생한 란트슈타이너는 빈대학에서 의학을 공부하고, 졸업 후에는 화학분야에서 일했다. 탄수화물 및 퓨린purine 유도 합성에 관한 연구로 1902년 노벨 화학상을 수상한 바 있는 피셔(Hermann Emil Fischer, 1852~1919)의 연구소에서 배운 화학 지식은 훗날 그의 훌륭한 업적에 밑바탕이 되었다. 1898년부터 빈대학에서 병리생리학 연구를 시작한 그는 1900년에 혈액을 연구하던 중 정상적인 생리 상태에서 어떤 사람의 혈액을 다른 사람의 혈액에 첨가하면 혈구가 서로 엉켜서 작은 덩어리가 생기는 것을 처음 발견했다.

이런 현상의 원인을 알아내기 위해 계속 연구하던 그는 다음해에 혈액의 응집성에 따라 혈액형을 셋으로 분류할 수 있다고 발표했다. 그로부터 1년 후 데카스텔로Alfred von Decastello와 스툴리Adriano Sturli가 AB형을 더 제시하면서 네 종류의 혈액형이 확립되었다.

이 혈액형의 중요성은 1910년 확인되었다. 둥게른(Emil Freiherr von Dungern, 1867~1961)과 히르시펠트(Ludwik Hirszfeld, 1884~1954)가 혈액형의 유전에 관한 연구를 발표한 후, 당시의 모든 연구들이 이와 비슷하거나 진보된 결과를 발표했다. 이후 네 종류의 혈액형은 의학에 종사하는 사람들이 반드시 알아야 할 내용이 되었다.

이 시기부터 혈액형과 유전의 관련, 인종 차이, 혈액형과 체질 등 많은 연구가 이루어졌다. 그리고 수혈, 혈액의 분리 및 동정, 친자 확인 등에 이용되었다. 란트슈타이너의 혈액형 발견은 그동안 잠자고 있던 수혈요법을 실현시켜주었고, 수많은 사람들의 생명을 연장할 수 있는 법이 발전했다.

란트슈타이너가 사람에게 동물의 혈액을 수혈하면 혈관 안에서 수혈된 동물의 혈구가 응집되어 파괴된다는 사실을 처음 안 것은 1875년의 일이었다. 어린 시절부터 혈액과 수혈에 관심이 많았던 그는 이를 학문적 욕구로 승화시켜 사람의 수혈에서 일어나는 여러 가지 현상을 관찰했다. 수혈할 때 발생하는 여러 증상, 예를 들어보면 쇼크, 황달, 혈색소뇨증 등이 혈구의 응집과 파괴와 관련이 있다는 생각이었다. 그 뒤 란트슈타이너는 오늘날 우리가 널리 사용하고 있는 ABO식 혈액법 분류를 확립했다.

혈액형에 관심을 가진 사람들은 아주 많았지만, 란트슈타이너가 가장 훌륭한 업적을 남기고 노벨상 수상까지 이른 배경에는 화학적 지식이 자리하고 있었다. ABO식 혈액형은 적혈구 세포 표면에 존재하는 탄수화물 사슬의 차이가 원인이다. 피셔 교수에게 화학을 배운 그가 다른 의사들보다 실험 결과를 분석하고 평가할 능력이 높았다.

ABO식 혈액형 발견으로 수혈요법이 가능했고, 이로 인해 수많은 사람의 생명을 구해낼 수 있었으니 노벨상을 받기에 조금도 부족함이 없었다. 하지만 그는 노벨상 기념 강연회에서 수혈을 가능하게 한 업적을 인정하면서도 부족한 점이 많다고 고백했다. 1939년 록펠러 연구소의

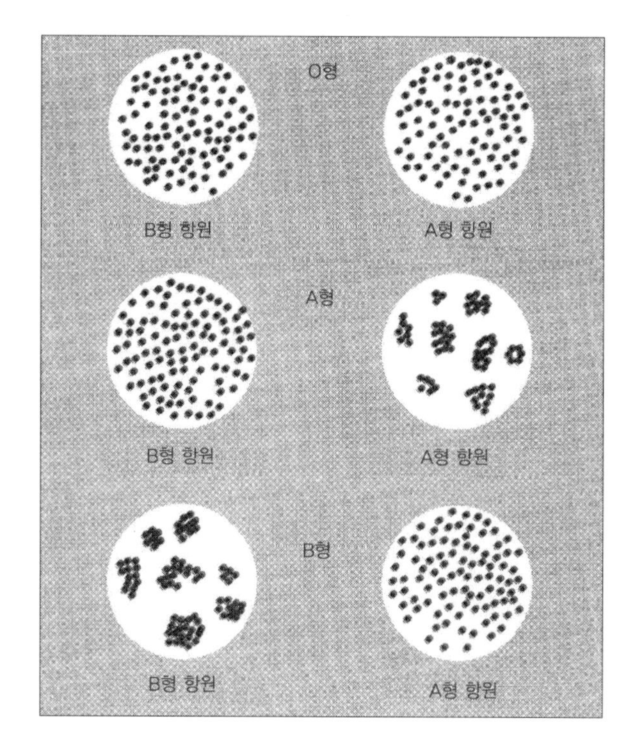

ABO식 혈액형 분류법. A형은 적혈구 표면에 A형 항원(응집원)을, B형은 B형 항원을, AB형은 A·B형 항원을 모두 가지고 있다. O형은 적혈구 표면에 A·B형 항원이 모두 존재하지 않는다. 이와 반대로, 혈액에는 항체가 들어있는데 A형은 항 B형 항체(응집소), B형은 항 A형 항체, O형은 이 두 가지 항체를 모두 지닌다. AB형에게는 두 항체가 모두 없다.

명예교수로 추천된 란트슈타이너는 환갑을 넘긴 나이에도 식지 않은 열정을 바탕으로 의학연구에 전력을 다했다. 그리하여 1940년 ABO식 외에 다른 혈액형 관련인자인 Rh 인자를 발견했으며 혈액 내의 면역반응, 면역인자들의 화학적 연구를 수행하는 등 화학을 바탕으로 많은 발전을 이루었다.

젊은 시절, 그는 소아마비의 원인인 폴리오바이러스poliovirus를 발견했고, 암시야暗視野 장치를 이용한 미생물 연구를 통해 매독균을 증명했다. 여러 분야를 두루 섭렵한 정도로 열정적이었지만, 다른 사람들과 어울리는 것을 기피하기도 했다. 란트슈타이너는 1943년 실험실에서 심장

발작을 일으켜 의식을 잃고 쓰러지던 순간에도 평생 함께했던 피펫pipette을 손에 쥐고 있었다. 죽음이 찾아와, 피펫을 내려놓고 연구를 향한 정열을 접을 수밖에 없었던 그는 이틀 후인 6월 26일 세상을 떠났다.

낯선 이름, MN, P식 혈액형

피 속에는 적혈구, 백혈구, 혈소판 등 세 종류의 세포가 있다. 혈액형은 피 속의 세포가 어떤 항원을 지니는지를 기준으로 혈액을 분류하는 방법이다. 일반인들이 가장 잘 알고 있는 혈액형은 A 또는 B 항원을 가지고 있는지에 따라 구분한다. 두 가지가 모두 있으면 AB형, 모두 없으면 O형, 한 개만 있으면 A형 또는 B형으로 구분한다.

자신과 맞지 않는 피가 외부에서 들어오면 피를 받은 사람의 몸에서 면역반응을 일으켜 응집이 일어난다. 피 속에 덩어리가 생겨 피가 순환할 수 없으므로 사망에 이를 수도 있다. 그러므로 AB형인 사람은 아무 피나 받아들일 수 있지만 O형인 사람은 O형 외에 다른 피를 받아들일 수 없다. 멘델의 유전법칙에 적용시키면 A형과 B형이 각각 동등한 우성 역할을 하고, O형이 열성인 방식으로 부모에서 자식으로 유전된다.

란트슈타이너가 ABO식 혈액형을 발견하기 전에 수혈의 성공률이 낮았던 이유는 혈액형에 대한 개념 없이 피를 주고받았기 때문이다. 사람에게 동물의 피를 주입하는 경우에도 면역반응이 일어나기 때문에 수혈에 대한 연구는 더디게 발전했다.

가끔씩 언론을 통해 'Rh−형 피를 구합니다' 라는 광고를 볼 수 있는 것은 Rh−형 피를 가진 사람이 아주 적기 때문이다. 토끼나 기니피그에게 붉은털원숭이의 피를 주입하여 일어나는 면역반응으로 생겨난 항체와, 사람의 적혈구를 반응시키면 Rh+형은 응집반응이 일어나며, Rh−형은 응집반응이 일어나지 않는다. Rh−형 혈액을 가진 사람은 서양인의 약 15퍼센트, 동양인의 약 0.5퍼센트이기 때문에 Rh−형 혈액이 필요한 때 주한 외국인이 헌혈해서 응급환자의 목숨을 구했다는 보도가 자주 있었다.

혈액에서 일어나는 응집반응을 토대로 혈액형을 구분하는 방법은 이 외에도 여러 가지다. 적혈구, 백혈구, 혈소판, 혈청, 혈액 내의 효소 등이 모두 면역반응을 일으킬 수 있기 때문이다. 가장 흔히 이용되는 것은 적혈구에 의한 응집반응이다. ABO식 혈액형과 Rh식 혈액형이 적혈구에 의한 응집반응을 이용한다.

MN식, P식도 특이한 응집반응을 일으킬 수 있는 단백질을 합성하는 유전자를 지닌다. 그 밖에도 혈액형은 루테란Lutheran식, 켈Kell식, 더피Duffy식, 키드Kidd식, 디에고Diego식 등 다양하다. 이들 혈액형 분류의 명칭은 발견한 사람의 이름에서 왔다.

조직이나 장기 이식에서 같은 혈액형을 이용하더라도 거부반응이 잘 일어나는데, 그것은 조직적합성 항원이 다르기 때문이다. 이를 결정하는 가장 중요한 것이 백혈구 항원(Human Leucocyte Antigen, HLA)이다. 백혈구 항원은 백혈구, 혈소판, 림프구에 공통으로 존재한다.

얼마 전 한 기자가 우리나라에서 프로야구 선수가 되려면 A형이 유리하다며, 전체 프로야구 선수의 38퍼센트가 A형이라는 기사를 쓴 적이 있다. 이 기자는 통계 처리에 있어서 모집단의 개념이 부족했던 것 같다. 우리나라에서 A형 혈액 보유자는 약 34~38퍼센트다. 반면 서양은의 40~45퍼센트가 O형이다. 이처럼 혈액형의 비율은 인종과 민족에 따라 다르다.

20세기 혈액학의 발전

수혈법의 진화와 고민

17세기부터 19세기까지는 어쩔 수 없이 수혈을 받았다가 생을 마감하는 사람이 많았다. 지금은 웬만큼 지식이 쌓여서 수혈로 인한 사망 원인을 대부분 알고 있다. 수혈의 부작용은 무엇일까? 첫째, 새로운 감염성 질병이 출현해 혈액에서 검사하지 않은 질병이 전파되는 경우다. 둘째, 수혈한 피 자체에 문제가 있을 때다. 셋째 보관상의 문제다.

지금은 헌혈할 때 팔뚝에서 적당한 혈관을 골라 바늘로 찌른 다음, 이 바늘에 연결된 채집용 봉투에 피를 모은다. 수혈할 때는 반대로 채집용 봉투의 피를 환자의 혈관으로 들어가게 한다. 피부에 상처가 나서 흐르는 피는 몸 밖으로 나오는 순간 응고된다. 혈관을 흐르는 피가 응고되면 산소운반 기능을 할 수 없으므로 곧바로 생명을 위협하겠지만, 피가 몸 밖으로 흘러나올 때는 이러한 응고 기능이 상처로 노출된 모세혈관을 막아준다. 그렇지 않으면 피가 끊임없이 흘러 목숨을 잃을지도 모른다.

혈액응고 방지제가 개발되지 않았던 20세기 초에는 혈액형을 통일하면 수혈 성공률이 높아진다는 사실을 알고 있었다. 하지만 공여자의 피를 채집·보관할 방법이 없었기 때문에, 채혈한 피가 응고되기 전에 수혈법을 개발해야 했다. 이 일은 결코 쉽지 않았다. 이때 수혈 성공률을 획기적으로 높일 수 있는 방법을 개발한 사람이 나타났으니, 카렐(Alexis

Carrel, 1873~1944)이다. 그는 혈관을 꿰매는 방법을 고안하고 혈관 및 장기이식에 대한 공로를 인정받아 1912년 노벨 생리의학상을 수상했다.

카렐은 공여자의 동맥과 수혈 받는 사람의 정맥을 직접 연결했다. 채혈한 피가 수혈 받아야 할 사람의 혈관으로 들어가면 곧바로 혈액응고를 막을 수 있다는 생각이었다. 혈액은 공기 중에 노출될 때 응고된다. 혈액응고인자와 그 기전을 정확히 알지는 못했지만, 공기 중에 머무는 시간을 줄이겠다는 그의 아이디어는 수혈성공률을 높이는 데 매우 효과적이었다. 이 방법은 장기이식에도 큰 도움을 주었다.

ABO식 외에 다른 여러 가지 혈액형이 한창 연구되던 1940년에 혈액을 혈장(혈액에서 세포 성분인 적혈구, 백혈구, 혈소판을 제외한 나머지 부분)과 세포(적혈구, 백혈구, 혈소판)로 분리하는 방법이 고안되었다. 또한 혈장에 포함된 단백질인 알부민albumin과 글로불린globulin 등을 일부 구분할 수 있었다. 혈액응고 방지법이 개발되지 않아서 혈액을 성분별로 구분하는 법을 실용화하기까지 더 많은 시간을 기다려야 했지만, 실험을 통한 혈액 연구에는 큰 도움이 되었다.

혈액은행의 등장

대한민국에서 혈액관리를 책임지는 곳은 적십자 혈액원이지만 헌혈을 위해 반드시 헌혈차에 올라야 하는 것은 아니다. 종합병원의 혈액은행에 가면 헌혈에 필요한 내용을 안내받을 수 있고, 적십자 혈액원과 같은 방법으로 헌혈한다. 혈액은행의 효시는 제1차 세계대전으로 거슬러 올라간다. 전장에서 큰 상처를 입은 사람들이 혈액을 빨리 공급받지 못하면 목숨을 잃을 수 있으므로 혈액을 미리 준비해야 했다. 전쟁은 인간

사회의 갈등이 가장 극단적으로 나타나는 현장이지만, 의학이 발전할 수 있는 계기이기도 하다.

혈액의 저장이 가능해진 것은 1914년에 발견된 시트르산나트륨 때문이었다. 이 물질은 오래 사용할 수 있는 혈액응고 방지제로, 공여자의 혈액을 채취한 후 섞어놓으면 혈액이 그대로 보존된다. 혈액응고 방지제를 이용한 수혈은 1915년부터 실용화되었고, 1916년에는 포도당이 함유된 시트르산으로 혈액을 저장하는 방법이 고안되었다. 이때부터 혈액의 대량저장이 가능해졌고, 제1차 세계대전 중에 영국군과 미국군은 혈액저장고를 운영했다.

적십자는 1940년에 혈액사업에 적극적으로 뛰어들었다. 이것도 물론 혈액응고제 덕분에 가능했다. 미국도 혈액공급을 위한 프로그램을 정부 차원에서 시작했다. 이 결과로 제2차 세계대전 기간 동안 미군은 충분한 피를 공급할 수 있었다. 세계대전을 두 차례 거치면서 혈액은행은 출혈이 심한 응급환자의 생명을 구하는 데 도움을 주었고, 그 후로 혈액은행은 세계 곳곳에 설립되기 시작하여 이제는 거의 모든 종합병원에서 혈액관리 업무를 담당하고 있다.

현재와 비슷한 혈액채취용 플라스틱 용기는 1950년부터 사용되었다. 혈액을 혈장과 세포로 구분한 지 13년이 지난 1953년에는 혈액을 성분별로 분리하는 일도 가능해졌다. 그 결과 필요한 혈액량이 줄면서 혈액을 효과적으로 이용할 수 있었다. 헌혈 받은 피를 수혈자에게 전부 주입하는 것이 아니라, 성분별로 분리해두었다가 필요한 성분만 공급했다. 같은 양을 더 많은 사람에게 나누어줄 수 있는 것이다. 출혈이 심한 환자라면 전체 피를 대량 수혈 받아야 하지만 특정 질병에 의해 혈액의 특정 성분만 결핍된 경우에는 그것만 공급하면 된다. 부작용을 줄이는 데도 도움이 된다.

한편 8장에 소개할 왓슨과 크릭이 DNA의 구조를 연구하고 있을 때 옆방에서 단백질의 구조와 기능에 대한 연구를 수행하고 있던 퍼루츠(Max Ferdinand Perutz, 1914~2002)와 켄드루(John Cowdery Kendrew, 1917~1997)는 1959년 혈액 속에서 산소운반 기능을 담당하는 헤모글로빈의 구조를 분자 수준에서 규명했다. 이 업적은 왓슨과 크릭이 노벨 생리의학상을 수상한 1962년에 노벨 화학상을 가져다주었을 뿐 아니라 인공혈액을 개발할 수 있는 원동력이 되었다.

신의 능력에 도전하다—인공혈액

인공혈액이란 무엇인가?

피가 필요한 사람에게 피를 보충해주는 일은 극히 당연하다. 혈액의 양은 늘 한계가 있다. 가끔씩 보도되는 수혈에 의한 사고도 헌혈과 수혈을 꺼리게 하는 요인이다. 성공적으로 수혈하려면 주는 이와 받는 이의 혈액형과 혈액보존을 위한 온도와 기간이 잘 맞아야 한다. 또 수혈할 피 속에 병원체가 없어야 한다.

인공혈액이란 인위적으로 만들어낸 피를 말한다. 혈액의 모든 기능을 대신할 수 있는 인공혈액은 현재 존재하지도 않고, 연구가 진행 중인 것도 아니다. 혈액이 담당하고 있는 수많은 기능을 유지하기 위해서는 실제 혈액에 들어있는 성분을 모두 넣어주어야 할 텐데 현실적으로 불가능하다.

병원에서 흔히 볼 수 있는 수액주머니도 혈액의 기능을 일부 대신한다. 포도당액, 링거Ringer액, 덱스트란dextran액 등이 인공혈장의 구실을 한다. 이 같은 수액의 기능을 통해 혈액의 용량을 유지하는 것이다. 콜레라와 같이 설사가 심한 병에 걸렸을 때 체외로 빠져나간 양만큼 얼른 보충해주지 않으면 혈액이 끈적끈적해져서 순환에 방해를 받고, 탈수로 사망하기도 한다. 헌혈을 하면 음료수 한 개를 주는 것도 수액 보충을 위해 필요하므로 사양하지 말고 마시는 편이 좋다.

더 세밀한 범위의 인공혈액이란 적혈구의 산소운반 기능을 대신할 수 있는 물질을 가리킨다. 이미 시판 단계에 이른 인공혈액도 있으나, 사람의 혈액을 완전히 대신할 정도는 아니다. 지금도 산소를 잘 운반할 수 있는 인공혈액을 비롯해 피가 담당하는 갖가지 역할을 대신할 수 있는 인공혈액 연구가 진행 중이다.

수액과 같이 일부가 아니라 혈액 기능을 완전히 대신할 수 있는 인공혈액을 개발하겠다는 목표로 연구를 시작한 지는 약 40년이 지났다. 초기에는 눈에 띄는 투자도, 성과도 없었지만 1990년대에 들어서자 미국과 일본 정부가 인공혈액 개발에 관심을 두고 많은 투자를 시작했다. 그 결과 임상시험을 거쳐 상용화를 준비하는 상품들이 늘었지만 아직까지도 구체적인 상품은 시장에 등장하지 않았다. 인공혈액 개발이 아주 어려운 과제임을 알 수 있다.

적혈구 대신 산소를 운반하는 인공혈액은 가장 연구가 활발한 분야다. 연구의 초점은 적혈구 없이 산소를 운반하는 것으로 산소결합능력을 지닌 헤모글로빈 분자를 변형시키는 것이다. 과거에는 코발트cobalt나 히시티딘histidine 같은 착염을 이용해 산소와 결합하는 방법을 시도했으나 좋은 결과를 얻지 못했고, 그 후 불소를 이용하는 방법이 시도된다. 여기에 해당하는 제품으로는 일본 녹십자에서 개발한 플루오졸fluosol이 임상시험 단계에 있다. 러시아에서 개발한 퍼프토란perftoran도 과불화합물을 이용한 인공혈액이다. 과불화합물은 실제 혈액과는 확연히 다른 형태지만, 적혈구 기능을 대신할 수 있다는 점에서 지금도 여러 나라에서 연구되고 있다.

이 같은 인공적혈구는 사고 현장에서 병원까지 환자를 후송하는 동안 발생할 수 있는 위험을 방지할 수 있다. 하지만 실제 적혈구의 수명이 120일인 것과 달리 인공적혈구는 반감기가 보통 하루 이내라는 점에 제한이 있다. 물론 앞으로 더 좋은 인공적혈구가 개발될 테지만 현재는 비상용으로만 사용할 수 있는 수준이다.

이론적으로 가능한 인공적혈구로는 다음과 같은 형태가 있었다. 첫째, 폐기처분될 예정인, 사람이나 동물의 혈액에서 적혈구를 분리하는 것이다. 이는 이미 100년 전부터 진행되었다. 그러나 이 경우 오염문제를 차치하고라도 생체 내에서 헤모글로빈의 기능이 더 나빠지는 바람에 뚜렷한 결과를 얻을 수 없었다.

둘째, 헤모글로빈을 캡슐처럼 만들거나 화학적으로 변형시킨 물질로 현재 시험 중에 있다. 셋째, 헤모글로빈에서 산소가 결합하는 부위인 헴의 구조를 모방한 합성 킬레이트chelate도 연구 중이다. 유전공학적으로 헤모글로빈의 3차원 구조를 변형시켜 각종 문제점을 제거하는 방법도 연구되고 있다. 넷째, 과불화탄소를 이용하는 방법이다. 헤모글로빈의 기능을 대치하는 것이 아니라 혈액에 산소가 많이 녹을 수 있도록 하는 방법이다. 인공 헤모글로빈이 기능은 좋으나 불안정한 것과 달리, 과불화탄소는 혈액의 산소운반을 돕는 수동적인 방법이지만 안정하며, 다루기 쉽고 가격이 싸다.

개발된 인공혈액과 한계

인공혈액 연구가 활발해진 1990년대 미국에서는 1997년 1월 식품의약품안전청FDA에서 옥시헤모글로빈oxyhemoglobin이라는 개의 빈혈증 치료제를 처음 허가했다. 2002년에는 민간인 외상환자용의 폴리헴polyheme도 FDA의 승인을 받았으며, 이외에도 적혈구를 대신할 수 있는 인공 헤모글로빈 제품을 선보이고 있다. 옥시젠트oxygent, 옥시사이트oxycyte 등의 과불화탄소 제품은 물론 오르트로ortro라는 재조합 헤모글로빈, 헤모퓨어hemopure, 헤모어시스트hemoassist와 같은 변성 헤모글로빈에 이르기까지 여러 형태의 인공혈액이 임상시험에 들어갔거나 앞두고 있다.

우리나라에서는 유일하게 선바이오사에서 헤모글로빈에 리포좀liposome 또는 폴리에틸렌글리콜polyethyleneglycol을 결합시킨 인공적혈구를 개발했다는 보도가 1998년부터 2002년까지 꾸준히 있었으나 아직 상용화 단계에는 이르지 못했다.

이외에도 수많은 종류의 인공혈액이 개발되었거나 진행 중이며, 관련 논문과 특허도 계속 발표되고 있다. 미국 톰슨사의 과학인용지수SCI 데이터베이스에 따르면 인공혈액 관련 논문은 1994년 이후 매년 약 100편이 발표되었다. 논문 발표 기관 순위에는 미국의 두 제약회사 (Alliance Pharmaceutical Corp., Res Lab CTR Biomolec Sci & Engn)가 1, 2위를 차지하고 있다.

그러나 수혈방법이 진보될수록 완벽한 수혈이 얼마나 어려운지를 보여주는 연구결과들도 계속 발표되었다. 우리나라에는 한 명의 환자도 발생한 적이 없지만, 뇌를 침범하여 감염자를 폐인으로 만들 수 있는 웨스트나일바이러스가 혈액에 생존할 수 있다는 사실이 1990년대에 알려지면서 새로운 병원성 미생물에 대한 위험이 커졌다. 혈액 검사항목이 하나 더 늘어나는 것이다. 새로운 병원체를 검출할 수 있는 방법이 개발되기까지는 언제 감염될지 모르는 위험 속에서 수혈을 받아야 할지도 모른다. 그러므로 얼마나 좋은 검사법이 개발되느냐에 따라 수혈의 안정성이 보장된다.

최근에는 자신의 피를 미리 준비했다가 필요할 때 사용하는 자가수혈법과 환자가 필요로 하는 혈액성분만을 공급해주는 성분수혈, 조혈인자에 따른 적혈구 증식유도 방법 등이 새롭게 대두되고 있다. 그러나 이와 같은 방법도 완벽하다고 할 수는 없다.

혈액은 보존기간이 길어지면 산소운반능력이 급속히 떨어지므로 이를 감안하면 인체에서 채혈을 한 후 최대 6주 정도까지 혈액을 사용할 수 있다. 그러므로 휴가철과 같이 헌혈자 수가 감소하면 혈액보존량이 감소할 수밖에 없다. 응급상황에서 헌혈 희망자를 구한다 해도 그 검사를 위한 시간이 필요하므로 헌혈한 혈액을 곧장 사용하기가 힘들다. 응급상황에서 혈액의 가장 중요한 기능인 산소운반기능을 담당할 수 있는 인공혈액을 개발한다면 갈수록 증가되는 혈액보존량을 보충할 수 있을 것이다.

혈액형도 바뀔 수 있다?

몸에 이상이 생겨 병원을 방문했을 때 참고 삼아 환자에게 혈액형을 물어보기는 하지만 수혈 또는 헌혈 시에는 반드시 혈액형을 다시 한 번 검사한다. 이때 가끔씩 본인이 기억하고 있는 혈액형과 달라 '혈액형이 바뀌었나?' 라는 의문을 가지기도 한다.

현재까지는 한 번 정해진 혈액형은 죽는 날까지 바뀌지 않는다는 의견이 절대적이었다. 그러나 이 말이 틀릴 수도 있다는 논문이 저명 학술지 《네이처 바이오테크놀로지》 2007년 4월호에 게재되었다. 골드스타인 등은 이미 1982년 혈액에서 ABO형을 결정하는 항원을 제거하면 무슨 혈액형이건 상관없이 수혈에 이용할 수 있을 것이라는 주장을 《사이언스》에 발표한 바 있다. 그러나 이론적으로는 그럴 듯한 이 방법이 실제로는 거의 불가능했다. 그런데 이를 가능하게 할 수 있는 방법이 개발된 것이다.

마르세유대학의 술젠바흐와 코펜하겐대학의 클라우젠이 이끄는 다국적 연구팀은 미국의 생명과학기업체인 자임퀘스트Zyme Quest와 협력하여 세균과 진균에서 발견되는 효소를 검색한 결과 A형과 B형의 혈액에서 항원을 제거하여 O형으로 바꿀 수 있는 효소를 찾아냈다는 연구결과를 발표했다. 수천 종의 세균과 진균에서 효과적인 물질을 얻기 위해 노력한 결과 'Elizathethkingia meningo-septicum' 이라는 세균에서 A항원을 제거하는 효소를, 'Bacteroides fragilis' 라는 세균에서 B항원을 제거하는 효소를 발견한 것이다. 그러니 적어도 사람의 혈액형을 O형으로 바꿀 방법은 찾아낸 셈이다.

07

생명 탄생의 비밀, 성

지구상에 존재하는 많은 생물체는 암수가 한 쌍이다. 물론 인간도 남자와 여자로 나뉜다. 이 둘이 만나야 새 생명이 태어난다. 그런데 남녀는 어떻게 탄생했고 남자와 여자의 신체는 어떻게 다를까? 인체 가운데서도 가장 은밀한 영역인, 인간의 성性에 대한 모든 것을 알아본다.

왜 인간은 남녀로 나뉘는가?

성의 탄생

한영사전에서 '성性'을 찾으면 두 개의 단어가 나온다. 남녀, 암수처럼 특정 개체의 성적 차이를 구별하는 성gender과, 이 두 종이 자손을 퍼뜨리기 위해 생식하는 성sex이다. 엄밀히 말하면 '성'과 '성행위'로 구분해서 사용해야 옳지만, 일상적으로는 모두 '성'이라고 표현한다.

특정 나라의 말을 번역할 때 부딪히는 가장 큰 문제는 단어에 들어있는 미묘한 감정이나 문화가 나라마다 다르다는 사실이다. 예를 들어 영화 제목으로 쓰인 '미저리misery'라는 단어는 그 심오한 의미를 한국어로 옮기기가 불가능하므로 번역하지 않고 그대로 사용했다고 한다. 마찬가지로 우리말로 성이 무엇이냐는 질문을 받을 때, 그 의미를 문맥상에서 분명히 살펴봐야 할 필요가 있다. 사전적 의미의 성에는 여러 뜻이 있다.

1. 천성·본성 등 사람이나 사물이 태어나면서 가지는 성질. 영어로 'nature', 'character'에 해당한다.
2. 남성과 여성, 수컷과 암컷의 구별. 영어로 'gender', 때론 'sex'도 같은 의미다.
3. 남녀의 육체적인 관계. 영어로는 'sex'에 속한다.
4. 남녀의 육체적 특징을 강조할 때 쓰는 말로, 영어로는 'sex'에 들어간다.

그뿐 아니라 종교·언어학적 의미의 다른 뜻이 있을 수도 있으므로, 좀 더 세밀하게 접근해야 한다. 성性은 마음 심心과 날 생生이 합쳐진 한자다. 마음과 몸을 함께 의미한다. 섹스라는 단어는 14세기에 《성서》가 번역되면서 처음 등장했다. 《구약성서》에서 노아는 홍수를 피하기 위해 가족과 동물 한 쌍을 배에 실었는데, 이때 암수를 번역하면서 'male sex', 'female sex'라는 용어를 사용했다. 섹스란 라틴어로 '나누다', '떼어놓다'라는 뜻의 'sexus'에서 유래했다. 그전 서양인들은 어떤 단어로 성을 구분했을까? 중세 이전까지 서양인은 남녀를 특별히 구분할 필요가 없었다. 평등했다는 뜻이 아니라, 남성이 사회적으로 우세해 남녀를 나눌 이유가 없었다는 말이다.

19세기 중반, 다윈이 《종의 기원》을 발표하기 전까지 서양인들은 인간이 지구상에 어떻게 탄생했는지를 깊이 생각해보지 않았다. 《성경》에 인간은 절대자 하나님의 계획 아래 탄생했다고 나오기 때문이다. 또한 《성경》에서는 외로운 아담을 위해 하나님이 아담의 갈비뼈를 뽑아 하와를 창조했다고 나오니, 남자가 먼저 탄생한 것이 분명하다. 그렇다면 진화론상으로는 어떨까?

동시에 생겨났다고 가정해보면 이런 질문이 뒤를 잇는다. "인간이 영장류에서 진화되었다면 어느 시기부터 암수 구별이 가능해졌을까?" 진화론에 따른다면 영장류는 그보다 더 하등 동물에서 진화했을 것이다. 그런데 원시세포에는 암수 구별이 없으니, 여기서부터 오늘날의 인간까지 진화 단계를 표시해, 어느 발달 단계의 생명체에서 암수가 구별되었는지를 가려내야 할 것이다. 물론 단세포로 출발한 생명체가 진화론적으로 어느 시기, 어느 개체로부터 두 성으로 나뉘었는지를 추적하는 일은 쉽지 않다. 남녀와 암수가 구별된 시기를 추정하는 데는 대략

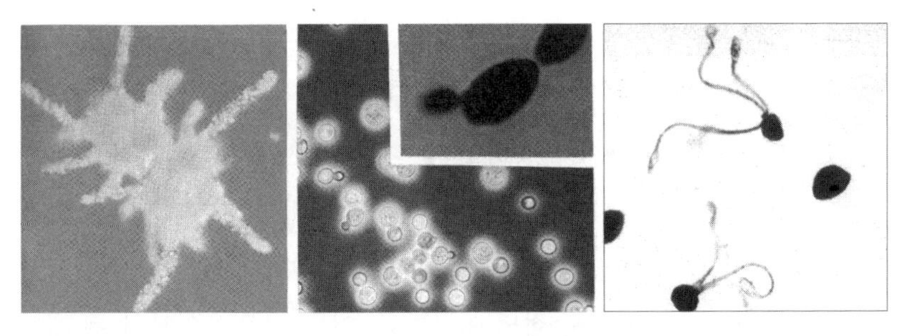

무성생식하는 생물체의 현미경 사진. 왼쪽부터 아메바 프로테우스의 분열 모습, 효모균의 출아 장면, 쇠뜨기 포자의 발아 모습.

세 가지 명제가 제기된다.

1. 암수 구별이 없던 시기에 진화상의 '특정한 개체'에서 '특정 시기'에 유성생식을 위한 두 개체가 동시에 출현하여, 그 세대가 다 가기 전에 둘이 힘을 합쳐 생식에 성공했다.
2. 무성생식을 하면서 암수로 대별되는 개체의 생식기가 계속 별도로 발전하다가 어느 날 갑자기 힘을 합쳐 유성생식에 성공했다.
3. 무성생식을 하던 개체에 원시적 수준의 생식기가 생겨 암수 기능을 모두 하다가, 어느 순간 암수의 기능을 별도로 가진 개체가 출현했고, 여기서 암수가 더 분명한 개체로 발전했다.

앞에서 예시한 명제 가운데 1번은 틀렸다. 기나긴 생명체 진화의 역사에서 단 한 순간 갑자기 성이 두 개로 나뉘어, 한 세대가 가기도 전에 둘이 접합해 자손을 퍼뜨릴 수 있는 능력을 가진다는 말은 진화의 속도를 완전히 무시하는 설명이다.

물론 현대 진화생물학자인 도킨스Richard Dawkins 등은 진화가 긴 기간에 걸쳐 서서히 진행되는 게 아니라 급격한 돌연변이에 따른 것이라고 말했다. 하지만 만약 1번이 옳다면 우리가 살아있는 동안, 사람보다 훨씬 수명이 짧고 암수가 분명하지 않은 개체에서 어느 날 갑자기 구별이 생기는 일을 목격할 수 있어야 한다. 하지만 아직까지 그러한 보고는 없다. 두 번째 명제도 진리로 받아들이기는 어렵다. 사용하지 않는 생식기가 자손대대 유지된다는 점도 이상하고, 어느 날 맞추어보니 두 개가 짝이 맞는다는 점도 진화론적으로 받아들이기 어렵다. 굳이 옳은 명제를 찾는다면 세 번째이지만, 이것도 증거가 없는 점이 문제다. 이렇듯 현대 진화생물학에서 가장 풀기 힘든 수수께끼로 남아있는 문제가 성이 어떻게 진화했는가다.

동물은 말할 것도 없고 식물에도 성이 있다. 모양이 똑같은 식물도 암수의 역할이 구분되어있는 유성생식을 한다. 양배우자가 합쳐진 양성생식을 하는 경우도 종종 있지만 말이다. 성의 진화과정을 설명하기 위해서는, 성이 언제부터 구별되었으며 어떻게 유지되었는가에 답해야 한다. 하지만 성의 기원을 실험으로 증명할 길이 없으니, 정답이 있을 리가 없다. 그래서 최근 연구는 성이 어떻게 유지되는가에 초점이 맞추어져있다.

진화는 성 구별을 선택했다

생명체가 아무 때나 자손을 낳지 못하고, 특정 기간에만 가능하다면 번식 횟수로 본다면 잘된 진화가 아니다. 동물에서 발정기와 월경주기를 포함하는 성주기sexual cycle의 존재는 자손 수를 제한한다. 종족번식률을 높이는 것이 생존에 유리한데도, 성주기가 존재하는 이유는 뭘까? 인간과 동물이 이러한 진화를 해온 이유는 자손의 질을 높이기 위해서라는 것이 진화론적 설명이다.

자손이 부모보다 생존에 더 적합한 능력을 가지는 것이 바로 진화의 핵심이다. 암수가 구별된 이유도 부모 양쪽에서 유전형질을 물려받아야 생존에 더 유리한 유전형질을 가질 수 있기 때문이다. 실제로 암수가 구별되는 '성'의 존재는, 유전적으로 전보다 더 우수한 개체를 창조할 수 있는 변이의 가능성을 열어놓는다는 점에서 매우 바람직하다. 또 성이 존재하면 DNA 이상이 생겼을 때 바로잡을 수 있는 가능성이 단성보다 높아지고, 잡종강세hybrid vigor를 형성할 수 있다.

잡종강세는 잡종 1세대가 양친보다 건강해 수확량이나 크기 등에서 뛰어난 경우를 가리킨다. 노새는 몽골말 암컷과 당나귀 수컷의 교잡으로 탄생해, 발디딤이 든든하고 힘이 세지만 생식능력이 없다. 누에도 서로 다른 품종 사이에서 태어난 잡종이 더 강하고 발육이 좋으며, 고치 품질이 높아 실의 양도 많다. 양잠가들은 더 많은 수확을 위해 이러한 잡종강세를 적극적으로 이용한다.

옥수수 · 가지 · 담배 같은 식물에서도 잡종강세를 쉽게 찾아볼 수 있다. 잡종강세의 원인은 잡종이 되면서 원래 지녔던 세포성질에 자극효과가 일어나기 때문이라는 설과, 원래 없었던 단백질을 합성할 수 있는 새로운 유전자가 변이 또는 보충 전달되기 때문이라는 설이 있다. 이와 달리 잡종이 양친보다 형질이 뒤떨어지는 것을 '잡종약세'라고 한다.

유전적 변이가 개체에 장점이 되는 현상은 세 이론으로 설명한다. 첫째, 생식은 동일개체에 도움되는 변이를 일으킨다. 성이 다른 두 개체가 만나 유전자가 합쳐진 뒤에야 자손이 태어나는 것은, 우수한 성질이 각각 전해진다는 점에서 유전적으로 바람직하다.

다음으로 성이 존재하면, 변이에 따라 종 내에서 생활하기가 어려운 개체가 태어나더라도 종족에서 제거할 수 있다. 만약 무성생식을 한다면, 유전자 변이에 따라 어느 날 갑자기 탄생한, 생존에 부적당한 개체도 계속 자손을 만들어낼 수 있다. 하지만 유성생식을 하는 경우 반드시 짝을 찾아야 한다. 생활하기에 지극히 부적당한 개체는 짝을 찾지 못할 가능성이 크기 때문에 모집단에서 제거될 수 있다. 곧 종의 입장에서 볼 때 성은 유해한 유전자를 지닌 개체를 없애는 역할을 한다.

마지막으로 성은 이미 존재하는 유전자보다 종족번식과 사회생활에 더 유리한 유전자 조합을 만든다. 또는 친족 간 경쟁을 감소시키는 방향으로 유도한다. 유전자 변이에 따라 형질이 달라지는 자손이 태어날 수 있다는 사실은 분명하고, 이 과정이 진화의 한 요인이라는 점에는 별다른 의견이 없을 것이다. 그러나 성이 존재함으로써 얻을 수 있는 이점이, 성 구별이 가능한 모든 종에 일반적으로 적용할 수 있을지는 의문이다. 각각의 종에서 일어나는 변이가 서로 다른 기전에 따른 것일 수도 있기 때문이다.

세포가 분열할 때는 그 속에 들어있는 DNA가 두 배로 복제된 다음, 정확히 반으로 나뉘어 분열되는 세포 각각에 포함된다. 그런데 DNA 복제과정에서 새로운 DNA 가닥이 합성될 때 이를 담당하는 효소의 부정확성이 발견되곤 한다. 이는 DNA 변이가 수시로 발생할 수 있음을 보여준다. DNA 수복 기능을 바탕으로 이러한 변이를 바로잡으려는 연구가 활발히 진행 중이다. 변이는 생존에 해가 되는 개체를 만들 확률이 훨씬 높기 때문이다. 유전자 변이로 정신지체가 일어나는 경우는 많지만, 유전자 변이로 머리가 남들보다 월등히 좋아진 예는 없지 않은가.

생존에 불필요한 변이를 지닌 개체는 진화 과정에서 도태되고, 생존에 도움이 되는 변이를 지닌 개체는 살아남는 것이 진화의 법칙이다. 이러한 생명체의 진화 과정은 돌연변이가 한 축을 담당한다. 결국 남녀가 존재하는 유성생식이야말로, 생존에 유리한 개체를 선택하는 필수적인 과정인 셈이다.

성을 선택하는 사람들

남녀의 신체구조는 다르다. 신체구조를 토대로 남녀를 구별해보면 행동이나 사고에서 다른 특징이 나타난다. 그런데 요즘에는 선천적으로 주어진 성을 거부하고, 스스로 여성 또는 남성을 선택하는 트랜스젠더 transgender를 종종 볼 수 있다.

이렇듯 성과 성의 경계를 오갔던 인물은 우리 역사에서도 찾을 수 있다. 조선 세조 때 '사방지'는 남녀의 외부생식기를 지니고 있었다. 어머니가 사방지를 여성으로 길렀으므로, 사람들은 그가 여자라고 생각했다. 사방지는 신체적 특성을 이용하여 여성에게 쉽게 접근할 수 있었고, 여종뿐 아니라 양반댁 여인들과도 애정행각을 벌였다. 남녀가 유별한 조선시대에 남녀 역할을 겸할 수 있는 사람이 발견되었으니 세상이 시끄러워졌다. 수많은 여성과 관계 맺은 사방지의 이야기는 가부장적 유교질서가 억누르던 여성의 자유로운 성적 욕망을 보여주는 사건이었다. 사방지는 외진 곳에 추방되었고 충청도 지방의 공노비가 되었다.

한 세기가 지난 1548년, 함경도 감사가 조정에 올린 보고서에는 남녀의 특성을 모두 갖춰 시집도 가고 장가도 갔다는 '임성구지'라는 사람의 이름도 등장한다. 이 보고를 받은 명종은 어떻게 처리해야 할지 고심하다 사방지의 예를 참고로 사람이 오가지 않는 외진 곳에 살게 했다. 이는 시대나 성 정체성이란 중요한 화두다. 사방지나 임성구지

네덜란드의 화가 타테마의 〈엘라가발루스의 장미〉. 엘라가발루스는 인류 최초의 트랜스젠더라고 알려졌다. 그림은 연회에 수천 톤의 장미꽃잎을 흩뿌려, 꽃잎의 향기에 시중들이 취한 장면이다.

가 이 시대에 태어났다면, 굳이 사람들의 눈을 피해 쓸쓸히 죽어가지는 않았을지도 모른다.

성전환수술은 선천적인 성을 바꾸기 위해 받는 수술을 가리킨다. 남성을 여성으로 전환하는 편이 여성을 남성으로 전환하는 것보다 기술적으로 쉬워서 더 자주 행해진다. 남성의 상징을 '잘라내는 것'이 성기를 '만들어 내는' 것보다는 쉽다. 최초로 성전환수술을 감행한 인물로는 로마 황제 엘라가발루스Elagabalus을 들 수 있다. 금발의 노예청년과 사랑에 빠진 엘라가발루스는 그와의 결혼을 위해 여성으로 성전환을 단행했다고 한다.

성전환수술을 원하는 사람들은 자신이 정신적으로는 반대 성이라고 생각한다. 그러나 생식기가 달라진다 해도 신체가 완전히 남성 또는 여성으로 바뀐 것은 아니기 때문에, 신체와 정신이 일치하지 않은 혼돈 상태인 경우가 흔하다. 이렇듯 자신의 성을 반대로 인식하는 사람이 바로 트랜스젠더다. 신체구조는 분명 남성인데 여성의 삶을 추구한다거나, 신체구조가 여성인데도 남성의 삶을 추구하는 경우다. 성전환수술을 원하는 트랜스젠더도 많지만, 수술을 받지 않은 트랜스젠더도 있다.

이와 비슷하지만 의학적 질병으로 분류되는 것으로, 성전환증 transsexualism이 있다. 성전환증에는 두 가지 의미가 있는데, '생물체가 수컷과 암컷이라는 유전적 성性과 반대로 전환하는 것' 과 '자기가 반대 성을 가진 사람이라는 고정적 확신에서 생기는, 해부학적 성 변환에 대한 열망' 이다. 사람에게는 두 번째 의미를 적용해야 한다. 성적 주체성을 제대로 인식하지 못해, 사춘기 이후에도 2차 성징에 관계없이 선천적 성을 거부하고 반대 성징을 획득하려는 집착에 사로잡힌 상태가 성전환증이다. 성전환증 환자는 어릴 때부터 반대 성의 행동을 보이다가, 사춘기 때 2차 성징이 나타나면서 신체구조가 남성 또는 여성으로 확인되어도 반대 성으로 살아가기를 원한다. 서양의 경우 성전환증의 유병률은 보통 남자는 약 3만 명 당 1명, 여자는 약 10만 명 당 1명이다.

아무리 21세기에 접어들었다지만 유교문화에서 완전히 벗어났다고 하기 어려운 현실상 국내 성전환증 환자들은 의학적 도움을 기대하기 힘든 상황이다. 최근에는 몇몇 유명 트랜스젠더가 등장해 가치관의 변화를 이끌어내고 있다.

남녀의 몸은 어떤 특징을 지니는가

남자와 여자는 같은 사람이지만 곰곰이 생각해보면 차이가 많다. 아래 질문에 쉽게 답할 수 있으면 남녀의 신체구조를 꽤 잘 안다고 할 수 있다.

1. 비행기 사고로 탑승객 대부분이 사망했다. 이때 비행기가 추락한 지점에서 발견된 생존자는 남자가 많을까? 여자가 많을까?
2. 조선시대의 내시는 수염이 없었다. 그들은 분명 남자인데 왜 수염이 없었을까?
3. 머리에 머리카락이 나있는 모양을 보고 남성인지 여성인지 구별할 수 있을까?
4. 여자 100미터 달리기 세계기록 보유자이자 1988년 서울올림픽 3관왕인 그리피스 조이너. 육상 실력만큼이나 화려한 패션으로 유명했던 그녀는 왜 일찍 세상을 떠났을까?

겉으로 드러나는 해부학적 신체모양을 기준으로 남성과 여성을 구별하는 일은 쉽다. 하지만 사람의 성을 결정하기 위해서는 본인 생각, 사회적인 역할 등도 감안해야 하므로, 성을 구별하기 위해 해부학적 측면만 이용하는 방법은 옳지 않다. 그렇다 해도 해부학적 구조가 성 구별에 가장 널리 이용되는 지표인 것만큼은 사실이다. 남녀의 해부학적 특성을 보여주는 1차 특징은 태어나자마자 쉽게 구별할 수 있는 신체구조상의 차이이고, 2차 특징은 사춘기 동안 2차 성징이 나타난 후의 변화다.

그렇다면 다시 앞의 물음으로 돌아가보자. 1985년 8월 12일, 도쿄를 출발해 오사카로 가던 일본항공 여객기의 꼬리 부분에 이상이 생겨 추락하는 사고가 발생했다. 승객과 승무원 524명 중 4명만 살아남고, 520

남성과 여성의 특징

	기준	남	여
1차 특징	성염색체	XY	XX
	생식체	정자	난자
	성 기관	정소	난소
	중심되는 성 호르몬	안드로겐, 테스토스테론	에스트로겐, 프로게스트론
	내부 생식기 구조물	해면체, 요도, 전립선, 정낭	질, 자궁, 난관
	외부 생식기 구조물	음경, 음낭, 포피가 회음에 붙음	음핵, 음순, 음문
2차 특징	골격구조	상대적으로 키가 크고, 어깨와 가슴이 넓다	상대적으로 키가 작고, 엉덩이가 넓다
	얼굴	코가 크고, 턱이 사각형 모양, 수염	코가 작고, 턱이 둥글고, 수염이 없다
	체지방, 근육	상대적으로 근육이 많다	상대적으로 체지방이 많다
	지방 분포	배에 많다	엉덩이, 허벅지에 많다
	신체 모양	역삼각형 모양	8자 모양
	기타	목젖, 가슴털	가슴이 두드러짐

명이 사망하면서 항공기 사고에 의한 최대 사망자를 기록했다. 사고 초기에는 생존자가 더 있었지만 최종적으로 살아남은 사람은 네 명뿐이었다. 생존자는 모두 여성으로 나이는 34세, 25세, 12세, 8세였다.

여기서 보듯 비행기 추락 사고를 비롯해 심한 충격을 동반한 사고에서 극소수가 살아남는 경우, 남성보다 여성이 더 많이 생존한다. 모집단과 표본집단을 어떻게 선택하는가에 따라 통계학적으로 수치화하기는 곤란하지만, 여성 생존자가 더 많다는 경험적 근거는 충분하다. 그 이유는 정확하지 않지만, 여자가 남자보다 체지방이 풍부해 '충격 완화 효과'가 크기 때문이라는 주장이 있다. 똑같이 넘어져도 노인보다 어린이가 덜 다치는데, 그 이유는 어린이의 뼈에 들어있는 칼슘의 양이 많아 뼈의 밀도가 높고, 체지방이 풍부하기 때문이다.

사극에서 흔히 볼 수 있는 내시는 선천적 거세자가 대부분이었지만, 스스로 거세한 후 내시가 된 사람도 있었다. 거세란 동물의 생식샘을 제거하여 생식기능을 없애는 일이다. 남성은 고환을, 여성은 난소를 제거한다. 성 호르몬이 분비되지 않아 생식을 할 수 없게 되며 2차 성징도 나타나지 않는다. 2차 성정이 시작되는 사춘기가 되면 수염이 나는데, 내시들은 호르몬 분비가 되지 않아, 수염이 나지 않는다. 오늘날에는 수염 같은 2차 성징이 제대로 나타나지 않는 남성을 치료하는 호르몬 요법이 개발되었다.

쉽지는 않지만 머리카락이 나있는 모양으로도 남녀를 구분할 수 있다. 남성은 귀 위와 이마가 연결되는 부위의 머리카락이 각이 진 모양을 하고 있지만 여성은 둥근 모양이다.

2009년도 세계육상 선수권대회에서 여자 100미터 달리기 우승기록은 10.73초다. 19년 전 그리피스 조이너가 세운 세계기록 10.49초보다 한참 뒤진 기록이다. 1988년 서울올림픽 당시 그녀의 우승을 두고 실력이 아니라 약물의 힘이라는 소문이 파다했다. 그 당시 남자 100미터 달리기에서 세계신기록을 세운 캐나다의 벤 존슨은 약물 투여 사실이 밝혀져 올림픽이 끝나기도 전에 도망치듯 우리나라를 빠져나갔다. 다만 그리피스 조이너는 '운 좋게' 걸리지 않았다는 것이다.

진실은 알 수 없지만 그녀의 근육은 이전과 확연히 달라졌다. 보통 사람이 운동만으로 그 정도로 근육을 강화하기는 힘들다기에 약물복용을 꾸준히 의심받고 있었다. 남자선수와 비교할 때 거의 비슷한 근육의 모습도 문제였다. 그래서 그리피스 조이너가 남성 호르몬제를 복용했으며, 이 때문에 일찍 세상을 떠났다는 말이 아직도 무성하다.

조직학 소견에 따른 남녀의 차이

이제 조직학과 유전학 소견으로 남녀 차이를 살펴보자. 조직학은 생물체를 이루는 조직의 구조와 기능, 발생과 분화 과정을 연구하는 형태학의 한 분과다. 간단히 이야기하자면 현미경으로 들여다본 해부학이다. 17세기에 레벤후크가 현미경으로 미세한 물질을 관찰했고, 19세기 비샤(Marie F. X. Bichat 1772~1802)피르호 등은 의학에 현미경을 적극적으로 이용했다. 이때부터 겉모양으로 남녀를 구별하는 데 그치지 않고, 좀 더 세밀한 관찰을 통해 접근하게 되었다. 멘델(Gregor Johann Mendel, 1822~1884)의 유전법칙이 1900년 재발견된 후 20세기에 유전학이 급격히 발전하면서 남녀를 유전형질에 따라 구분하게 되었다. 이렇듯 염색체나 유전자를 통해 남녀 차이를 연구하는 일은, 남녀 특성과 차이를 새로운 측면에서 바라보게 했다.

성기능을 하는 호르몬을 분비하는 샘을 성샘이라 한다. 여성의 성샘은 난소, 남성의 성샘은 고환이다. 난소와 고환은 위치와 모양이 다르다. 인체에 난소가 들어있으면 여성이고, 고환이 있으면 남성이다. 그런데 이 모양이 정상적이면 성을 쉽게 구별할 수 있지만, 겉으로 보았을 때 구별하기 힘든 경우도 있다. 그러나 현미경으로 성샘의 조직을 들여다보면 모습이 확연히 다르다.

한 개체에 양성의 생식샘 조직을 모두 갖춘 반음양hermaphroditism도 있다. 반음양은 한 개채 안에 양성의 생식샘 조직이 갖춰진 경우를 말한다. 헤르마프로디테Hermaphrodite는 그리스신화에 나오는 이상적인 남성의 상징인 헤르메스Hermes와, 이상적인 여성의 상징인 아프로디테Aphrodite가 합쳐진 말로, 이상적 인간을 의미한다. 태곳적 사람들은 암수 양 성기를 갖춘 개체를 이상적 인간으로 삼았다.

한 개체 내에 남녀의 외부생식기를 모두 가진 경우를 진성반음양眞性半陰陽, 생식샘과 외부생식기 모양이 일치하지 않는 경우를 가성반음양假性半陰陽이라 한다. 가성반음양이란 외부생식기 모양과 조직소견이 반대다. 남성 가성반음양은 염색체와 성샘은 남성이지만 외부생식기 모양이 여성과 가까운 경우다.

외부생식기의 모양이 남성이라도 염색체와 성샘의 조직학적 소견이 여성이라면, 여성 가성반음양이다. 이 경우 생식기 모양을 여성으로 만들어주는 편이 좋다. 성적 특성을 발현하는 데 가장 큰 역할을 하는 호르몬이 성샘에서 분비되기 때문이다. 또 성역할을 결정하는 데 가장 중요한 단백질을 생산하는 유전자가 염색체에 있으므로, 외부 생식기 모양을 바꾸어주면 성샘의 조직학적 소견에 따른 성으로 살아가는 데 아무 문제가 없다. 결론적으로 외부생식기 모양보다는 염색체와 성샘이 인체의 생리작용을 결정하는 중요한 조건이다.

앞에서 설명했듯 남녀를 결정하는 데는 외·내부 생식기의 모양, 염색체, 성샘의 조직학적 소견, 당사자의 성적 가치관, 가정과 사회의 역할 등 수많은 요소가 작용한다. 그러므로 선천적이 아니라 후천적으로 성을 결정해야 한다면, 이러한 사안을 충분히 고려해야 한다.

염색체와 유전자

멘델이 발견한 유전 현상은 유전 담당 물질이 부모에서 자식에게 전달되어 이루어진다. 유전을 담당하는 물질이 DNA, 한 개체가 지니는 DNA의 총합을 유전체genome라 한다. 같은 사람이라도 당연히 남녀 유전체는 다르다. 친형제끼리도 유전체가 비슷할 수는 있지만 같지는 않다. 일란성 쌍둥이는 유전체가 일치하지만, 성장을 시작하면 DNA 복제 과정에서 변이가 일어나므로, 쌍둥이의 유전체 전체가 일치할 가능성은 거의 없다.

유전체는 '유전자gene'와 '염색체chromosome'의 앞뒤 부분을 결합시켜 만든 합성어다. DNA가 중요한 이유는 사람 몸에서 수많은 기능을 하는 단백질을 생산해낼 수 있는 정보를 가지고 있기 때문이다. 인체에서 기능할 수 있는 단백질의 정확한 숫자는 셀 수 없다. 단백질에 대한 지식이 완전하지 않은 이유도 있지만, 더 큰 이유는 인체 면역기능을 하는 항체가 단백질에 속하기 때문이다. 면역반응을 일으킬 수 있는 물질인 항원이 사람의 몸에 침입했을 때, 그에 대한 면역반응으로 생성되는 물질이 항체이며, 항원의 종류에 따라 생성되는 항체가 달라진다. 항체는 단백질에 속하기 때문에 항원 수를 알지 못하면 항체 수도 알 수 없다. 인체에서 합성가능한 단백질의 수도 마찬가지다.

유전자는 인체에 필요한 단백질 한 개를 만드는 정보를 담은 DNA

조각이다. 유전자가 다르면 합성되는 단백질도 달라진다. 2001년에서 2003년에 걸친 인간 유전체 프로젝트human genome project가 공식적으로 완료된 뒤, 사람 유전체에 들어있는 유전자 수가 약 3만 개라는 사실이 밝혀졌다. 유전자 하나에 단백질 하나를 합성할 수 있는 정보를 담고 있으므로 단백질도 약 3만 개(2004년 국제 인간 유전체 해독을 위한 컨소시엄 발표에 의하면 약 2만 2000개)가 존재하리라 추정되었다. 하지만 이것은 사실이 아니다. 유전자 한 개는 여러 단백질을 합성할 수 있는 정보를 가지기 때문이다. 이는 항체에서 흔히 볼 수 있으며, 수용체 역할을 하는 단백질을 합성하는 유전자에도 이런 예가 있다.

유전체에서 단백질 합성정보를 지닌 유전자의 앞뒤 부분을 잘라내면, 그 유전자에는 일반적으로 단백질 합성에 이용되는 정보가 담긴 부위(exon, 엑손)와 정보가 없는 부위(intron, 인트론)가 함께 들어있다. 아주 작은 유전자는 인트론을 가지지 않는 경우도 있으며, 유전정보를 전달하는 RNA(세포 내 단백질 합성에 관여하는 고분자량의 복합 화합물)가 만들어질 때 인트론이 떨어져 나가고, 엑손 부분만 한 줄로 연결되어 유전체상의 DNA보다 길이가 짧아진다. 어느 인트론이 떨어져 나가는가에 따라, 한 유전자로부터 여러 단백질을 합성하는 것이 가능하므로 사람 유전체에 들어있는 유전자가 약 3만 개라 해도 단백질은 그보다 훨씬 많아질 수 있다.

진핵세포의 핵에는 DNA가 들어있다. 수조 개 또는 수십조 개라고 이야기할 뿐 너무 많아 도저히 정확한 숫자를 알 수 없는 사람 세포의 핵은 모두 같은 유전체를 가지고 있다. 현미경으로 세포를 들여다보면 움직이지 않고 멈춰있는 듯하지만, 세포 내에서는 수시로 DNA가 복제되고 단백질이 합성된다. 때가 되면 세포는 분열하여 두 개로 나뉘고,

분열 시기에는 핵 대신 세포 중앙 부분에 실타래 모양을 한 DNA 덩어리가 나타난다. 19세기 말, 세포 내에 염색이 잘되는 실모양의 물질을 처음 발견한 사람은 플레밍(Walther Flemming, 1843~1905)이다. 사람에게는 이 덩어리가 모두 23쌍 있는데, 이것이 염색체다.

염색체는 크기와 모양에 따라 분류하며, 크기가 큰 것부터 작은 순서로 1번부터 22번까지 번호를 붙여놓았다. 1번부터 22번 염색체는 남녀가 서로 같지만 23번 염색체는 남성은 X와 Y, 여성은 XX가 각 쌍을 이룬다.

지금은 사람이 23쌍의 염색체를 가진다는 점이 상식이지만, 이 사실이 발견된 시기는 왓슨과 크릭이 DNA가 이중나선구조임을 밝힌 뒤 3년이 지난 1956년의 일이다. 염색체를 처음 발견하고 그 수를 알기 위해 노력한 플레밍은 1882년~1898년에 사람이 22~24개의 염색체를 가진다고 보고했다. 최종적으로 사람 염색체가 23쌍이라는 사실을 처음 밝힌 주인공은 티지오(Joe Hin Tjio, 1919~2001)와 레반(Albert Levan, 1905~1998)이다. 그러나 1960년대까지도 염색체 수는 남성 47개, 여성 48개라는 주장이 제기되는 등 염색체 수는 계속 논란거리였다.

염색체 수는 종에 따라 큰 차이가 있다. 침팬지는 48개, 개는 76개로 사람보다 더 많다. 사람 염색체 23쌍에 들어있는 DNA를 1번부터 번호를 붙여가면 약 30억 개까지 매길 수 있다. 이 30억 개의 DNA 전체가 바로 '유전체'다. 사람보다 염색체 수가 많은 동물이 있는 데서 알 수 있듯, 30억 개라는 유전체의 크기는 동물계에서 가장 큰 것이 아니다. 일반적으로 유전체가 클수록 좀 더 진화된 경향을 보이지만 반드시 그렇지도 않다.

사람이 가진 23쌍의 염색체 중 남성과 여성이 공통적으로 갖고 있는

22쌍의 염색체를 보통염색체(상염색체)라 한다. 남성과 여성에서 확실히 차이가 있는 23번째 염색체는 X와 Y염색체를 통해 구별되므로 '성염색체'라 한다.

22쌍의 보통염색체를 현미경으로 들여다보면 X염색체는 대략 5~8번 염색체와 비슷한 길이지만, Y염색체는 22번 염색체와 크기가 비슷하다. X염색체는 Y염색체보다 2배 이상 모양이 길다. 길이가 차이 나는 것처럼 DNA와 유전자 수에도 차이가 커서 X염색체는 약 1억 6300만 개의 뉴클레오티드(nucleotide, 당 · 인산 · 염기가 일대일의 비율로 결합한 화합물로, 핵산의 기본 단위다)로 구성된 DNA에 1098개 유전자를 가지지만 Y염색체는 약 5100만 개의 뉴클레오티드로 구성된 DNA에 단지 78개의 유전자만 가지고 있다. 참고로 X염색체에 들어있는 유전자는 사람이 가진 전체 유전자의 약 4퍼센트에 불과하지만, 지금까지 밝혀진 3199가지

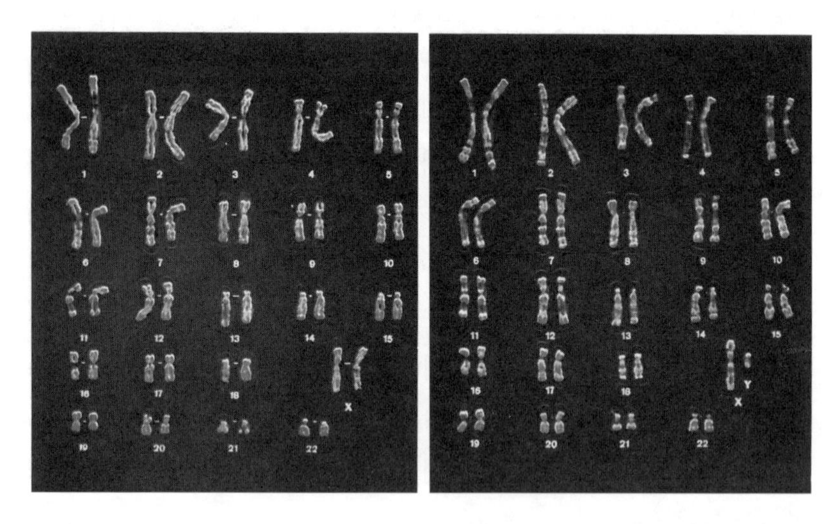

1번부터 23번까지의 염색체의 형태를 보여주는 전자현미경 사진. 왼쪽이 여성의 염색체, 오른쪽은 남성의 염색체다. 23번 염색체에서 여성은 X염색체만 있고, 남성은 XY염색체로 구성된 것을 볼 수 있다.

유전질환의 9.6퍼센트인 307가지를 규명할 수 있을 것으로 기대된다. 유전병의 키key를 X염색체가 쥐고 있는 셈이다.

남성의 Y염색체에 들어있는 유전자에 이상이 생기면, 오로지 남성에게서만 볼 수 있는 유전질환이 나타난다. 남성만 한정하여 유전된다는 뜻에서 이를 한성유전限性遺傳이라 한다. 한성유전의 대표적인 질병에는 손가락이 서로 연결되어 물갈퀴 모양을 한 경우, Y염색체에 존재하는 유전자 이상에 따른 손가락이나 발가락 기형 등이 있다. X염색체에 비해 유전자 수가 십 분의 일도 안 되는 Y염색체가 X염색체의 일부 유전자 발현을 막는다는 연구 결과가 나오는 등 주목할 만한 연구 결과들이 나오고 있다.

여성은 성염색체가 X염색체 두 개이므로 순종, 남성은 성염색체가 서로 다른 X와 Y의 합으로 이루어져있으므로 잡종에 비유할 수 있다. 그래서인지 여성보다 남성에게서 유전과 관련된 질병이 훨씬 흔하다. X염색체와 관련된 질병일 경우, 여성은 한 쌍의 염색체 모두 문제가 있어야 질병이 발생하고, 한 개만 문제가 있는 경우 질병이 발현되지 않는 보균자 상태가 된다. 여성과 달리 남성의 경우에는 X염색체와 Y염색체 어느 곳에 문제가 생기면 질병을 지닌 상태가 된다.

보균자에는 두 가지 의미가 있다. '병원체를 체내에 보유하면서 병적 증세에 대해 외견상 또는 자각적으로 아무런 증세가 나타나지 않은 사람'과 '유전적으로 질병을 발현할 수 있는 형질을 가지지만 질병으로 나타나지 않은 사람'이다. 첫 번째 정의는 주로 감염성 질병에서 이용된다. 예를 들어 독감 바이러스가 몸에 침입했더라도 한 마리가 들어왔다면, 바이러스가 충분히 증식한 뒤라야 증상이 나타난다. 그러므로 다른 사람에게 질병을 전파할 가능성은 있지만 감염자 본인에게는 아무 증상

여자도 혈우병에 걸릴 수 있다

일본에서 제작되어 1977년 우리나라에서 처음 방영된 텔레비전용 만화 〈들장미 소녀 캔디〉는 그 당시에도 높은 시청률을 기록했으며, 현재도 많은 사랑을 받고 있다. 이 만화에 등장하는 데이지라는 여자 어린이는 혈우병 환자다. 중학교 시절 생물 선생님이 '혈우병은 여자에게서는 발생하지 않는다'고 말씀하셨기 때문에, 의아할 수밖에 없었다. 소녀가 혈우병에 걸리다니! 하지만 이제 혈우병은 남녀 모두에게 발생하는 질병이라고 자신 있게 이야기할 수 있다.

혈우병이란 선천적으로 타고난 유전병 중 하나로 혈액응고인자가 결핍되어 발생한다. 상처가 생겨 피가 흐르면, 상처 부위로 흘러나오는 피가 응고되어야 하는 게 정상이다. 이를 위해서는 상처 부위로 피를 내보내는 모세혈관 끝부분의 피가 말라붙어야 한다. 이를 혈액응고라 한다.

혈액이 응고하려면 10가지 이상의 관련 인자가 모두 제 기능을 발휘해야 한다. 혈액 응고 인자 중 혈우병을 흔히 일으키는 인자 세 가지는 8번, 9번, 11번이며, 성분은 모두 단백질이다. 각 인자의 결핍에 의한 혈우병을 각각 혈우병A, 혈우병B, 혈우병C라고 한다.

이 세 가지 혈우병 환자 중 8번 인자가 결핍된 혈우병A가 약 80퍼센트, 9번 인자가 결핍된 혈우병B가 약 15퍼센트, 11번 인자가 결핍된 혈우병C가 약 5퍼센트다. 그런데 8번과 9번 인자는 X염색체에 존재하고, 11번 인자는 보통염색체에 존재하므로 혈우병이 여자에게서 발생하지 않는다는 말은 혈우병A와 B에만 해당될 뿐, 혈우병C와는 관련이 없다.

이 나타나지 않으므로 이를 보균자라 한다. 유전병에서 말하는 보균자란 위의 두 번째 설명을 가리킨다.

남성과 여성의 염색체 이상으로 나타나는 유전질환 가운데 하나가 색맹이다. 색맹은 망막의 시세포에 발생한 이상으로 색을 제대로 구별하지 못하는 것이다. 빨간색과 초록색을 구별하지 못하는 적록색맹이 가장 흔하다. 적록색맹과 관련 있는 유전자는 X염색체에 존재하고 열성으로 유전되므로 열성유전이라 한다. 열성이란 염색체 한 쌍 모두 이상이 생겨야 질병으로 발현된다는 뜻이다. 반대로 우성유전은 염색체 한 개에만 이상이 생겨도 질병이 되므로 남성과 여성의 차이가 생기지 않는다. 실제로 우리나라 여성 적록색맹 환자의 유병률은 남성의 약 십분의 일 정도다.

여성에게서 유병률이 낮다고 X염색체에 이상이 생기지 않았다는 뜻은 아니다. 여성이 지닌 한 쌍의 X염색체 중 한 개에만 이상이 생기면 여성은 보균자 상태로 남아있지만, 이 보균자가 아들을 낳으면 그 아들이 적록색맹 환자가 될 가능성은 50퍼센트가 된다. 적록색맹이 있는 사람은 선천적이므로 문제를 잘 인식하지 못한 채, 경험과 학습으로 빨간색과 초록색을 구별한다. 그래서 일상생활에 별 지장을 느끼지 않는다. 단 운수업 · 화가 · 패션 디자이너같이 빨간색과 초록색을 민감하게 구별해야 하는 직업은 피하는 편이 바람직하다.

성염색체의 이상

남성과 여성의 성염색체가 각각 XY와 XX로 되어있다는 점은 앞서 설명했다. 그렇다면 남녀를 구별하는 일이 아주 쉬워진다. 염색체가 기준이 되면 가능하기 때문이다. 염색체는 DNA가 모인 집합체이고, 남녀의 기능을 하는 단백질을 생산하는 데 필요한 정보가 담긴 유전자는 성염색체에 들어있다. 그래서 염색체를 토대로 남성과 여성을 구별하고 성역할을 하는 데 아무 문제가 없다. 그런데 성염색체에 이상이 있으면 이야기가 달라진다. 성염색체 이상이 생긴 경우를 알아보자.

터너 증후군Turner's syndrome은 1938년 발견된 염색체 이상으로 발견자 터너(Henry H. Turner, 1892~1970)의 이름에서 유래했다. 이 질병은 여성 2500명당 한 명꼴로 발생하는데, 보통염색체는 정상 여성과 같은 22쌍의 염색체를 가지지만 성염색체는 두 개의 X염색체 중 한 개가 결손되어 X염색체 한 개만 지닌다. 그래서 XX가 아니라 XO로 표시한다. Y염색체가 없으므로 남성에게서는 발생하지 않는다. 외부생식기 모양은 여성형이지만 음모가 제대로 자라지 않는다. 키가 작고 자궁과 질도 제대로 발육되지 않으며, 유방의 2차 성징이나 월경도 없다.

클라인펠터 증후군Klinefelter's syndrome은 1943년 발견된 염색체 이상으로, 발견자 클라인펠터(Harry Fitch Klinefelter, 1912~) 의 이름에서 유래했다. 클라인펠터가 발견한 환자의 염색체 이상은 XXY이었지만, 그 후 XXYY, XXXXY 등 여러 특이한 염색체 형태가 발견되었다. 유병률은

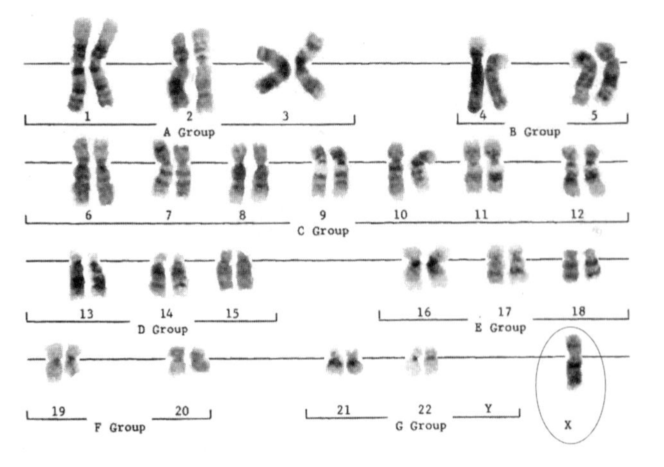

터너 증후군이 있는 어린이의 염색체. XX로 구성되어야 할 23번 염색체에서 X염색체 하나가 없다.

XXY가 남성 500~1000명당 1명, XXYY가 1만 7000명당 1명이다. 겉으로만 보아서는 체격, 성징, 외부생식기 모양이 모두 남성의 형태이므로 모르고 살아가기도 하며, 성인이 된 후에야 이상 증세가 나타나서 우연히 발견되기도 한다. 고환이 작아지고 유방이 여성처럼 커지거나 무정자증, 지능 저하 같은 증상이 나타날 수 있다. 2차 성징을 촉진시키기 위한 남성 호르몬 치료를 하면 증세가 완화된다.

X삼염색체성(X-trisomy, triple X syndrome)은 1959년 제이콥스Patricia A. Jacobs라는 과학자가 처음 발견한 염색체 이상으로, X염색체가 정상보다 더 많은 세 개다. 여성 약 1000명당 한 명에서 발생되는 성염색체 이상증후군으로, 겉으로 보기에는 정상 여성과 차이점을 발견하기가 어렵다. 2차 성징도 제대로 나타나고 일반적으로는 임신도 가능하므로 모르고 지나치는 경우가 대부분이다. 조직학적으로는 세포가 분열할 때 바소체(Barr body, 비활성 X염색체)가 나타나지만 특별한 문제를 일으키지는 않는다. 다만 초경을 빨리 시작하거나, 정신지체가 나타날 확률이 다소 높다.

1961년 샌드버그Avery A. Sandberg가 처음 발견한 염색체 이상인 XYY 삼염색체성(XYY-trisomy, triple XYY syndrome)은 남성의 성염색체 가운데 Y염색체가 정상보다 하나 더 많은 두 개다. 남성 500~1000명당 1명에서 발생하는 성염색체 이상증후군으로 키가 크고 여드름이 심하며 골격이 기형이거나 정신지체가 나타나는 경우도 있다. Y염색체가 하나 더 있는 사람은 남성적 특징이 강하고 보통 사람보다 공격적이어서 범죄행동을 하기 쉽다고 알려지기도 했는데, 오랜 관찰 결과 근거가 부족하다고 판명되었다.

정자와 난자의 만남

남성과 여성으로 존재하는 인간은 둘이 힘을 합쳐야 자손을 번식할 수 있다. 사춘기가 되기 전의 어린이는 형태만 남녀의 모습일 뿐 종족번식을 위한 남성과 여성의 역할을 하지 못하지만, 사춘기가 되어 2차 성징이 나타나기 시작하면 사정이 다르다. 정자와 난자를 생산할 수 있는 능력을 갖는다. 2차 성징이 나타나면 남성은 고환에서, 여성은 난소에서 각각 정자와 난자를 생산하기 시작한다. 그리고 성행위를 통해 정자와 난자는 서로 만나게 된다. 정자는 운동성이 있으나 난자는 없으므로 둘이 만나기 위해서는 난자가 있는 곳까지 정자가 헤엄쳐가야 한다.

난자가 수정되어 임신에 이르려면 충분히 성숙되어야 한다. 여성은 출생과 동시에 미성숙 난자를 가지고 있으며, 미성숙 난세포는 여포濾胞라는 속이 비어있는 구조가 난자를 둘러싼 모양이다. 여포 내에서 난자가 성숙하면 배란일에 한 개씩 방출된다. 1년에 13개 정도 나온다면, 여성 한 명이 가임기 동안 대략 300~400개의 수정 가능한 난자를 내보내는 셈이다. 폐경기가 되면 사용되지 않은 여포는 퇴화한다.

난자와 비교할 때 임신 가능한 정자는 무한히 많다. 과거에는 남성이 사정하면 2억 마리 이상의 정자가 방출된다고 했으나, 요즘은 자연환경이 생존에 부적합하기 때문인지 정자의 수가 점점 줄어들고 있다.

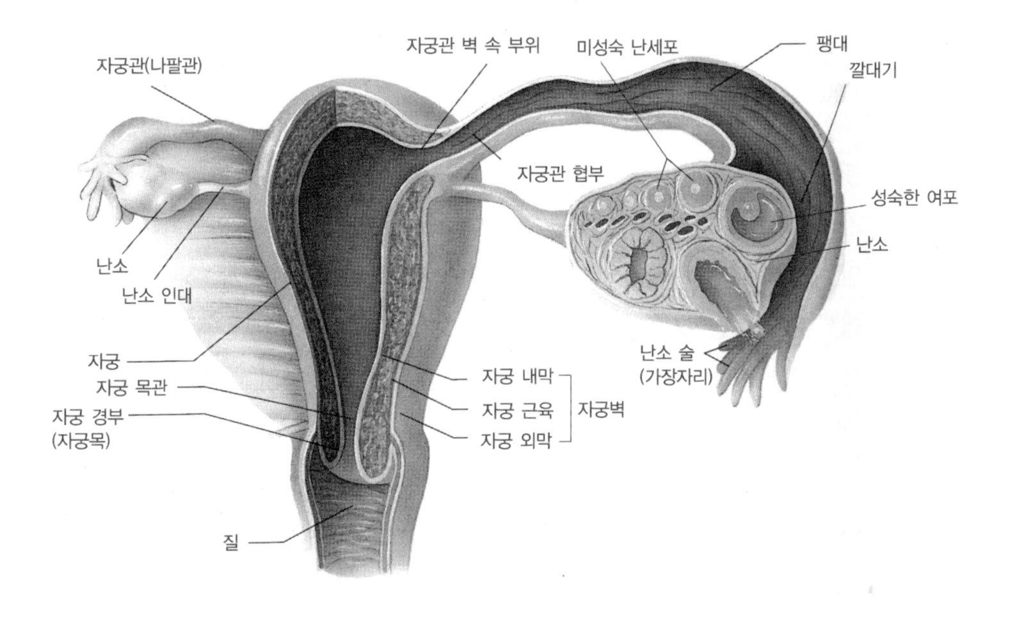

여성의 생식기관. 임신에 필요한 난자는 난소의 여포 안에서 성숙해진다. 자궁은 수정란이 착상한 후 태아가 성장하는 곳이기도 하다.

생태계 내에서는 자연환경이 적합하지 않을 경우 성적 구조물이 퇴화한 생물체가 나타나는데, 아마도 같은 이치일 듯싶다.

수정에 필요한 정자 수는 단 한 마리이므로 이론적으로는 한 마리만 존재해도 임신이 될 수 있을 듯하지만, 정자 수가 6000~1만 마리 이하가 되면 정자들은 목적을 잃고 헤매게 된다. 임신을 위해서는 남성의 정자가 사정에 의해 여성의 몸으로 옮겨져야 한다. 그런데 이때 정자뿐 아니라 남성의 외부생식기 주변에 있는 다른 물질도 함께 전해진다. 이 과정에서 병원성 세균이나 바이러스가 전파되어 발생하는 질병을 성병이라 한다.

사정으로 방출된 정자는 서로 경쟁적으로 난자에 접근하기 위해 운동한다. 남성에 문제가 있어서 불임인 경우는 정자가 만들어지지 않는 무정자증, 정자가 있지만 운동성이나 숫자가 부족한 경우 등이 있다. 단세포인 정자가 헤엄치는 원동력은 정자세포 표면에 존재하는 이온 통로가 큰 역할을 한다. 정자와 난자가 만나는 것은 백 퍼센트 우연이다. 제일 처음 난자에 도착한 정자가 난자막을 뚫고 들어가는 순간, 정자의 꼬리부분이 다른 정자가 들어오지 못하도록 막을 형성해 난자를 완전히 둘러싼다. 이때 극히 확률이 낮긴 하지만 두 정자가 동시에 난자에 들어가면 쌍둥이가 된다.

난자와 정자가 결합하면 난자의 핵(난핵)과 정자의 핵(정핵)이 접근하여 융합한다. 수정이란 난자와 정자가 결합한 후 핵이 융합하는 과정을 가리킨다. 난자와 정자는 각각 23개의 염색체를 가지고 있으므로 수정이 됨으로써 23쌍의 염색체를 가진 세포가 된다. 정자의 머리 부분은 유전정보가 담긴 염색체만 담고 있다. 정자와 난자의 염색체가 핵을 이루고 나면 세포질 부분은 모두 난자에게서 온다. 아기의 성은 오로지 정자가 가지고 있는 염색체에 의해 결정된다. 정상적으로 정자는 X 또는 Y염색체를 가질 수 있지만 난자는 X염색체만 가질 수 있기 때문이다.

자궁관 상부에서 만난 정자와 난자는 수정에 의해 하나의 세포(수정란)가 된 후 세포의 크기를 유지하면서 분열을 거듭해 숫자가 급격히 늘어나는데 이를 난할이라 한다. 수정란은 난할을 계속하면서 세포의 수가 셀 수 없을 만큼 많아진 상실배가 된다. 여기서 발생이 더 진행되면 속에 빈 공간을 가진 포배의 상태로 자궁 내벽에 파묻힌다. 이를 착상이라고 하며, 수정 후 착상까지는 보통 7~8일정도 걸린다. 일반적인 세포는 G_1-S-G_2-M기의 4단계 과정을 거치면서 한 개의 세포가 두 개로 분열하지만, 난할 과정에서는 세포의 성장과 관련된 G_1기와 G_2기가 생략된 채 S와 M기만 거치므로 세포 분열 속도는 빠르지만 크기는 전혀 자라지 않는다. 착상된 배세포는 정상적인 4단계의 세포주기를 거치면서 세포 분열과 함께 숫자가 늘어나지만 세포의 크기는 정상적인 크기를 유지하므로 세포 덩어리가 점점 커져서 태아로 자라난다.

공포에서 은혜로운 선물로, 임신의 역사

임신 그리고 출산과 관련해 성인 여성과 남성을 특징짓는 대표적인 신체현상은 월경이다. 의학적 지식이 알려지기 전, 월경에 대한 태도는 시대와 문화에 따라 달랐다. 정통 유대교 문화권에서는 월경이 끝난 후 목욕하지 않는 여성을 불결한 존재로 취급했고, 히포크라테스는 여성과 산과학에 관한 여러 기록을 남겼다. 다만 자궁이 제자리에 머물지 않고 마구 돌아다녀서 여성 질환이 생긴다고 생각한 점은 근거 없는 내용이다. 고대에는 분만도 먹고 숨 쉬는 것과 같은 일상이라 여겼지만, 2세기를 지나면서 의학의 한 분야로 취급되었다. 그리하여 분만 지연, 분만 유도, 임신중절, 산통 해소 등을 인간의 힘으로 조절하기 위해 시도했으니, 그중 가장 유명한 것이 제왕절개술Cesarian section이다.

제왕절개술은 자궁을 절개해 성숙한 태아를 인공적으로 분만하는 행위다. 제왕절개술의 영문명에서 알 수 있듯, 로마의 정치가이자 장군인 카이사르Gaius Julius Caesar가 이 방법으로 태어났다고 알려져있다. 하지만 이 용어의 어원에 대해서는 독일어 '카이저슈니트Kaiserschnitt', 자궁을 벤다는 뜻으로 로마에서 사용하던 '카에사레아caesarea' 라는 라틴어에서 유래했다는 설도 있다. 분만은 생리적인 현상이지만 인체 이상을 쉽게 초래할 수 있는 과정이므로, 산모나 태아의 사망을 비롯한 여러 문제가 발생할 수 있다. 제왕절개는 난산이나 사산을 해결하기 위해 오래전부터 시행되었지만, 2차 감염 같은 부작용이 발생할 수 있어 산모가 이미 사망했을 때만 사용하는 것이 일반적이었다. 이러한 내용이 로마법에 명시되어있다.

유럽보다 의술이 발전한 서남아시아 지방에서도 제왕절개술이 시행되었으며, 13세기 유럽에서는 산모가 죽은 경우 제왕절개로 분만하여 신생아에게 세례를 줌으로써 영혼을 구제했다. 15세기 이후에는 제왕절개술이 전보다 더 흔하게 시술되었지만, 대부분 목숨을 잃고 말았다.

임신과 관련된 내용이 학문으로 다루어진 최초의 책은 1513년, 독일의 뢰슬린(Eucharius Rösslin)이 쓴 《장미정원》이다. 다양한 분만법을 소개한 이 책은 여러 판본과 번역본을 합쳐 100종이 넘게 출판될 정도로 인기를 끌었다. 16세기에 활약한 '외과학의 아버지' 파레도 여성의 질병에 대한 책을 발표했다. 역사적으로 여성이 주로 산파 역할을 했지만 17세기에는 남성 산파가 등장하기도 했다.

한편 17세기에는 분만 겸자가 사용되기 시작했다. 영국의 체임벌린 가문에서 1645년경 산과용 겸자를 이용한 것으로 알려져있으나 이를 비

하세가와 소노고치가 1890년에 그린 목판화. 오른쪽부터 임신 첫 달부터 10개월까지의 모습을 그렸다. 손에 든 꽃은 1월부터 10월을 상징한다. 윗부분의 글씨는 임신의 과정의 설명이다.

밑에 붙였다. 그러나 산파들은 난산이 일어나면 체임벌린 가문 사람들이 가지고 다니던 비밀 보따리의 도움을 받았다. 반드시 성공하지는 않았지만, 겸자의 사용은 분만의 위험을 줄이는 데 크게 공헌했다. 18세기 이후에는 겸자의 사용이 일반화되면서 더 다양한 겸자가 사용되었다.

19세기에는 마취제가 발견되면서 산통을 줄일 수 있었다. 하지만 분만 후의 산욕열은 산모를 죽음으로 몰아넣는 심각한 합병증이었다. 지금은 산욕열이 연쇄상구균의 감염으로 발생한다는 사실이 밝혀져, 항균제를 통해 예방할 수 있었지만, 미생물 병원체와 무균법에 대한 개념이 없었던 19세기 중반까지는 산욕열이 가장 무서운 질병이었다. 헝가리의 제멜바이스(Ignaz Philipp Semmelweiss, 1818~1865)는 산파들이 담당하는 병동의 사망자수가 의사와 의대생이 담당하는 병동보다 더 적다는 사실을 통계적으로 확인했다.

그 이유를 찾기 위해 노력하던 그는 염소로 손을 소독하면 산욕열 발생률이 줄어든다는 사실을 발견했다. 하지만 의사들이 그의 업적을 인정하지 않는 바람에 정신병동에서 외롭게 세상을 떠나야만 했다. 그가 세상을 떠난 해에 영국의 리스터(Joseph Lister, 1827~1912)가 페놀(석탄산)을 이용하여 수술실을 소독할 수 있는 무균법을 개발하면서 산욕열은 서서히 공포의 대상이라는 지위를 잃게 되었다.

20세기에 급격히 발전한 의학지식 덕분에 이제 분만은 더 이상 어려운 과정이 아니었다. 또 임신과 동시에 산전 진단을 받으면 태아의 이상을 엄마 뱃속에 있을 때부터 진단할 수 있었다. 지금은 초음파를 통해 아기가 자라는 모습과 심장이 뛰는 모습도 직접 볼 수 있다. 1977년에는 자궁의 수정도 가능해졌으니, 임신과 분만을 마음대로 조절할 수 있는 시기에 접어들었다고 할 수 있겠다.

성비性比의 비밀

엄마가 아기를 출산할 때 그 아기가 남아일 확률과 여아일 확률 중 어느 것이 더 클까? "그거야 당연히 반반이지!" 라는 이야기가 나올 수 있지만 정답이 아니다. 출산할 때 남아의 출생률은 여아보다 더 높아서, 여아 100명이 태어나는 동안 남아는 105명이 태어난다.

암컷의 수를 100으로 할 때 수컷의 수가 얼마인지를 표시한 것이 성비다. 성비는 일반적으로 100이 아니라, 종이나 품종에 따라 일정하게 유지된다. 임신 직후, 출생시, 20대의 성비를 각각 1차 성비, 2차 성비, 3차 성비라 한다. 사람의 경우 나라와 시기 등 여러 사회요소에 따라 조금씩 차이가 있기는 대략 110, 105, 100 정도로 나타난다. 하지만 전쟁 때는 남아의 출생비율이 높아지니, 원인은 알 수 없지만 자연의 오묘한 이치다.

그런데 최근 중국 등에서 볼 수 있듯이 산아제한 정책이 시행되다 보니 성비가 117이라거나 122라는 소식을 들을 수 있다. 남아선호사상이 투철하여 임신된 여아를 낙태시켜버리거나 출산 후 유기했다는 추측이 가능한데, 모두 자연의 섭리를 거스른 결과다.

이러니 앞으로 20여 년이 지나 나타날 사회적 병리현상이 걱정될 수밖에 없다. 우리나라의 경우에도 한동안 자연현상으로 설명할 수 없을 정도로 성비가 높아서 문제가 된 적이 있었다. 최근에는 2800년이 되면 한국인이 지구상에서 사라질 것이라는 예상이 있을 정도로 출산율이 낮아 정부 등이 대책 마련에 고심하고 있다.

인류 역사와 함께한 성병

전쟁이 낳은 재앙, 매독

매독은 '트레포네마 팔리둠Treponema pallidum'이라는 세균에 의해 오래 전부터 발생했던 가장 대표적인 성병의 하나다. 중세부터 근대에 이르기까지는 뚜렷한 치료제가 없고 긴 세월에 걸쳐 외모를 흉하게 변형시켜, 사람을 서서히 폐인으로 만들어가기 때문에 신이 내린 벌이라고 생각했다. 그러나 이제는 페니실린penicillin, 에리스로마이신erythromycin을 비롯한 여러 항생물질이 개발되어, 얼마든지 치료할 수 있는 질병이 되었다. 그렇다면 매독은 어떻게 등장했을까? 매독의 기원에 대해서는 아직 정설이 없으며, 다음 세 가지 가설이 있다.

1. 15세기 말 서부 유럽의 지중해 연안에서 처음 발생했다.
2. 15세기 말(또는 1442년) 아프리카 대륙의 풍토병이 유럽으로 전파되었다.
3. 1492년, 콜럼버스의 아메리카 대륙발견 후 신대륙으로부터 유럽에 전파되었다.

매독이라는 질병이 역사적으로 더 오래전부터 존재했을 가능성은 있지만 이집트 파피루스를 비롯한 고문서에서는 뚜렷한 흔적을 찾을 수 없었다. 또 많은 질병이 그러하듯 같은 원인균이라도 인체에서 일어나

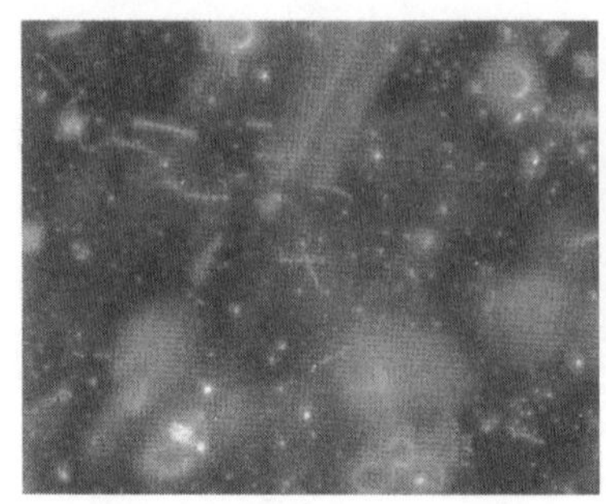
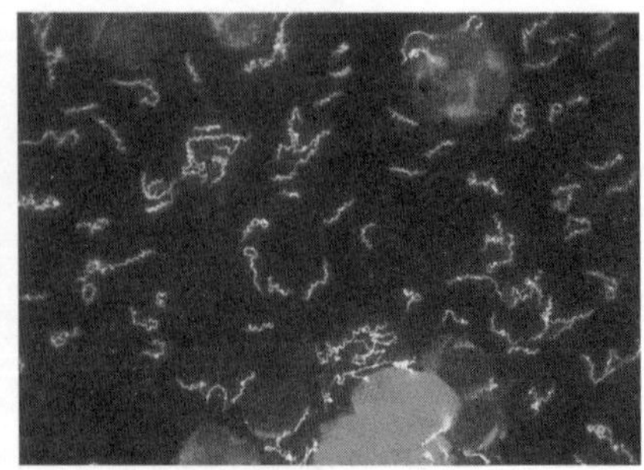

매독의 원인균인 트레포네마균의 현미경 사진. 오른쪽은 D 항체 테스트를 하는 모습.

는 증상이 지금과 같아야 한다는 법이 없으니, 기록이 있다고 하더라도 오늘날의 용어로 기록하지 않는다면 쉽게 이해하기 어려울 것이다. 물론 히포크라테스가 기술한 내용 중에 매독과 연관 지을 수 있는 내용이 있고, 《성경》에 나오는 "나를 미워하는 사람에게는 그 죄값으로 본인뿐만 아니라 3·4대 자손에게까지 벌을 내린다(〈출애굽기〉 20장 5절)"의 구절 등이 매독을 의미한다고 주장하는 이들이 있지만 명확한 증거를 찾을 수는 없다.

매독이 처음 유럽에 실체를 드러낸 시기는 이탈리아 전쟁 때였다. 15세기 말 이탈리아를 침공한 프랑스의 샤를 8세는 나폴리를 완전히 지배하려 했다. 이를 눈치 챈 로마 교황, 신성로마제국, 이탈리아 도시국가, 에스파냐의 연합군이 동맹을 맺고 프랑스에 대항하면서 이탈리아 땅에서 벌어진 전쟁이 이탈리아전쟁이다. 매독은 이 전쟁의 초기에 발생했다.

이탈리아전쟁은 1494년에 시작되었지만, 그전부터 이탈리아에서는 프랑스와 다른 나라의 국지적인 충돌이 벌어지기 시작했다. 당시 프랑스는 국가체제를 갖춘 상태였지만 독일과 이탈리아는 통일국가라기보다는 지역연합 같은 모습이었다. 1494년 가을, 이탈리아 정복을 위해 샤를 8

세가 이끌고 간 군대에는 프랑스 출신 군사 외에 에스파냐, 독일, 스위스, 영국, 헝가리, 폴란드 출신의 용병이 많았다. 당시 이탈리아는 국력이 아주 약한 상태여서 프랑스에 제대로 저항할 수 없었다. 나폴리를 향한 프랑스군의 진군 행렬은 말만 전쟁일 뿐 사실은 단순한 행군에 불과했다. 군대의 행렬에 매춘부들도 동행할 정도로 여유로운(?) 전쟁이었다. 매춘부들은 이 부대 저 부대를 옮겨다녔다.

이러한 전쟁 같지 않은 전쟁 상황은 프랑스군이 빈 땅에 깃발을 꽂는 것처럼 나폴리 점령을 손쉽게 만들었다. 최초 목적을 달성한 샤를의 군대는 돌아오는 일만 남겨놓고 있었다. 그런데 이 순간 뜻하지 않는 문제가 발생했으니, 바로 매독의 유행이었다. 매독 환자의 모습은 혐오감을 불러일으켜 전투력을 현저히 약화시켰다. 1495년 봄에 퇴각하기 시작한 프랑스 군대의 용병들이 각자 자기 나라로 돌아가면서 불과 4년 만에 매독은 유럽 전역으로 전파되었다. 그 뒤 제국주의가 시작되면서 유럽인들이 접촉하는 곳이면 세계 어디로든 매독이 퍼져나가기 시작했다. 포르투갈 인들에 의해 아프리카와 아시아에도 매독이 유행하기 시작했다.

이탈리아전쟁에서 처음 등장한 매독은 당시까지 전혀 알지 못하던 새로운 질병이었다. 그 이유는 전신에 걸쳐 피부발진이 일어나는 것이 다른 생식기 주위의 질병에서 볼 수 있는 것과 다르기 때문이었다. 또한 고열, 두통, 뼈와 관절의 통증이 훨씬 심했고, 때로는 목숨을 앗을 정도로 치명적이었다. 이 질병이 어떤 것인가에 대한 감을 잡을 때까지는 35년의 세월을 흘러야 했다. 그동안 이탈리아 인들은 에스파냐병 또는 프랑스병, 프랑스 인들은 이탈리아병 또는 나폴리병, 영국인들은 프랑스병, 러시아인들은 폴란드병, 아랍인들은 그리스도의 병이라고 불렀다. 질병이 전파된 지역의 명칭을 따서 이름을 붙였던 것이다.

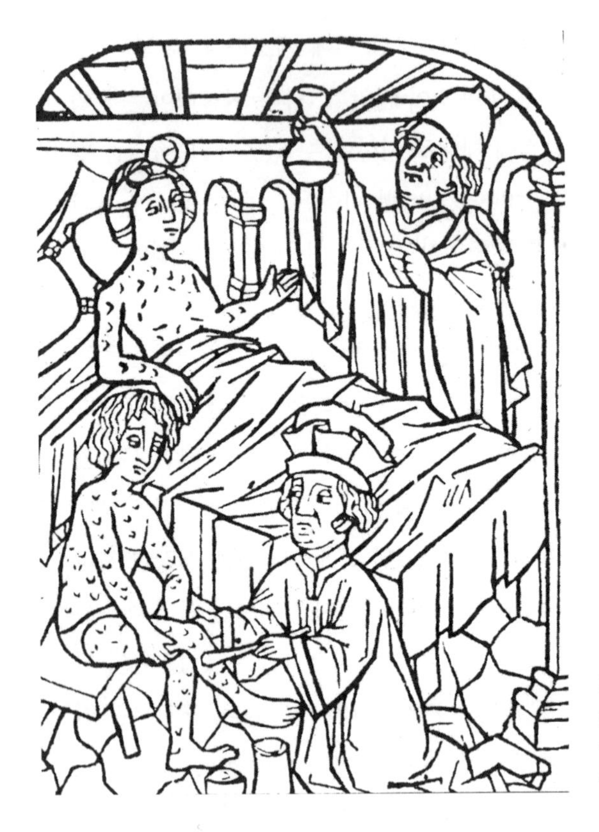

매독에 대한 유럽의 삽화. 매독을 알리는 소책자에 들어있던 그림으로, 매독 환자의 치료 장면을 담고 있다.

매독의 아프리카 기원설을 주장하는 학자들은 아프리카 대륙에서 증상이 가벼운 풍토병으로 존재하던 질병이 아프리카를 정복한 포르투갈인들에 의해 1442년에 처음 유럽으로 전파되었고, 이때 변이가 발생해 병원성과 사망률이 높은 질환으로 바뀌었다는 주장을 제시하고 있으나 이를 확증할 증거는 부족하다.

콜럼버스의 항해를 후원한 에스파냐에서는 매독이 아메리카 원주민들에게서 유래했다고 믿는 이가 많았다. 당시 콜럼버스가 에스파냐로 데리고 온 아메리카 원주민에 의해 매독이 유럽에 퍼져나가기 시작했다는 것이다. 매독 유행의 시점이 콜럼버스가 항해에서 돌아오기 전인가 아닌가에 대해서는 지금도 학자들 사이에 의견일치를 보지 못하고 있다. 한 가지 분명한 것은 원인과 출발지는 불분명하지만 이탈리아 전쟁 이전 기록에 매독과 같은 증상을 가진 환자들이 나타나지 않는 것으로 보아, 이 시기 매독균에 변이가 생겨서 대유행을 했다는 점이다.

일부 의학 역사학자들은 아메리카 원주민들의 뼈를 조사하여 매독의 증거를 발견하기도 했다. 콜럼버스와 함께 신대륙을 찾아 항해한 선원들은 공식보고서와는 달리, 아메리카 원주민들과 자주 성적인 접촉을 했으며, 이들 중 일부가 나폴리로 진군하는 프랑스 군대에 합류하기도 했다. 그러므로 매독이 신대륙으로부터 전해졌을 가능성은 물론 있다.

신에게 도전한 자에 대한 형벌

발생 초기부터 매독이 성관계에 의해 전파된다는 사실은 알려졌다. 파리 의회는 1496년에 매독에 감염된 모든 사람에게 도시를 24시간 내에 떠나라는 명령을 내렸으며, 독일 뉘른베르크에서도 비슷한 예방책이 취해졌다. 1497년 4월에는 스코틀랜드 애버딘의 시의회에서 모든 매매춘을 중단시켰고, 6개월 후 스코틀랜드 추밀원에서는 매독균에 감염된 에든버러의 모든 거주자를 섬으로 추방하도록 결정했다.

매독은 전파된 지명에서 온 이름 이외에도 '거대한 농포성 피부병great pox'라는 별명을 함께 달고 다녔다. 그러다 30년 이상의 세월이 지난 후 오늘날처럼 매독syphilis이라는 이름을 가지게 되었다. 이탈리아의 시인이자 의사인 프라카스토로(Girolamo Fracastoro, 1478~1553)가 1530년에 발표한 〈시필리스Syphilis 또는 프랑스병〉이라는 시의 주인공 시필리스는 신에게 도전한 목동의 이름이었다. 이 시가 유명해지면서 매독의 전형적인 증상을 보이는 소년의 이름 시필리스가 세상에 알려졌다. 그리고 매독이라는 질병 이름이 탄생했다.

다른 나라에서는 매독 환자를 격리했지만, 독일은 일반인들도 보호하고 환자도 제대로 치료해야 한다는 인도적인 생각을 했다. 그래서 1496년 뷔르츠부르크를 시작으로 여러 도시에 매독 환자를 위한 격리 병동을 설립했다. 참고로 2003년, 사스(SARS, 중증 급성호흡기증후군)가 한창 문제가 되었을 때, 평소 국가 보조금을 아주 잘 챙기는 우리나라의 국립병원에서는 다른 환자가 싫어한다는, 이해하기 힘든 이유로 격리 병동 설치를 거부했다. 반면 수원의 A대 병원에서는 컨테이너를 이용한 격리 병동을 신속히 설치해 주목을 끌었다.

챙길 것은 잘 챙기는 국립병원에서 다른 사람을 위해 격리 병동을 설치할 수 없다는 태도를 취한 것은 사스 환자는 치료할 수 없으니 죽을 때까지 기다리겠다는 막무가내인지, 보조금만 챙기고 할 일은 안 하겠다는 속셈인지 도대체 알 수가 없다. 오늘날보다는 인도주의 정신이 훨씬 약했던 500년 전의 독일조차 따라가지 못하는 오늘의 대한민국 국립병원장들의 사고방식을 의심하지 않을 수 없다.

질병에 사용할 수 있는 약제용 물질을 많이 개발하여 '의화학의 아버지'라 불리는 파라켈수스는 선천성 매독에 해당하는 내용을 처음 기록으로 남겼다. 그는 수은을 사용하여 이 질병을 치료할 수 있다고 주장했다. 이 방법은 부작용이 심하기는 했으나 매독의 폐해보다는 부작용이 크지 않았던 까닭에 매독 치료의 표준이 되었다. 약 500년이 지난 후 1908년 노벨 생리의학상을 수상한 에를리히(Paul Ehrlich, 1854~1915)가 살발산 606호를 발견하면서 수은 치료법은 사라졌다.

대중목욕탕 이용이 매독 전파의 원인이 된다는 점을 지적한 인문학자 에라스무스(Desiserius Erasmus, 1466~1536)는 매독을 두려워 한 나머지 매독 환자를 만나는 일조차 하지 않았다. 그로부터 300년이 지난 1838년, 리코르(Philippe Ricord, 1800~1889)는 이전까지 하나의 질환이라고 생각했던 매독과 임질이 서로 다른 질환이라는 사실을 처음 밝혔다. 1905년에 샤우딘(Fritz Schaudinn, 1871~1906)과 호프만(Erich Hoffman, 1900~1946)은 매독 환자의 하감 및 서혜림프절에서 김자Giemsa 염색법(김자Gustav Giemsa가 개발한 염색법으로 메틸렌블루와 이오신을 혼합하여 제조했다)을 이용하여 매독의 원인이 트레파노마균이라고 처음으로 찾아냈다. 또한 1906년 바서만(August von Wasserman, 1866~1925)에 의해 매독 진단법의 하나인 바서만 검사(Wasserman test, 매독균에 특이하게 결합하는 항체를 이용하여 혈액이나 뇌척수액에 포함된 매독균의 흔적을 찾아내는 방법)가 개발되면서 특별한 증상이 출현하기 전에도 진단이 가능하게 되었다.

매독은 1940년대에 페니실린이 치료에 사용되면서 발생률이 급격히 줄어들기 시작했다. 페니실린 이후로도 매독 치료에 이용할 수 있는 여러 가지 종류의 항생제가 개발되었다.

20세기 흑사병, 에이즈

인류의 대재앙이 내리다

무슨 병이나 보기 흉하거나 전염성이 강하거나, 특별한 치료제가 없을 때 공포와 혐오의 대상이 된다. 과거 매독, 한센병, 페스트(흑사병)가 걸었던 길을 20세기 후반에는 에이즈가 다시 걷게 되었다. 중세를 몰락시킨 장본인이라는 평가를 듣는 페스트에 빗대어 '20세기 흑사병' 이라는 별명이 붙었다. 에이즈에 대한 인간의 적개심이 들어간 표현이라 할 수 있다.

에이즈가 처음 발견된 때는 1981년 미국이었다. 질병통제센터에서는 동성애자 5명에게서 발생한 폐렴에 대한 내용을 발표했다. 그리고 한 달 후 면역력이 떨어진 사람에게 잘 생기는 카포시육종Kaposi's sarcoma 환자 26명이 동성애와 관련 있다는 내용을 발표했다. 폐렴의 원인균을 찾지 못한 점, 카포시육종 환자가 한번에 많이 발견된 점도 아주 특이했다.

새로운 질병에 걸린 사람은 면역기능을 담당하는 T세포가 파괴되어 그 기능이 떨어지는 공통점이 있었다. 그 직후 프랑스를 비롯한 여러 나라에서도 유사한 환자들이 발생했다. RNA 바이러스의 일종인 리트로바이러스retrovirus 연구자로 명성을 얻고 있던 미국의 갈로Robert Gallo, T세포가 파괴될 정도라면 혈액 내에 꽤 많은 양의 바이러스가 존재해야 한다는 생각을 가진 프랑스의 몽타니에Luc Montagnier가 이 질병의 원인이 되는 미생물을 찾고자 노력했다. 그리하여 1983년, 전혀 새로운 바이러스를 찾아내는 데 성공했다. 이 바이러스는 HTLV-Ⅲ, LAV, ARV 등으로 불리는데, 지금은 인체 면역결핍 바이러스HIV로 통일해 사용하고 있다.

존재가 알려지자마자 에이즈는 공포의 대상이 되었다. 매독이 과거의 성병이라면 에이즈는 현재의 성병이었다. 1980년대만 해도 에이즈에 걸렸다 하면 아무 대책 없이 죽는 날을 기다려야 했으니 사람들이 공포에 떤 것은 당연했다. 더구나 에이즈 발생 초창기에 텔레비전 화면에서 피부가 검은색으로 변한 환자들의 모습이 방영되면서 보는 이의 가슴을 섬뜩하게 했다. 이런 증상은 에이즈 환자에게 흔하지 않았는데도 공포를 막을 수는 없었다. 오죽했으면 AIDS가 "아! 이젠 다 살았구나"의 약자라는 말까지 돌아다녔을까!

그로부터 20여 년이 지난 지금 에이즈는 더 이상 당시의 공포를 떠올리게 하는 질병이 아니다. HIV 보균자라는 이유로 농구 황제 자리를 마이클 조던에게 물려주고 은퇴를 선언한 매직 존슨이 갑작스럽게 사망했다는 뉴스가 아직 나오지 않는 것만 봐도, 에이즈가 불치병은 아니라는 점은 짐작할 수 있다. 오늘날의 의학 수준에서 본 에이즈는 치료하지 않으면 사망할 수도 있는 병이지만, HIV가 감염되었다는 사실을 알았을 때 적절한 치료만 받는다면 일 년 안에 몸속의 바이러스가 하나도 남지 않을 수도 있는 병으로 바뀌었다.

과거에는 에이즈가 동성애로 전파되는 줄 알았으나 이제는 정상적인 성관계에 의해서도 옮겨진다는 점이 알려졌다. 폐렴이나 카포시육종은 원래 면역 기능이 약화된 경우에 잘 발생하는 질병이므로, HIV 감염 환자에서 발생한 것은 지극히 당연했다. 마약 환자에게도 마찬가지다.

HIV는 혈액과 정액에서 잘 검출되므로 오염된 피를 수혈받거나 성교 과정에서 타인으로부터 전파되지만, 그 외의 분비물에서도 발견할 수 있다. 에이즈 진단을 위해서는 HIV에 결합하는 특이한 항체가 피 속에 있는지 없는지를 확인한다. 헌혈한 피를 검사한 뒤 사용했는데도 수혈받은 사람에게 바이러스가 전파되는 것은, 바이러스가 충분히 증식하기 전인 잠복기에 검사한 경우가 많다. 모든 검사법이 100퍼센트의 정확성을 지니지 않으므로 검사에서 발견 못 하거나, 과정 자체에 문제가 있었을 수도 있다.

HIV가 인체에 들어온 후 약 2주일 정도 지나면 감기와 비슷한 증상이 나타난다. 이때부터 인체의 면역 기능이 작동하여 HIV에 대한 항체가 생성된다. 열이 나고 림프절이 부어서 커지며, 설사가 동반될 수도 있다. 면역 기능이 떨어지면 몸이 서서히 약해진다. 실제로 면역이 결핍되는 것은 감염 후 2년 이상 지난 경우이며, 이렇게 되면 외부에서 침입한 병원성 미생물은 물론 정상적으로 몸에 존재하는 미생물도 병을 일으킬 수 있다.

에이즈는 치료가 가능한 질병인가? 이 물음에 대답하기는 쉽지 않다. '치료 가능'이라는 용어가 무엇을 의미하는지 막연하기 때문이다. "에이즈는 1980년대 중반만큼 공포의 대상이 되는 질병인가?"로 질문을 바꾸면 필자가 생각하는 정답은 "아니다"다. 관심이 큰 만큼 연구자도 많아서 에이즈 치료에 대한 논문은 수시로 발표되고 있다. 그렇다면 에이즈를 완치할 수 있는 치료제는 있을까?

여기서 '치료'가 바이러스가 한 마리도 남기지 않고 모두 몸밖으로 빠져나가는 상황을 가리킨다면, 초기에 발견해 치료하지 않는 한 매우 어렵다고 할 수 있다. 다만 적당히 좋아지는 경우는 흔하다. 수퍼박테리아라는 별명을 지닌 반코마이신 내성 포도상구균(Vancomycin Resistant Staphylococcus Aureus, VRSA) 감염과 같이 에이즈보다 치료하기 어려운

감염된다고 에이즈 환자는 아니다

에이즈 곧, 후천성 면역결핍증(Acquired Immune Deficiency Syndrome, AIDS)은 HIV에 감염되어 발생한다. 이 바이러스에 감염되면, 사람의 몸에서 바이러스가 증식해 면역기능을 담당하는 T세포를 파괴하며 그 만큼 면역 기능이 약화된다.

따라서 HIV가 직접적인 원인이 되어 특별한 해가 일어나지는 않지만, 면역기능이 약화된 상태에서 질병을 일으키는 미생물에 감염되면 문제가 심각해진다. 면역기능이 정상일 때에는 가뿐히 해결할 수 있는 전염성 질환으로 사망할 수도 있는 것이다.

엄밀한 의미에서 에이즈란 바이러스에 감염된 후 질병이 진행되어 면역이 결핍된 상태를 가리킨다. 하지만 언론에서는 바이러스에 감염만 되도 '바이러스 보균자' 또는 '바이러스 감염자' 라는 표현 대신 '에이즈 환자' 라 부른다.

"우리나라에 발생한 총 에이즈 환자 수가 1만 명을 넘어섰다"는 뉴스를 쉽게 들을 수 있지만, 사실은 에이즈 환자뿐 아니라 바이러스에 감염되었거나 감염된 흔적이 남은 경우를 모두 포함한 수치다. 자신도 모르는 사이에 몸속으로 특정 병원균이 들어왔다가 사라지는 경우에 환자라는 표현을 쓰지 않으므로, 에이즈 환자와 바이러스 감염자는 엄격히 구별해야 한다.

병은 얼마든지 있다. 특정 약제에 대한 내성균의 분포가 나라마다 다르므로 치료 확률을 계산하는 것은 지역이나 환자의 나이, 상태 등 여러 요소를 감안해야 하므로 쉽지 않다.

에이즈 치료제로 처음 개발된 것은 아지도티미딘(azidothymidine, 상품명 지도부딘)이었다. 글락소스미스클라인Glaxo Smith Kline 사에서 개발한 이 약은 1987년 미국 식품의약품 안전청에서 성인에게 사용해도 좋다는 허가를 받았고, 1990년에는 소아에게도 사용할 수 있게 되었다. 1994년에는 바이러스에 감염된 엄마가 출산할 때 태아에 감염되는 것을 방지하기 위한 예방 목적으로도 사용 가능하다는 판정을 받았다.

아지도티미딘은 새로운 개념의 약제로 극찬을 받을 만한 약이다. 이전까지 사용된 약 대부분이 단백질 기능을 조절하는 역할을 했으나, 이 약은 에이즈의 원인인 인체 면역결핍 바이러스가 RNA 바이러스라는 점에 착안하여, RNA에서 DNA로 역전사반응이 일어나는 과정을 저해한다. 바이러스의 생존에 필요한 단백질 합성 과정을 차단해 바이러스를 없애는 것이다. 단백질의 기능을 조절하는 고전적인 약보다 한 단계 이전의 기능을 통제할 수 있는 신개념의 약이다.

아지도타미딘이 개발된 이후, RNA에서 DNA가 합성되는 과정을 매개하는 역전사효소의 기능을 저해하는 비非뉴클레오사이드 역전사효소 억제제도 개발되었다. 뒤를 이어 에이즈 바이러스가 생성한 단백질의 기능을 막는 단백분해효소 억제제도 개발되었다.

현재는 치료약 몇 가지를 혼합하여 사용하는 칵테일 요법에 의해 치료율이 갈수록 개선되고 있다. 치료를 안 받는 것이 문제이지 이제 에이즈는 죽을 날을 기다려야 하는 불치의 병이 아니다.

치료효과의 극대화를 위한 칵테일 요법

1980년대 중반 이후 에이즈가 중세를 멸망시켰던 페스트의 이름을 이어받아 불치의 병을 의미하는 '20세기 페스트'라는 별명을 가지게 된 것은 치료가 불가능하기 때문이었다. 그러나 본문에서 소개한 바와 같이 뉴클레오사이드 역전사효소 억제제, 비뉴클레오사이드 역전사효소 억제제, 단백분해효소 억제제 등이 치료제로 개발되면서 '불치의 병'이라는 무시무시한 꼬리표를 뗄 수 있었다.

의학자들은 아무리 좋은 치료제를 개발하더라도 환자를 100퍼센트 치료할 수는 없다고 말한다. 언젠가는 내성을 지닌 HIV가 나타날 것이며, 이를 막기 위한 방법을 강구해야 한다는 점을 알고 있다. 그리하여 가장 효과적인 치료법을 발견하기 위해 연구하던 중 결핵 치료에서 이미 효과를 본 적 있는 일명 '칵테일 요법'을 도입하게 되었다.

칵테일 요법은 몇 가지 액체를 혼합해 입맛에 꼭 맞는 음료수 또는 술을 만드는 칵테일처럼, 질병에 적합한 치료제 몇 가지를 섞어 최선의 치료 효과를 보도록 환자에게 사용하는 것이다. 에이즈의 칵테일 요법은 위 세 가지 약제를 한 가지씩 선택하여 한꺼번에 사용하는 방법이다.

물론 칵테일 요법에 의해서도 치료 효과를 보지 못하는 환자가 있으므로 약을 투여하는 동안 지속적으로 의사와 상담하면서 질병의 추이를 잘 관찰해야 한다. 필요에 따라서는 인터페론interferon이나 인터류킨interleukin 같이 인체 내에서 극미량 분비되어 면역 기능을 담당하는 물질을 대량 투여함으로써 면역 기능을 강화하여 바이러스를 물리치는 방법도 시도할 수 있다.

에이즈 확산을 막으려는 인류의 노력

에이즈와 HIV가 알려진 후 세계 각지에서 혈액 내에 존재하는 HIV 항체를 찾는 연구를 진행했다. 미국에서는 1979년 채혈된 혈청에서 HIV 항체가 검출되었고, HIV 항체가 검출된 가장 오래된 혈액은 파스퇴르연구소에서 검출한 1959년 자이레의 것이었다. 최초의 발견은 공식적으로 1981년이지만 1970년대 말부터 1980년대 초에 걸쳐서 아프리카에서는 이미 에이즈가 유행한 것으로 생각한다. 아프리카원숭이의 일부에서 HIV와 매우 비슷한 바이러스SIV가 발견되기도 했다. 지금은 HIV를 HIV-I, SIV를 HIV-II라 한다.

1981년 에이즈 환자가 발견된 후 세계 각지에서 바이러스 감염자수가 급증하여 "전 세계에 수천만 명의 환자(보균자 포함)가 있다", 또는 "아프리카 사하라 사막 남쪽지역 일부에는 전 인국의 약 70퍼센트가 감염되었다"는 뉴스가 쏟아졌다.

칵테일 요법은 단일 약제보다 분명 치료확률을 높인다. 그러나 칵테일 요법도 100퍼센트 치료를 장담하지는 못한다. 인체를 숙주로 하는 각종 감염병의 병원체들은 살아남기 위해서 끊임없이 변이를 일으키고, 약제의 효력에서 벗어나기 위해 계속해서 변신하기 때문이다. 실제로 에이즈 환자에게 똑같은 칵테일 요법을 시도하더라도 실패할 확률이 점점 높아져간다는 연구결과도 보고되었다.

더 좋은 효과를 지닌 약을 개발하는 일은 무엇보다 중요하다. 그러나 환자에게는 치료법의 유무보다 무서운 것이 사회적 편견이다. 이미 오래전에 한센병이나 페스트 환자에게 그랬던 것처럼 에이즈 환자도 멀리하고 공동체에서 배제하려는 경향이 강하다. 결국 환자가 사회적 동물'로 살아가기 위해서는 질병을 감추는 방법밖에 없다.

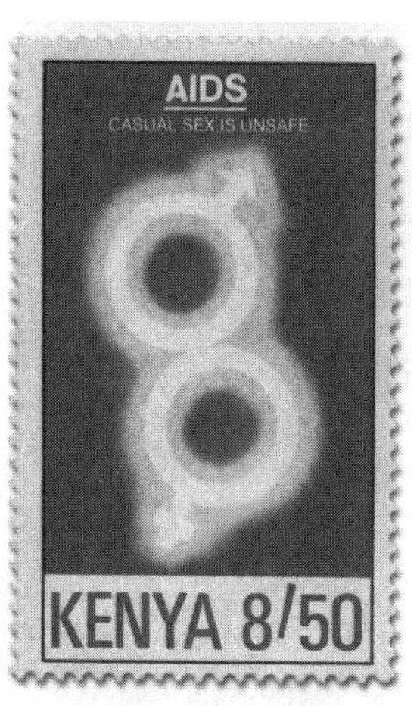

세계 각지에서 발행된 에이즈 예방 홍보 우표와 전화카드. 에이즈 예방을 위해 '콘돔'의 사용을 적극 권장하고 있다.

잠비아의 에이즈 퇴치 캠페인 광고판. 《이코노미스트》에 따르면 아프리카에 HIV 감염자가 가장 많다고 한다. 1900만 명의 환자가 있는데 전 세계 감염자의 63퍼센트에 해당한다. 이 가운데 8만 명이 이미 숨을 거두었다.

해외 소식에는 물론이고 우리나라에서도 바이러스에 감염된 환자가 이를 감춘 채 반사회적인 행동을 하여 수십 명에게 전파한 일이 언론에 보도되곤 한다. 물론 그러한 행동을 처벌하는 것도 중요하지만, 궁극적으로는 에이즈에 대한 교육 프로그램을 준비해야 한다. 인체 면역결핍 바이러스에 감염된 사람들이 막연하게 '불치의 병'이라는 생각으로 인생을 포기하지 않고 제대로 된 치료를 받아서 사회에 복귀할 수 있도록 이끌어주어야겠다.

우리 몸의 새로운 지도, 유전자

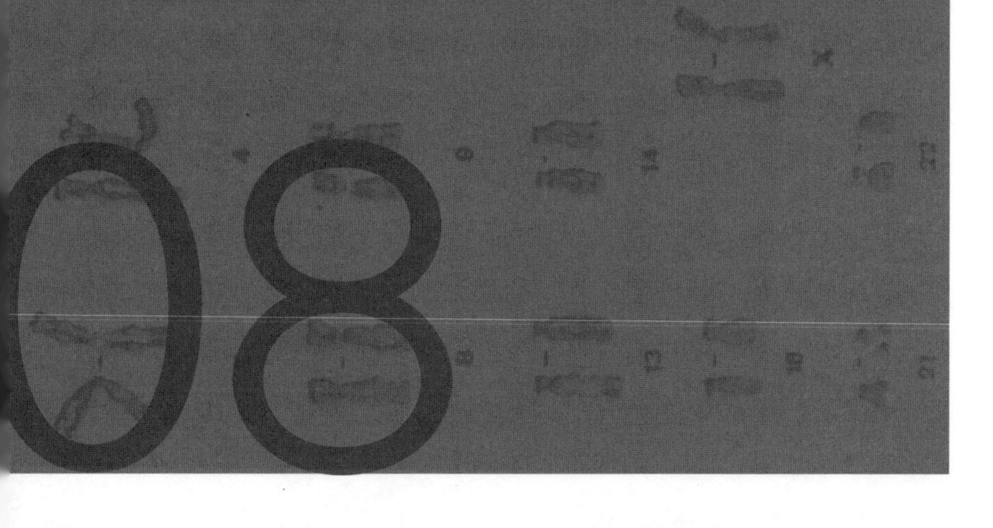

08

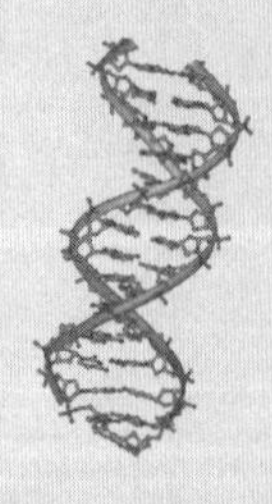

인간은 '유전자' 발견을 통해, 인체의 비밀에 한층 더 가까이 갈 수 있었다. 21세기 들어 '인간 유전체 프로젝트'로 상징되는 생명공학의 전개는 인류의 노력 가운데 가장 야심차고 대담한 시도다.

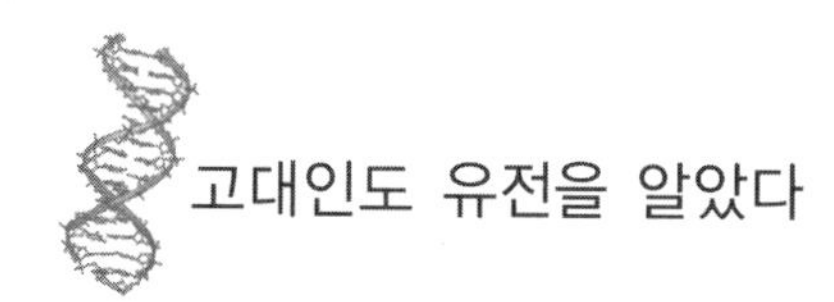

고대인도 유전을 알았다

유전학의 시초를 찾아서

인체의 각 기관을 여행한 우리 여정은 이제 인체를 한눈에 알아볼 수 있는 '지도'인 유전자 이야기로 접어든다. 인체의 각 부분 가운데 가장 늦게 연구되었고 그래서 더욱 비밀스러운 영역이다. 유전학의 아버지로는 잘 알고 있듯 멘델이 꼽힌다. 하지만 그가 나타나기 전까지 인류가 유전에 대해 전혀 모르지는 않았다. 의학의 아버지 히포크라테스가 나타나기 전에도 의학이 존재했듯 말이다. 자, 그렇다면 유전에 대해 최초로 알았던 사람 — 물론 현재까지 증거가 남아있는 경우에 한한다 — 은 누구일까? 지금부터 유전학의 원조를 찾아 역사를 거슬러 올라가보자.

유전遺傳이란 영어로 'heredity'라고 하며 유전을 담당하는 물질인 DNA가 다음 세대로 전달되고 이로써 단백질이 만들어지면서 어버이의 형질(形質, character)이 자손(다음 세대의 개체)에게 전해지는 생명 현상 또는 생물의 기능이다. 간단히 이야기하자면 세대를 거쳐가는 동안 지속적으로 전해지는 형태와 성질이다. 그런데 최근 이 정의도 흔들리고 있다. 분명 윗세대로부터 물려받은 유전자는 정상기능을 수행하는 원발암유전자protooncogene이지만, 후천적인 영향으로 유전자에 이상이 생겨 암유전자oncogene로 바뀌기 때문이다. 이러한 유전자 이상은 유전병의 원인이 된다.

부모의 키가 클 경우 자식도 키가 큰 것이 유전이며, 부모의 아이큐가 높았는데 자식도 공부를 잘한다면 '일단은' 유전이라 할 수 있다. 부모가 운동을 잘하는데 자식도 그러하다면 이 역시 유전이며, 부모가 암으로 죽었는데 자식의 사인도 그렇다면 이도 유전이다. 단 이러한 현상이 진짜로 유전인지 확인하기 위해서는 좀 더 조사가 필요하다.

과거에는 한 집안에 결핵환자가 있는 경우 그 집의 자손들이 자주 결핵에 걸렸으므로 유전이라 생각했다. 그러나 19세기 말에 독일의 코흐가 결핵을 일으키는 원인균을 발견하면서 유전병이 아님이 밝혀졌다. 결핵환자와 같이 살다보니 자주 병원균에 노출되고 발병 확률이 높아진 것이다. 곧 결핵은 유전이 아니라 '환경'이 원인이다.

유전에 대해 잘 알기 위해서는 우리가 앞에서 내린 정의 가운데 "유전자 본체인 DNA가 전달되고 이로 인해 단백질이 만들어진다"는 대목에 유의해야 한다. 유전자의 전달이 없다면 유전이 아닐 가능성이 높다. 유전자 중에는 그 유전자를 가진 사람은 반드시 질병이 생기는 것도 있고, 유전자에 이상이 있다 하더라도 환경의 영향을 받아야 질병이 생기는 경우도 있다.

앞의 예로 페닐알라닌 수산화효소phenylalanine hydroxylase를 만들어내야 할 유전자에 이상이 생기는 페닐케톤뇨증이 있고, 후자의 예로는 당뇨병을 들 수 있다. 20세기 후반, 유전자의 기능이 밝혀지면서 유전자 다루는 방법이 개발되었고, 이를 통해 인간의 질병을 해결할 수 있으리라는 장밋빛 희망이 여기저기서 꽃피었다. 하지만 질병에는 유전자뿐 아니라, 유전자와 환경의 상호작용이 중요한 영향을 미치므로, 아직 샴페인을 터뜨리기에는 이르다. 태어나면서 완벽히 다른 환경에서 성장한 일란성 쌍둥이들이 세월이 흐른 후 서로 다른 특징을 지니듯이, 유전은 개체의 모든 것을 완벽히 결정하지 않는다. 유전을 통해 전해진 개체의 특징이 환경과 조화를 이루면서 나타날 뿐이다.

최초의 유전학자는 누구였을까? 뒤에서 자세히 이야기하겠지만 DNA가 후손에게 전달되어 어버이와 유사한 형질을 지니게 한다는 사실을 처음 발견한 사람은 에이버리(Oswald Theodor Avery, 1877~1955)다. 그는 폐렴을 일으키는 연쇄구균을 이용하여 세균의 형질이 변할 수 있다는 사실을 처음 알아낸 그리피스(Frederick Griffith, 1881~1941)의 실험을 응용해 DNA가 유전을 담당하는 물질임을 증명했다.

그런데 멘델을 비롯하여 이보다 훨씬 전에도 윗세대로부터 아랫세대로 어떤 특성이 전해진다는 사실을 알고 있었던 경우는 많았다. 그러니 유전의 원조는 멘델보다 훨씬 전으로 올라가야 할 것이다. 현존하는 몇가지 기록을 통해서 유전의 원조를 찾아보면 이러한 내용들이 등장한다. 기원전 800년경, 아시리아 무당들은 이미 식물의 인공수정을 실시했는데, 이는 사람의 힘으로 생명체의 자손을 만들어낼 수 있음을 보여주는 것이었다. 또 고대중국인은 '춤추는 쥐'에 대해 알고 있었다. 실제로 춤을 추었던 것이 아니라 돌연변이로 태어나 정상적으로 기어다니지 못하고 비틀거렸기 때문에 붙인 이름이었다. 이 쥐를 알았다고 해서 고대중국인이 돌연변이의 개념을 이해했다고 할 수는 없지만, 경우에 따라 이러한 생명체가 나온다는 사실을 발견한 셈이다.

또 고대인도인은 어떤 질병이 특정 가족에 잘 나타난다는 사실을 발견하고, 자식은 부모로부터 모든 것을 이어받는다고 생각했다. 오래전부터 이렇게 생각했기에 아주 단단한 신분제도인 카스트가 일찍부터 자리 잡을 수 있었다. 마누법전에는 "천한 계급의 후손들은 아무리 애를 써도 그들의 천한 피를 바꿀 수 없다"는 구절이 남아있다.

학문과 문화적으로 많은 꽃을 피웠던 기원전 3~5세기 그리스에는 여러 사람이 유전학적 지식을 발휘했다. 유전학 분야에서 아주 황당한 이론을 남긴 엠페도클레스가 대표적이다. 시칠리아 섬 출신으로 철학자 · 정치가 · 의사로 이름을 날린 그는 만물의 근원을 물 · 불 · 공기 · 흙 이렇게 네 가지라고 주장한 사람이다. 그는 자식들이 부모의 영향을 받아 닮은 모습으로 태어난다는 것을 인정하면서도, 예외를 설명하기 위해 임산부가 어떤 조각품에 정신을 팔면 그 영향으로 부모를 닮지 않은 자식이 태어난다는 이론을 주장하기도 했다.

자식이 부모를 닮는다는 사실을 알고 있었던 소크라테스는 예외가 많다는 것을 해결하기 위해 나름대로 고민을 했다. 그는 왕족 중에 아주 훌륭한 사람들이 있는 반면, 나태하고 나라에 전혀 도움이 안 되는 사람들이 많다는 점을 한탄하면서 부모의 모든 것이 자식에게 전해지는 것이 아니라고 말했다. 이러한 주장으로 왕족의 미움을 사는 바람에 죽임을 당했다는 설이 있다.

고대그리스의 히포크라테스도 물론 유전과 관련된 이야기를 남겼다. 당시 그리스인들은 부모의 특성이 자식에게 전해진다는 사실을 당연하게 받아들였다. 물론 그들도 예외가 많다는 사실은 인정했지만, 문자 그대로 예외였을 뿐이며, 부모의 특성이 어떻게 자식에게 전해지는가를 궁금해 하던 차였다. 히포크라테스는 이 기전을 설명하기 위해 남자에게는 정액이 중요하며, 여자는 정액과 비슷한 어떤 액을 가지고 있다고 생각했다. 히포크라테스는 온몸에서 만들어지는 유전적 특성을 가진 것이 정액이며, 이 액은 자신이 만들어지는 부위를 형성하는 데 각각 중요한 역할을 한다고 생각했다. 수정 후에는 남자의 정액과 여자의 그 비슷한 액이 서로 경쟁을 하며, 자식은 어느 액이 더 많은 영향을 주는

가에 따라 부계를 닮을지, 모계를 닮을지 판가름난다고 말했다.

아리스토텔레스도 유전에 대해 한 말씀하셨다. 아리스토텔레스는 '리케이온' 이라는 학원을 창설하여 많은 학자와 제자들을 배출했다. 현재는 중국이나 이슬람 국가에서도 여성의 힘이 커져 남녀평등 사회를 향해 나아가고 있지만, 고대그리스에서 여성의 지위는 아주 형편없는 상태였다. 이를 반영하듯 리케이온에서 배출된 학자들은 자식이 오로지 부계 혈통을 이어받기 때문에 아버지와 닮으며, 여자 아기가 태어나는 것은 유전 과정에서 뭔가 잘못이 있기에 일어나는 현상이라고 설명했다.

《성경》 창세기에도 야곱에게 유전학 지식이 있었다는 내용이 등장한다. 야곱이 욕심쟁이 외삼촌 라반에게 품값으로 앞으로 태어나는 얼룩지거나 점이 있는 양과 염소와, 검은 새끼 양만 달라고 했다. 그러자 라반은 동의하면서도 욕심을 채우기 위해, 그동안 가지고 있었던 검은 새끼양과 얼룩무늬가 있는 양 · 염소를 자기 아들에게 나누어줬다. 결국 야곱이 차지할 수 있는 양과 염소는 한 마리도 남지 않았지만, 그날 이후 야곱이 나뭇가지로 요술을 부려 얼룩지거나 점이 있는 양과 염소를 태어나게 했다. 현대과학에서 이야기하는 '형질교배' 의 특성을 엿볼 수 있는 대목이다.

멘델 법칙의 탄생

콘스탄티누스의 기독교 공인 이후, 중세가 멸망할 때까지 유럽에서는 모든 것의 중심에 신학과 종교가 자리 잡고 있었다. 전쟁이나 싸움에서 사용하기 위한 살생 기술을 다루는 일에는 관심이 있었지만, 그 외의 모든 것을 오로지 하나님께 의존하는 경향은 종교적 · 신학적 삶에는 도움이 되었을 뿐 학문을 가능하게 하지는 않았다. 그 결과 그리스·로마시대에 세계사 중심지였던 유럽에서는 한 밀레니엄이 지나는 동안 학문적 발전이 거의 없었고, 대신 그리스와 로마시대에 발간된 책이 아라비아 지방에서 번역되면서 유럽보다 학문이 더 융성하게 발전했다. 그 뒤 르네상스기를 거치면서 신에서 인간으로 옮겨왔고 해부학·천문학을 필두로 많은 학문적 발전이 이루어지면서 중세도 끝이 났다. 하지만 지리상의 발견과 제국주의로 상징되는 근세에 접어들 때까지, 유럽의 유전학적 지식은 무시해도 될 만큼 별다른 진전이 없었다.

'유전학의 아버지'라 불리는 멘델은 오스트리아의 하인첸도르프(Heinzendorf, 오늘날 체코의 힌치체Hynčice)에서 농부의 아들로 태어났다. 어려운 가정 형편 때문에 대학에 진학하지 않고 성직자의 길을 택한 그는, 성아우구스티노 수도회에 들어가서 '그레고르'라는 이름을 받았다. 이 교단에는 많은 학자들이 다양한 공부를 하고 있었으므로 멘델도 신학과 함께 다른 과목을 접하게 되었다.

오늘날 멘델의 이름을 역사에 각인시켜준 유전법칙은 가톨릭교회 정원에서 발견되었다. 브륀(Brünn, 오늘날 체코의 브르노Brno)에서 수도사로 일하면서 완두콩을 이용한 식물교잡 실험을 통해 세 가지 유전법칙을 발견한 것이다. 그러나 그 이상 발전시키지는 못했는데, 1868년 대수도원장으로 직책이 올라가면서 종교기관의 세금에 대한 지방정부와의 문제를 해결해야 했기 때문이다. 1874년에는 정부와의 마찰로 자신의 재산이 차압되는 어려움을 겪었으며, 1884년에는 그를 오랜 기간 괴롭힌 신장병으로 세상을 떠났다.

멘델 이전에도 유전현상에 대해 알려져있었으나, 유전물질은 액체같이 서로 섞여서 전달된다는 '혼합유전설'이 유력한 학설이었다. 멘델은 이를 부정하여 어떤 입자에 가까운 물질에 의해 유전현상이 나타난다는 '입자유전'을 주장했다. 멘델은 이러한 유전법칙을 가톨릭교회 정원에서 행한 완두콩 교배 실험을 통해 발견했다. 완두콩은 종류가 다양하고, 교잡도 어렵지 않았으므로 실험은 쉬웠다. 멘델은 34종의 완두콩을 재배하여 완두콩 재배에 대한 기초지식을 쌓은 다음, 22종을 선택해 실험에 이용했다. 이를 토대로 멘델은 세 가지 유전법칙, 즉 우열의 법칙, 분리의 법칙, 독립의 법칙을 발견했다.

완두콩의 키를 예로 들어 이들 법칙을 설명해보자. 키가 큰 완두콩과 키가 작은 완두콩을 각각 분리한 다음, 키가 큰 것끼리 교잡交雜시킨 것을 'A', 작은 것끼리 교잡시킨 것을 'B'라고 할 때, A에서도 키 작은 종이 나올 수 있고, B에서도 키 큰 종이 나올 수 있다. 그런데 이러한 종자들을 골라서 모두 버린 다음 몇 세대를 거치면, 항상 키가 큰 종자와 키 작은 종자를 얻을 수 있다. 이렇게 얻은 키 큰 형질의 완두콩과 키 작은 형질의 완두콩을 서로 교배시키면, 키가 중간인 완두콩이 아니라 키

멘델이 완두콩을 이용한 실험을 한 브륀의 가톨릭 교회 정원. 수도사였던 그는 유전현상의 법칙을 발견했으나, 재정 문제로 정부와 대립해 연구를 계속하지 못했다.

큰 완두콩만을 얻을 수 있다. 이것이 바로 '우열의 법칙' 이다.

우열의 법칙은 두 종류의 형질을 교배시켰을 때 중간형이 아니라 한 형질만 나타나는 현상이다. 이때 겉으로 표현되는 형질을 '우성' 이라 하고, 표현되지 않는 형질을 '열성' 이라 한다. 키가 큰 것을 TT, 키가 작은 것을 tt라 하면 이 두 가지를 교배시켜 얻을 수 있는 잡종 1세대는 Tt로 표시할 수 있다. 이 잡종의 형질은 키가 큰 성질T이 키가 작은 성질t보다 우세하므로 Tt는 키가 중간형이 아니라 크게 나타나게 된다.

잡종 1세대Tt끼리 자가수분하면 이번에는 키가 큰 완두콩과 키가 작은 완두콩이 3대 1의 비로 나타난다. 이를 '분리의 법칙' 이라 한다. 잡종 2세대가 3대 1로 나타나는 것은 잡종 1세대Tt의 형질이 반씩 결합하여 잡종 2세대를 이루기 때문이다. 즉 Tt와 Tt를 교배하면 자손은 조상으로부터 유전형질을 반씩 받으므로 2대 2 조합에 의해 TT, Tt, Tt, tt가 출현한다. 이때 TT와 Tt는 키가 큰 형질이고, tt는 키가 작은 형질이므로 3대 1의 비로 키가 큰 것과 키가 작은 것이 나타나는 현상이 바로 분리의 법칙인 것이다.

멘델이 사용한 22가지 종류의 완두콩은 키가 크고 작은 경우만이 아니라, 둥글거나 주름진 모양이나 녹색 · 노란색 같은 색에서도 우열의 법칙과 분리의 법칙이 똑같이 나타났다. 이를 '독립의 법칙' 이라 한다. 키 · 모양 · 색깔 등 서로 다른 형질은 상관없이 우열의 법칙과 분리의 법칙이 '독립적으로' 나타난다는 것이다. 멘델은 이 같은 대립형질을 모두 7가지나 발견했으며, 자신이 발견한 세 가지 법칙은 이 7가지 대립형에 모두 적용되었다.

'유전학의 아버지' 라 불리는 멘델은 완두콩을 이용한 실험을 통해, 유전의 법칙을 발견했다. 아래의 우표들은 멘델의 법칙을 설명하고 있다. 위는 '우성의 법칙', 가운데는 '분리의 법칙' 과 '독립의 법칙' 에 대한 내용이다. 아래의 우표는 멘델의 법칙이 현대 유전학에 기여했음을 보여준다.

멘델의 법칙을 재발견하다

멘델은 이러한 연구결과를 1865년에 개최된 학회에 발표한 후 1866년에 〈식물 교잡에 관한 실험〉이라는 제목으로 발표했다. 그러나 멘델의 연구에 관심을 기울이는 사람은 거의 없었고, 신뢰할 만한 것인지를 검증하는 사람도 없었다. 멘델 자신도 연구에 열중할 만큼 한가하지 않아서, 더 이상 진행할 수 없었다. 멘델과 비슷한 시기, 다윈은 1859년 발표한 자신의 저서 《종의 기원》에서 생명체가 진화되는 과정에서 종의 다양성이 결정된다고 주장하면서 생명체 유전에 관해 이야기했다. 또 골턴(Francis Galton, 1822~1911)은 자신의 저서 《유전적 재능》(1869)에서 쌍생아를 대상으로 한 유전과 환경에 관한 연구결과를 발표하면서, 유전학의 여명기를 장식했다. 그는 '우수한 유전자를 지닌 남녀끼리 계속 짝을 이루면, 결국 천재성을 띤 종족이 탄생한다.'는 가설을 내세웠다. 우생학(優生學, eugenics)의 창시자였던 셈이다.

그 당시 다윈도 멘델의 유전법칙을 알고 있었고, 멘델도 다윈의 진화론에 대해 들었지만, 서로 연구 성과를 교류하지는 못했다. 20세기 생물학의 핵심인 진화론과 유전학이 서로 보완되지 못한 채, 멘델의

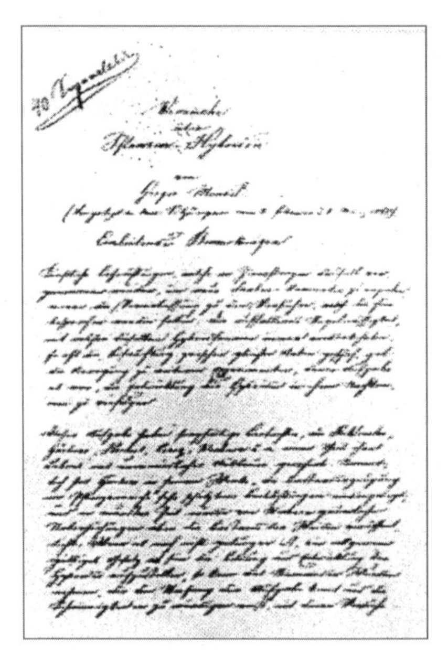

멘델이 자신의 이론을 전개한 논문. 하지만 이 위대한 발견은 무관심 속에 묻히고 말았다.

연구는 당분간 긴 잠을 잘 수밖에 없었다. 그런데 멘델이 세상을 떠난 지 16년이 흐른 1900년, 드브리스(Hugo de Vries, 1848~1935), 코렌스(Carl Erich Correns, 1864~1933), 체르마크(Erich von Tschermak, 1871~1962)는 유전법칙에 대해 알게 되었다. 멘델이 발표한 법칙과 이러한 유전법칙이 같다는 점이 알려지면서, 멘델은 크게 각광받아 '유전학의 아버지' 라는 별명을 얻었다.

네덜란드의 드브리스는 1890년대에 달맞이꽃을 이용한 연구를 진행하여 멘델의 법칙을 발견했지만, 이미 오래전에 멘델이 논문을 발표했다는 사실을 알았다. 독일의 코렌스도 완두콩을 실험에 이용하여 1899년 멘델의 법칙을 발견했지만, 멘델의 논문에 대해 알게 되었다. 물론 멘델의 실험을 반복한 것은 아니었지만, 그 내용이 멘델과 같았으므로 독창성에 대한 비판이 두려워 발표를 머뭇거렸다.

그러던 중 드브리스의 연구논문에 멘델에 대한 내용이 제시되지 않은 것을 보고는 멘델을 소개하기 위해 〈멘델의 법칙〉이라는 논문을 발표했다. 오스트리아의 체르마크도 완두콩을 이용한 유전 연구를 진행했으며, 드브리스의 연구 내용을 접한 후 자신의 연구결과를 논문으로 제출해 세 사람의 논문이 같은 시기에 발표되었다. 1900년은 35년 전에 발표된 멘델의 연구업적을 재발견한 해로 기록되었다.

멘델은 숫자를 조작했다?

멘델의 유전법칙은 유전학의 기본원리로 아주 중요하지만, 모든 상황에 들어맞지는 않는다. 오늘날 유전학이 생물학의 가장 중심 학문으로 발전하기까지 헤아릴 수 없을 만큼 많은 연구결과가 행해졌고, 그러는 사이 멘델의 법칙이 한정된 상황에서만 성립한다는 사실이 알려졌다.

멘델이 7가지나 되는 대립형질을 발견해 세 법칙을 세울 수 있었던 것은 행운이었다. 우열의 법칙과 분리의 법칙을 나타내는 우성과 열성이 모든 형질에서 볼 수 있는 것은 아니며, 코렌스가 발견한 중간유전과 같이 중간형이 나타나는 경우도 있다. 흰색과 빨간색 분꽃을 교배시키면 잡종 1세대에서 분홍색이 출현하고, 이를 자가수분하면 잡종 2세대에서 빨간색, 분홍색, 흰색의 분꽃이 각각 1:2:1의 비로 나타나는 것이 바로 중간유전이다. 또 멘델이 독립의 법칙을 찾아낸 것은, 완두콩의 7가지 대립형질이 모두 서로 다른 상동염색체에 존재한 덕분이었다. 독립의 법칙은 그 형질을 나타낼 수 있는 정보를 지닌 유전자가 서로 다른 염색체에 있을 때만 성립하기 때문이다.

멘델이 수학에 뛰어났다는 사실도 큰 몫을 했다. 분리의 법칙을 발견하도록 한 완두콩은 둥근 것은 450개, 주름진 것 102개(일부 자료에는 101개)였다. 이를 보고 3:1이라는 비를 유추하기는 쉽지 않았을 것이다. 그래서 한편에서는 멘델이 자신의 실험결과를 바탕으로 3:1이라는 결과를 유추한 게 아니라, 자신이 유추한 3:1이라는 숫자를 얻을 수 있도록 450과 102라는 수를 조작했다고 주장하기도 한다.

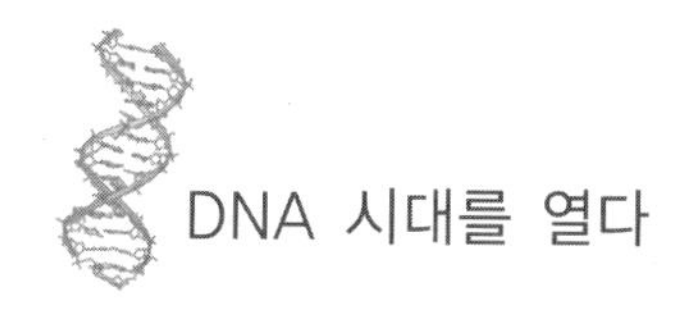

DNA 시대를 열다

유전물질을 발견하기까지

생명과학은 1953년 왓슨과 크릭이 DNA의 구조를 밝히면서 본격적으로 발전했다. 이를 기준으로 20세기 후반부를 'DNA의 시대' 라 하며, 상대적으로 20세기 전반부를 '단백질의 시대' 라고도 한다. 인체를 구성하는 물질에는 단백질, 탄수화물, 지방, 물, DNA, RNA, 비타민, 각종 무기물질들이 있는데, 20세기 전반까지는 단백질 연구가 활발히 진행되었다. 그리고 20세기 후반에는 DNA 연구가 중심이 되었다. 이때 생명과학 분야가 우주과학 분야와 더불어 세계 과학계의 대표적인 관심 분야로 대두한 계기는 생명체에서 유전을 담당하는 물질인 DNA의 구조가 알려진 후라고 할 수 있다. 그렇다면 멘델의 유전법칙이 재발견된 후 DNA의 구조를 알아내기 전까지는 어떤 일이 있었는지 알아보자.

역사상 DNA를 처음 발견한 사람은 스위스의 미셰르(Johann Friedrich Miescher, 1844~1895)였다. 그는 1869년, 세포를 구성하는 물질이 각각 어떤 화학적 성질을 가지고 있는지를 연구하던 중 버려진 붕대에서 채취한 세포의 핵에서 그때까지 알려지지 않았던 물질의 침전물을 얻었다. 이 물질이 무엇이며 어디서 유래했는지를 연구하다가, 연어의 정자를 비롯하여 다른 많은 세포에 이 물질이 존재한다는 사실을 알았다. 그는 이를 '핵nucleus에서 분리한 물질' 이라는 뜻으로 '뉴클레인nuclein' 이라 명명했다. 미셰르는 뉴클레인이 세포에서 인을 저장하는 장소라 생각했으며, 훗날 뉴클레인이 산성을 띠고 있다는 사실이 알려지면서 '핵에 있는 산성물질'이라는 뜻으로 핵산nucleic acid이라 불렀다.

다윈의 진화론이 19세기 유럽과학계를 강타한 후, 각 종의 고유성질이 다음 세대에 어떻게 전달되는지 관심을 가지는 사람들이 많아졌다. 19세기 후반 미생물학이 발전하면서 미생물과 세포를 일상적으로 관찰할 수 있었고, 1882년 플레밍은 세포분열 과정에 나타나는 염색체를 발견했다. 이때 플레밍이 사용한 오스뮴산osmic acid이 함유된 세포고정액은 세포 관찰을 쉽게 해주어, 여러 연구자들이 이용했다. 플레밍이 '세포유전학의 창시자'라 불리는 데는 이렇듯 새로운 고정액을 개발하는 촉진제 역할을 했기 때문이다.

염색체는 핵산에 단백질이 결합된다. 세포가 분열할 때 반씩 나뉜 뒤 분열된 세포 모두에게 전달된다는 점에서, 유전물질의 운반체로 의심될 만도 했으나 당시에는 그런 생각을 갖는 사람들이 거의 없었다. 다만 독일의 바이스만(August Weismann, 1834~1914)은 유전이 화학적 · 분자적 구조를 지닌 물질에 의해 이루어지며, 유전 담당 물질은 염색체에 존재한다는 가설을 세우기도 했다. 하지만 염색체에 존재하는 DNA가 유전체인지, 염색체에 결합한 단백질이 유전체인지 알아내지 못했다.

피셔(Hermann Emil Fischer, 1852~1919)는 이미 알려져있는 화학 물질을 이용하여 DNA의 재료가 되는 아데닌adenine과 구아닌guanine을 합성했다. 이 둘을 퓨린purine 유도체라 하는데, 그는 '탄수화물과 퓨린 유도체를 합성한 공로'로 1902년 노벨 화학상을 수상했다. 한편 독일의 코셀은 생명 현상을 화학적으로 설명하는 일에 공헌해 '생화학의 아버지'라는 별명을 얻은 인물이다. 그는 초반 핵산이 아데닌, 구아닌(이상 퓨린

유도체), 시토신cytosine, 티민 thymine, 우라실uracil(이상 피리미딘pyrimidine) 등으로 이루어져있음을 발견하기도 했다. 1910년에는 '단백질과 핵산의 재료를 알아낸 공로'를 인정받아 노벨 생리의학상을 수상했다.

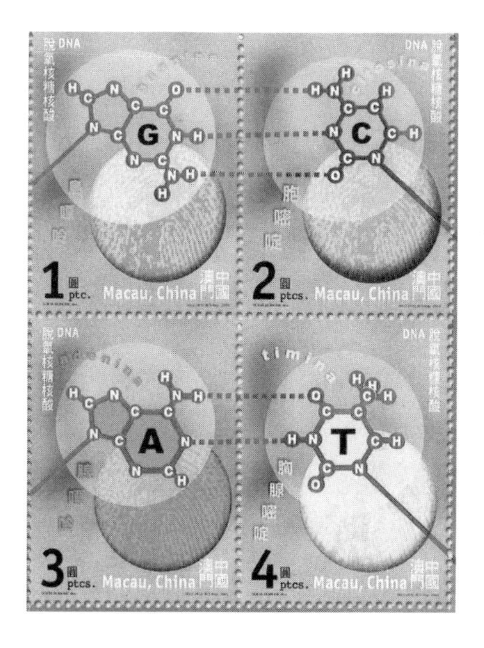

DNA의 재료가 되는 물질에 관한 우표. 구아닌, 시토신, 아데닌, 티민이 보인다. 숫자는 마카오 화폐 단위인 파타카스patacas를 가리킨다.

1909년에 요한슨(Wilhelm Ludvig Johansen, 1857~1927)은 염색체 각 부분에 그 개체의 표현형을 조절하는 인자가 존재하며, 이 부분을 '유전자gene'라 부르자고 제안했다. 유전자를 가리키는 'gene'은 그리스어로 '태생(탄생, 기원)을 주다'라는 뜻이다. 또한 그는 실제 유전의 결과로 나타나는 표현형phenotype, 겉으로는 드러나지 않지만 유전 가능성이 있는 유전자형(인자형, genotype)의 개념을 구분해서 사용했다.

유럽에서 이 같이 유전학 연구가 진행될 때, 미국에서는 모건(Thomas Hunt Morgan, 1866~1945)이 초파리를 이용하여 유전학 연구의 선구적인 역할을 했다. 모건이 초파리를 실험동물로 선택한 데는 생활주기가 짧고 사육이 간단하며 대량번식이 가능하고, 염색체 수가 적고 여러 돌연변이가 흔히 발생한다는 장점이 있었다. 모건은 X와 Y염색체가 성을 결정하며, 염색체 사이에는 교차에 의한 재결합이 일어난다는 사실을 발견했다.

또 초파리의 흰색 눈이 반성유전(성염색체에 있는 유전자에 의한 유전현상 중 하나. 사람의 경우에는 X염색체에 있는 유전자 때문에 일어남)임을 밝혀, 멘델의 독립법칙을 따르지 않는 여러 군이 생식세포의 염색체 수와 일치함을 발견했다. 각 형질을 담당하는 유전자는 동일 염색체상에 존재하는데 이 유전자를 '연관군'이라 했고, 연관군에서도 부분적 재결합이 일어난다는 가설을 토대로 조사해 '멘델-모건 유전자설'을 발표했다.

첫째, 유전자들은 염색체 위에 일직선상으로 배열하고 있다.
둘째, 연결된 한 군의 유전자는 함께 유전된다.
셋째, 염색체의 어떤 부분이든지 같은 확률로 교차가 일어날 수 있으며, 그 확률은 유전자 간의 거리에 비례한다.

모건은 유전현상에 있어서 염색체의 역할을 규명한 공로로, 1933년 노벨 생리의학상을 수상했으며, 《재생》(1901), 《진화와 적응》(1903), 《실험동물학》(1907), 《유전과 성》(1913), 《유전자설》(1928) 등 그가 남긴 수많은 저서와 논문은 20세기 후반 유전학을 바탕으로 생명과학이 발전하는 데 크게 공헌했다.

한편 1912년부터 모건의 연구실에서 근무한 제자 중에 멀러(Hermann Joseph Muller, 1890~1967)가 있었다. 그는 모건과 함께 염색체에서 교차가 일어나는 과정을 연구했으며, 1926년, 독자적으로 X선을 쬐는 경우 유전형질에 돌연변이가 발생한다는 사실을 발견했다. 이렇게 해서 유전자에 돌연변이를 인위적으로 일으킬 수 있게 되었고, 변이된 유전자를 이용한 유전형질 연구도 활발했다. "X선을 쬐어 돌연변이를 유발시킨다"는 그의 아이디어는 유전학 발전을 이끄는 결정적인 역할을 했다. 멀러는 1946년 노벨 생리의학상을 수상했다.

돌연변이의 발견자 멀러. 그는 초파리를 이용한 돌연변이 실험을 통해 유전학의 획기적인 발전을 가져왔다.

분자생물학의 핵심, 1유전자-1효소설

코셀의 제자였던 레베네(Phoebus Levene, 1869~1940)는 1920년대에 다섯 개의 탄소원자로 구성된 탄수화물이 핵산에 포함되어있음을 알아냈다. 그는 탄수화물에 두 가지 종류가 있음을 발견한 후, 핵산을 탄수화물 성분에 따라 두 번째 탄소 부위에 '산소가 떨어져 나간 리보스(deoxyribose, 여기서 리보스는 탄소 5개를 지니고 있는 탄수화물의 한 종류를 가리킴)'를 지니는 DNA(deoxyribonucleic acid), 원형 그대로의 리보스를 지니는 RNA(ribonucleic acid)로 구별했다. 비슷한 시기, 포일겐Robert Feulgen은 DNA만 특이하게 염색되는 염색약을 개발했다. 이를 이용해 DNA가 염색체상에 위치함을 확인한 후, DNA가 유전물질이라 추측했다. 그 뒤 이 이론에 동의하는 사람들이 등장했다.

1930년대 후반에서 1940년대 초반에, 비들(George Wells Beadle, 1903~1989)과 테이텀(Edward Lawrie Tatam, 1909~1975)은 '유전자의 제어기전 연구'라는 프로젝트를 수행했다. 이 프로젝트로 비들과 테이텀은 1958년 노벨 생리의학상을 받았다. 비들은 20대부터 황색초파리에서 일어나는 눈의 발생과정에 대해 연구했고, 1937년에는 테이텀과 함께 스탠포드대학에서 황색초파리의 눈 색깔이 '트립토판 카이누레닌tryptophan kynurenine'이라는 아미노산 대사조절물질과 관계 있음을 알아내기 위한 실험을 진행했다. 이들은 미생물에 유전적 변이가 생기는 경우, 필수영양소에 어떤 반응을 보이는지 알아보기 위해 '빵곰팡이'를 이용했다.

여기서 빵곰팡이가 자라려면 동식물이 성장하는 데 필요한 '비오틴bioitin'이라는 물질이 반드시 필요하다는 사실을 발견했다. 또 빵곰팡이의 돌연변이 계통 몇 가지도 찾아냈는데, 이 과정에서 성장에 필요한 효소가 결핍되면 그 부위에 결함이 생긴 돌연변이가 만들어진다는 점을 알았다. 그리고 변이가 생긴 빵곰팡이에는 특정한 효소가 각각 결핍되어있었다. 하나의 유전자로부터 하나의 효소가 형성된다는 '1유전자-1효소설'이 여기서 확립되었다.

분자생물학의 대부 비들. 그는 하나의 유전자에서 하나의 효소가 형성된다는 '1유전자-1효소설'을 확립해 분자생물학의 가장 중요한 기틀을 세웠다.

'하나의 유전자로부터 한 가지 효소가 만들어지므로 유전자에 이상이 생기면 그 효소가 담당하는 기능을 제대로 하지 못하여 생체기능에 이상이 생긴다.'는 이 업적은 분자생물학의 가장 중요한 원리가 되었다. 그러나 오늘날에는 유전자의 정의가 달라져 '1유전자-1효소설'은 틀린 이론이 되었으며, 대신 '1단백질-1유전자설'이 옳은 이론으로 받아들여지고 있다. 비들과 테이텀이 효소 한 개를 만드는 유전자 위치를 확인하기는 했지만, 유전자는 효소를 생산하는 정보뿐 아니라, 다른 단백질들을 생산할 수 있는 정보도 지니고 있음이 밝혀졌기 때문이다. 즉 특정 유전자 하나는 단백질 한 가지를 생산할 수 있는 정보를 지니지만, 그 단백질은 효소일 수도 있고, 인슐린과 같이 효소가 아닌 다른 단백질일 수도 있다는 이야기다.

그런데 20세기 말에, 항체의 다양성을 설명하기 위한 연구가 진행되면서 문제가 생겼다. 1유전자 1단백질설로는 해결할 수 없는 문제가 대두된 것이다. 1990년대를 떠들썩하게 했던 인간 유전체 프로젝트human genome project가 끝난 지금 "사람 유전체는 예상과 달리 약 3만 개의 유전자밖에 가지고 있지 않은 것으로 판명되었다"는 뉴스를 접할 수 있다. 항체는 항원의 자극에 의해 인체에서 생성되는 단백질의 일종이고, 항원의 종류는 지구상에 적어도 10만 개는 존재할 것으로 예상되는 바, 1유전자 1단백질설이 옳다면 사람은 적어도 10만 개의 유전자를 가지고 있어야 항체를 만들어낼 수 있다. 그런데 인간 유전체 프로젝트가 끝난 지금, 사람이 3만 개의 유전자만으로 10만 가지 이상의 단백질을 만들어낼 수 있다는 사실을 어떻게 이해해야 할까?

오늘날 항체 다양성을 설명하기 위해서는 유전적 재조합이 가장 중요한 기전으로 설명되고 있다. 이 이론에 따르면 항체의 구조에서는, 항체의 종류마다 서로 다른 부위(variable region, V)와, 항체의 종류에 관계없이 일정한 부위(constant region, C)가 존재한다. 이 부위를 합성하는 데 필요한 정보를 지닌 유전자는 원래 따로 떨어져있다가 발생 과정에서 재조합이 일어난다. 이 과정에서 서로 다른 항체가 셀 수 없을 만큼 많이 만들어진다는 이론이다. 이 이론은 노벨 생리의학상 역사상 아시아인으로는 유일하게 수상사도 선정된 일본의 도네가와 스스무(항체 다양성을 일반화할 수 있는 유전적 원리를 발견한 공로로 1987년 노벨 생리의학상 수상)에 의해 증명되었다.

유전을 담당하는 물질은 바로 DNA

1928년 그리피스는 폐렴을 일으키는 연쇄상구균(Streptococcus pneumoniae, 이하 폐렴구균)을 이용해 유전현상을 연구했다. 폐렴구균 중에는 사람과 생쥐에서 폐렴을 일으키는 균과 그렇지 못한 것이 있는데 폐렴을 일으키는 균은 표면이 매끈하므로smooth S형이라 하고, 폐렴을 일으키지 않는 균은 표면이 거칠므로rough R형이라 한다. 그리피스는 이 두 균주를 가열하여 활성을 없앤 뒤, 다른 균주와 혼합하여 감염시켰을 때 일어나는 현상을 4개의 군으로 나누어 실험해, 이런 결과를 얻었다.

제1군: S형 균만 주입 → 생쥐 사망

제2군: R형 균만 주입 → 생쥐 생존

제3군: 가열하여 사멸시킨 S형 균만 주입 → 생쥐 생존

제4군: 사멸시킨 S형 균과 살아있는 R형을 함께 주입 → 생쥐 사망

앞에서 제1~3군의 실험결과는 예측 가능했지만, 해가 없는 두 균주를 함께 주입해 생쥐가 폐렴으로 사망했다는 네 번째 군의 결과는 의외였다. 혼합 감염된 두 균주가 서로 유전물질을 주고받았을 가능성을 시사하기 때문이었다. 그리피스는 이 결과를 설명하기 위해 4군의 실험에서 폐렴구균의 유전형질이 바뀌었다는 뜻으로 '형질 전환'이라는 용어를 사용했고, 이 실험은 유전 과정이 생물체 안에서 일어난다는 사실을

확인시켜주었다. 그렇다면 이제 문제는 유전현상을 담당하는 물질을 찾아내는 것이었다.

그 당시 호흡기 질환을 연구하고 있던 에이버리의 연구팀은 그리피스의 결과를 들은 뒤, 1944년 형질 전환을 일으키는 물질을 분리하기 위한 연구를 시작했다. 가열하여 사멸한 S형 폐렴구균으로부터 탄수화물, 지방, 단백질, DNA, RNA를 각각 분리한 다음, 두 균주를 골라 살아있는 세포에 감염시켰다. 그 결과 DNA를 R형 폐렴구균과 함께 주입하면 살아있는 세포가 죽지만, 다른 경우에는 모두 세포에 특별한 변화가 없었다. 이로써 DNA가 유전물질임이 증명되었다. 폐렴구균이 DNA를 주고받음으로써 종의 형질이 변형된 것이다.

에이버리의 실험결과는 완벽했지만 단백질이 유전을 담당할 것이라는 가설은 쉽게 사라지지 않았다. 그만큼 단백질이 유전을 맡고 있다는 이론이 강했기 때문이다. 그도 그럴 것이 단백질은 인체 기능과 구조의 많은 부분을 담당하고 있다.

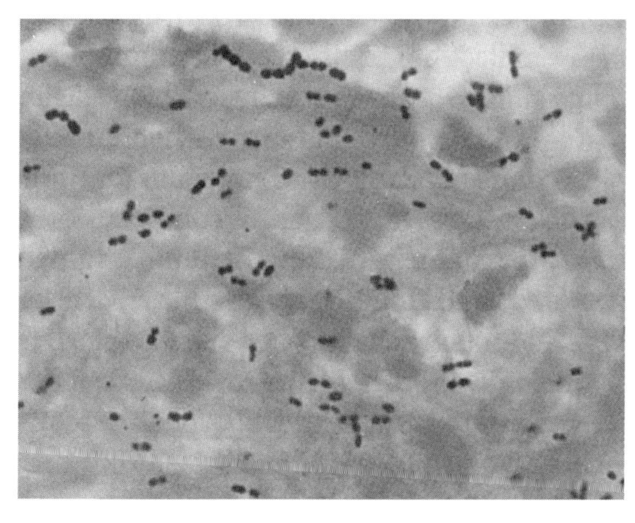

그리피스가 실험에 사용한 연쇄상구균. 실험결과, S형 폐렴균과 R형 폐렴균 사이에는 유전형질의 교합이 일어났다.

하지만 그로부터 8년 뒤에 이러한 논쟁에 종지부를 찍는 실험이 행해졌다. 허쉬(Alfred Day Hershey, 1908~1997, 바이러스의 복제기전과 유전적 구조를 규명한 공로로 1969년 노벨 생리의학상 수상)와 체이스(Martha Cowles Chase, 1927~2003)가 세균에 기생할 수 있는 바이러스인 박테리오파지 bacteriophage의 DNA에 방사성 동위원소가 들어가게 했다. 그 뒤 세균 표면에 박테리오파지를 부착시키자, 바이러스 막은 빼고 바이러스를 가진 DNA만 세균 안으로 들어갔다. 그 다음 이 DNA에서 완전한 바이러스가 만들어지는 것을 확인했다. 다음 세대를 만들어내는 데 필요한 모든 정보가 바로 여기에 들어있었던 것이다.

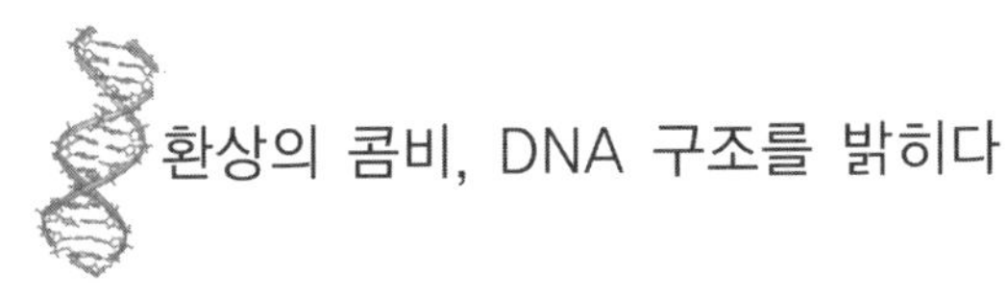

환상의 콤비, DNA 구조를 밝히다

DNA의 화학적 모양

새로운 물질을 발견하면 그 구조와 기능을 알아내야 한다. DNA를 찾은 뒤 유전을 담당하는 물질이라는 점을 알았고, 1930년대부터는 구조를 알아내기 위한 연구가 진행되었다. 애스트베리(Willium Thomas Astbury, 1898~1961)는 X선 회절법을 이용해 DNA가 섬유축에 따라 0.334나노미터의 규칙적인 간격으로 놓여있음을 발표했다. X선 회절법이란, 어떤 물질에 X선이 들어가는 경우 몇몇 특정한 방향으로 강한 X선이 진행하는 현상을 가리킨다. X선을 쬐어 나타난 사진을 토대로 물질의 구조를 연구할 수 있으므로, 화학·물리학·생물학 등에서 널리 이용된다. 애스트베리는 DNA 사슬이 방향성을 가진다고 생각했으며, 여기에 일정한 규칙이 있음을 발견했다. 최초로 분자생물학이라는 용어를 사용한 그의 연구는 DNA 구조 연구자들에게 등대 역할을 했다.

DNA의 화학적인 기본 개념을 밝히는 데 가장 크게 공헌한 사람은 토드(Alexander Robertus Todd, 1907~1997)와 샤가프(Erwin Chargaff, 1905~2002)였다. 토드는 DNA의 단위인 뉴클레오티드nucleotide의 구조를 연구했고, 대표적인 뉴클레오티드인 아데노신삼인산(adenosing tripho-sphate, ATP)을 1949년에 합성했다. 이외에도 그는 여러 뉴클레오티드를 합성했으며, 비타민B_{12}의 구조를 밝히는 등 유전학 외의 분야에서도 많은 업적을 남겼다.

토드는 핵산의 구성하는 기본단위가 인phosphate, 탄수화물(ribose 또는 deoxyribose), 염기(아데닌, 구아닌, 시토신, 티민, 우라실)로 구성된 뉴클레오티드이며, DNA는 각각의 뉴클레오티드가 포스포다이에스터phosphodiester 결합(산소 원자-인산-산소 원자)으로 연결되어있음을 밝혔다. 그는 '뉴클레오티드, 뉴클레오시드 및 뉴클레오티드 조효소의 구조와 합성에 대한 공로' 를 인정받아 1957년 노벨 화학상을 수상했다. 에이버리는 DNA가 유전을 담당하는 물질임을 밝혔고, 토드는 이렇게 해서 DNA의 화학적인 기본 개념을 설명했다. 그 다음 최고 공헌자는 샤가프다.

샤가프는 DNA의 본질을 밝히기 위해 DNA와 RNA가 종과 조직에 따라 어떤 조성의 차이를 가지는지 연구했다. 1949년부터 1953년까지 핵산 염기 조성에 대한 연구를 진행한 그는 여러 종과 조직에서 분리한 DNA를 이용하여 네 가지 염기에 대한 정량 분석을 실시했다. DNA 구조를 밝히는 데 결정적인 역할을 한 그의 연구결과는 이렇다.

1. DNA 염기 조성은 종에 따라 다르다.
2. 같은 종에서는 조직이 다르더라도 DNA는 같은 조성을 가진다.
3. 어느 종에서 DNA의 염기 조성은 나이, 영양상태, 환경변화에 따라 달라지지 않는다.
4. 실험적으로 분석한 거의 모든 DNA에서 아데닌기의 수와 티민기의 수는 항상 같고, 구아닌기와 시토신기의 수는 항상 같다. 결과적으로 퓨린(아데닌과 구아닌)기의 합은 피리미딘(티민과 시토신)기의 합과 같다.(샤가프의 규칙Chargaff's rule)
5. 종끼리 가까운 종에서 추출된 DNA는 비슷한 염기조성을 가지는 반면,

멀리 떨어진 종끼리는 상당히 다른 염기조성을 가진다. 따라서 DNA의 염기조성 결과는 생물체를 분류하는 데 이용할 수 있다.

샤가프는 화학적으로 핵산을 연구하는 데 독보적인 존재였다. 하지만 그는 DNA 구조의 바탕이 되는 대부분의 이론과 실험결과를 정립해 놓고도, 노벨상 수상에서 탈락하고 말았으니 불운이었다. 하지만 DNA의 이중나선 구조가 밝혀지기까지 그는 핵산에 대한 당대 최고의 권위자였음은 분명하다.

DNA 구조를 밝힌 일등공신으로 역사에 기록된 인물은 그러나 따로 있었다. 바로 왓슨이었다. 왓슨은 슈뢰딩거Erwin Schrödinger의 《생명이란 무엇인가》(1946)를 읽으며 DNA에 관심을 가졌다. 우연이었을까? 그 당시 윌킨스(Maurice H. F. Wilkins, 1916~2004)라는 과학자도 DNA 연구에 흥미가 많았다. X선 회절법을 연구하던 윌킨스가 1951년 1월에 샤가프를 만나기 위해 잠시 자리를 비운 사이에, 프랭클린(Rosalind Franklin, 1920~1958)이 같은 부서로 왔다. 윌킨스는 새로 온 프랭클린이 자신을 도와주리라 기대했지만 프랭클린이 독자적인 연구를 진행해 둘은 경쟁자가 되어버렸다.

이미 아미노산의 나선구조를 규명한 미국의 폴링(Linus Carl Pauling, 1901~1994, 1954 노벨 화학상, 1962 노벨 평화상 수상)도 그 당시 DNA 구조를 연구했다. 어느 날 폴링이 윌킨스에게 DNA X선 회절 사진을 한 장 보내달라고 하자 윌킨스는 두려웠다. 폴링의 학식이 워낙 뛰어났기에 DNA 구조를 알아내기 위한 경쟁에서 추월당할 수도 있다는 걱정이 들었던 것이다.

다시 왓슨 이야기로 돌아가자. 1951년 윌킨스의 DNA X선 회절 사진에 대한 발표를 들은 왓슨은 물질의 구조 연구에 널리 이용되는 X선 회절법을 배우고 싶어했다. 그래서 브래그William Henry Bragg가 연구소장이던 케임브리지대학교 캐번디시연구소로 갔다. 브래그는 X선을 이용한 결정구조 분석으로 1915년 노벨 물리학상을 수상한 인물이다. 당시 캐번디시연구소에는 훗날 노벨상 수상자 대열에 오르는 켄드류, 퍼루츠, 생어(Frederick Sanger, 1918~) 등이 함께 일했다. 인류 과학 역사상 최고의 '드림팀'이 구성된 셈이다.

왓슨은 DNA에 관심이 많던 크릭(Francis Harry Compton Crick, 1916~2004)과 곧 친해졌다. 둘은 DNA 구조를 밝히려고 했지만 헤모글로빈 구조 연구에 집중하던 연구소 사정상 쉽지 않았다. 그러나 윌킨스의 X선 회절 사진을 잊지 못하던 왓슨이 1951년 11월 윌킨스를 초청했다. 왓슨과 크릭은 윌킨스와 프랭클린의 X선 회절 사진과, 폴링의 연구를 토대로 DNA 모형을 알아내려고 했다. 여러 모형을 만들었지만 부족하던 중, 크릭은 단백질 구조와 유사한 세 가닥 DNA 구조를 만들었다. 그리고 윌킨스와 프랭클린에게 자신들의 모형을 설명했다. 하지만 프랭클린은 DNA가 나선구조일리가 없다며 모형이 잘못 만들어졌다고 지적했다.

그 뒤 1952년 5월에 열린 심포지엄은 폴링과 왓슨의 인생을 바꾸는 결정적인 계기가 되었다. 여기서는 프랭클린이 제출한 DNA X선 회절 사진이 선보였는데, 폴링이 이 사진을 보는 것을 왓슨이 두려워할 정도로 결정적인 단서였다. 하지만 폴링은 당시 반핵 평화운동을 한다는 이유로 미국 정부가 출국을 막는 바람에 참석하지 못했다. 만약 그가 모임에 참석해 프랭클린이 제출한 DNA X선 회절 사진을 보았다면 또 하나의 노벨상을 차지했을지도 모른다. 생전에 폴링도 이 사실을 매우 안타까워했다. 대신 왓슨, 크릭, 켄드루, 퍼루츠가 노벨상을 탄 1962년, 반핵 평화운동의 업적을 인정받아 폴링도 노벨 평화상을 수상했다.

왓슨과 크릭은 샤가프의 연구결과를 토대로 DNA 구조 연구에 전념했다. 그해 7월, 캐번디시연구소를 방문한 샤가프는 자신을 안내하던 켄드루가 왓슨과 크릭을 소개하며 DNA 구조를 연구하고 있다고 했으나 샤가프는 이들을 경쟁자로 생각하지 않았다. 연구성과가 없는 데다 자신의 연구 내용도 제대로 파악하지 못했다는 인상을 받았기 때문이다. 12월이 되자 켄드루의 조수로 일하고 있던 폴링의 아들을 통해 왓슨은 폴링이 DNA 구조를 알아냈다는 소식을 들었다. 며칠 후 폴링은 자신이 고안한 모형 사본을 보내왔지만 약 1년 전 왓슨과 크릭이 고안한 것과 유사한 세 가닥 모형이었다. 왓슨은 마음이 놓였다. 폴링이 뭔가 잘못 생각하고 있다고 판단했기 때문이다. 얼마 뒤 윌킨스는 몰래 손에

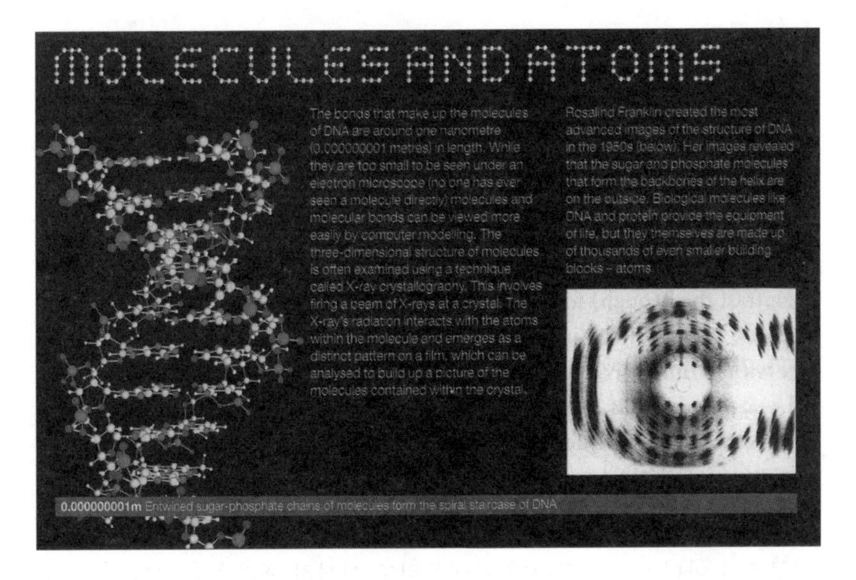

DNA 분자구조 모형(왼쪽)과 X선 회절사진(오른쪽). DNA가 나선구조임을 밝히기까지 왓슨, 크릭, 윌킨스, 프랭클린 등 쟁쟁한 과학자들이 경쟁했다.

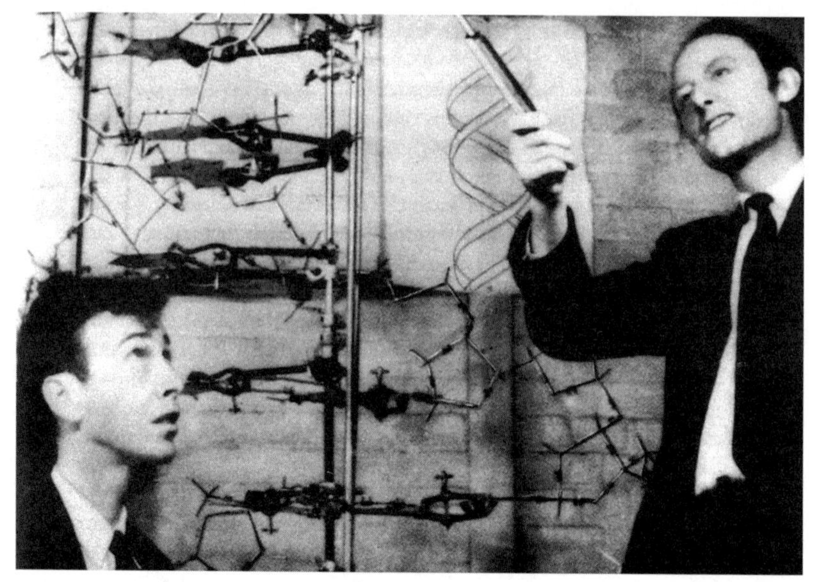

(왼쪽부터) 왓슨과 크릭. 함께 DNA 연구에 뛰어든 이 환상의 콤비는 DNA 구조 발견에 성공했다.

넣은 프랭클린의 사진을 왓슨에게 보여주었다. 이를 본 왓슨은 DNA가 나선구조임을 확신했으나 프랭클린은 그때까지도 인정하지 않았다.

왓슨과 크릭은 다시 DNA 분자모형을 만들기 시작했다. 왓슨은 샤가프의 규칙에서 힌트를 얻어 아데닌과 티민, 구아닌과 시토신이 결합하는 수소결합 모형을 만들었다. 얼마 지나지 않아 왓슨과 크릭은 탄수화물과 인이 바깥쪽에 위치하고 염기가 안쪽에 위치한 DNA 이중나선 모형을 만드는 데 성공했다.

윌킨스는 왓슨과 크릭의 모형이 아주 마음에 들었으며, 이 모형에서 예상되는 X선 회절 사진을 자신이 찍겠다고 했다. 그때까지 DNA는 나선구조가 아니라고 주장하던 프랭클린도 서서히 생각을 바꾸었다. 나중에 이 소식을 들은 폴링도 직접 찾아와 그들의 연구결과에 대한 이야기를 들었다. 1953년 4월 25일 《네이처》에 실린 왓슨과 크릭의 이중나선 모형은 한 쪽에 불과한 짧은 논문이었지만 오늘날의 생명과학을 탄생시키는 원동력이 되었다.

1956년 난소암이 발병한 프랭클린은 1958년에 세상을 떠났고, 4년 후 윌킨스는 DNA 이중나선 모형을 X선 회절법으로 입증한 공로로 왓슨, 크릭과 함께 노벨 생리의학상 수상자로 결정되었다. 일부 자료에서는 프랭클린의 사진을 훔쳐 간 윌킨스가 노벨상 수상자가 되는 바람에 프랭클린이 노벨상을 도둑맞았다는 주장이 제기되기도 하지만, 노벨상 수상년도가 1962년임을 감안하면 일찍 사망한 프랭클린이 노벨상을 수상하지 못한 것은 당연한 일이다. 노벨상은 사망한 사람에게는 수여하지 않기 때문이다. 프랭클린의 사망은 과학계에는 손실이었지만 노벨상 선정위원회의 고민을 덜어준 셈이었다.

지난 반세기 미국의 대표적인 교양과학 스테디셀러인 《이중나선》에서 왓슨은 "DNA를 향한 연구에는 윌킨스, 프랭클린, 폴링, 크릭, 내가 경쟁했다."고 고백했다. 그리고 "프랭클린이 살아있었으면 누가 노벨상을 받았을 것으로 생각하는가?"라는 기자의 질문에 "크릭, 나, 프랭클린."이라고 이야기한 적이 있다. 《이중나선》에서 왓슨이 프랭클린을 성격이 이상한 여자로 묘사했다는 이유로 여성계의 큰 반발을 샀지만, 그는 프랭클린의 공적을 여러 번 높이 평가했다. 프랭클린의 X선 회절 사진이 DNA 구조 결정에 큰 역할을 한 것은 분명하다. 또한 DNA 구조 결정에 많은 업적을 남긴 샤가프도 비록 노벨상은 놓쳤지만 훌륭한 업적을 남긴 과학자다.

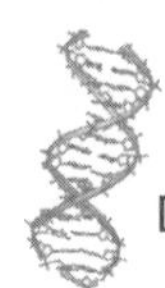

다윗이 골리앗을 이기다-유전암호 해독 경쟁

유전암호란 무엇인가

1953년, 왓슨과 크릭에 의해 유전물질인 DNA가 이중나선구조를 하고 있다는 사실이 밝혀진 후, 이들은 DNA 정보로부터 RNA가, RNA 정보로부터 단백질이 만들어진다는 분자생물학의 중심 개념을 제안했다. 얼마 지나지 않아서 DNA 정보가 RNA를 만들어내는 과정이 알려졌고, RNA가 담긴 시험관에서 인공적으로 아미노산이 연결되어 단백질을 이루는 실험방법도 고안됨으로써 이 중심 개념이 진리로 판명되었다.

단백질의 기본단위가 되는 아미노산은 총 20개다. 그러나 DNA를 이루는 염기는 모두 4가지(아데닌, 구아닌, 시토신, 티민)밖에 존재하지 않는데, 이 4개가 어떤 방법으로 20가지 종류의 아미노산을 합성할 수 있는가를 알아내는 과정을 '유전암호 해독'이라고 한다. 1961년 크릭 등은 그때까지의 연구 결과를 토대로 유전암호에 대해 이러한 이론을 세웠다.

1. 한 아미노산은 세 개의 뉴클레오티드로부터 만들어진다.
2. 유전암호는 서로 중첩되지 않는다.
3. 유전암호는 연속적으로 연결되어, 단백질 합성에 필요하지 않은 뉴클레오티드는 존재하지 않는다.
4. 자연계에는 20개의 아미노산이 존재하며, 세 개의 뉴클레오티드는 64

개의 조합을 이룰 수 있다.

아미노산은 모두 20개인데, 그 아미노산을 합성할 수 있는 뉴클레오티드의 숫자는 4개에 불과하다. 그러므로 뉴클레오티드 한 개가 아미노산 한 개를 합성한다면 아미노산은 네 개밖에 합성할 수 없다. 또 뉴클레오티드 두 개가 조합해 아미노산 한 개를 합성한다면 많아도 4×4=16개밖에 안 된다. 뉴클레오티드는 3개 이상이 조합을 이루어 아미노산을 합성해야 20개의 아미노산이 만들어질 수 있는데 뉴클레오티드 3개가 조합하면 4×4×4=64개이니, 한 개의 조합이 아미노산 한 개를 합성하는 게 아니라, 아미노산 한 개가 합성할 수 있는 조합이 여러 개라고 할 수 있다.

미국의 생화학자 니런버그(Marshall Warren Nirenberg, 1927~)는 유전암호를 해독하다가 벽에 부딪혀 답답해하던 중 1961년 신혼여행을 떠났다. 그래도 진행되는 실험에 대해서는 마음이 놓이지 않은지라, 조수에게 잘 관찰하라고 신신당부를 했다. 신혼여행 2주째 어느 날, 조수는 RNA의 한 종류인 우리딜산만 들어있는 인공 단백질 합성 시스템에서 재미있는 결과를 발견했다.

니런버그 연구팀은 그전까지 아무리 인공 단백질 합성 시스템을 갖추어놓더라도, RNA의 하나인 우리딜산만 재료로 넣어주는 경우 단백질이 합성되는 현상이 일어나지 않았다. 하지만 문제의 그날! 단백질이 합성되었음을 드디어 확인했다. 그 소식을 들은 니런버그는 신부는 내버려둔 채 실험실로 돌아왔으니, 특정 RNA를 재료로 단백질을 합성하는 인공실험이 성공하는 최초의 순간이었다.

그해 8월에 열린 국제 생화학회에서 니런버그는 '페닐알라닌phenylalanine' 이라는 아미노산을 만들 수 있는 유전암호는 우리딜산 세 개가 이어진 것이라는 발표를 했다. 크릭 등이 유전암호에 대해 규정한 4가지 가설 중 앞의 세 개가 증명되는 것이다. 니런버그는 오초아(Severo Ochoa, 1905~1993)가 발견한 폴리뉴클레오티드 포스포릴라제polynucleotide phosphorylase라는 효소를 사용하여 우리딜산을 합성한 다음, 세포가 전혀 존재하지 않는 인공 단백질 합성 시스템에서 이를 재료로 페닐알라닌이 연결된 아미노산을 합성했다.

이 소식은 2년 전 노벨 생리의학상을 수상한 오초아를 실망시키기에 충분했다. 오초아는 자신의 명예를 걸고 유전암호 해독 작업에 전력투구하고 있었기 때문이다. 1959년 노벨 생리의학상을 수상한 오초아는 '폴리뉴클레오티드 포스포릴라제' 라는 RNA 합성효소를 발견했지만 노벨상 수상을 전후하여, 오초아의 업적에 잘못이 있다는 사실이 밝혀졌다. 폴리뉴클레오티드 포스포릴라제는 RNA 분해 기능이 합성 기능보다 훨씬 더 강하며, 오초아의 업적은 특수한 조건에서만 일어난다는 점이 발견된 것이다.

비록 한 개에 지나지 않지만 니런버그가 유전암호를 해독했다는 소식을 들은 오초아의 연구팀은 바빠졌다. 그 뒤 불과 한 달 만에, 오초아 연구팀은 6종류 이상의 아미노산 유전암호를 해독했다. 그해 9월 뉴욕에서 열린 세미나에 오초아와 니런버그가 나란히 참석했는데, 니런버그의 연구는 한 달 전보다 진행된 바가 없었지만, 이미 오초아는 골인점을 향해 달려가고 있었다. 뒤집기에 성공한 셈이다.

유전자 재조합 기술과 DNA 염기서열 알아내기

유전자 재조합이란, 유전자의 특정한 부분을 잘라서 다른 유전자의 부분과 이어붙이는 기술을 가리킨다. 유전자를 잘라서 원래 위치가 아닌 다른 곳에 이으면, 단백질을 합성할 수 있는 정보를 가진 유전자 부위가 달라진다. 이에 따라 생성되는 단백질도 변한다.

단백질이 기능하기 위해서는 그에 알맞은 삼차원적 구조를 유지해야 한다. 그런데 유전자의 특정 부위가 잘라지면, 단백질은 본래와 다른 기능을 한다. 유전자 조작식품(Genetically Modified Organism, GMO)도 이러한 원리를 통해 탄생한 것이다. 된장찌개를 끓이는 메주의 원료가 되는 콩은 유전자 조작으로 만들어지는 경우가 많다. 이렇게 이야기하면 유전자 조작이 우리와 매우 가까운 대상임을 알 수 있다. 하지만 뭐니뭐니 해도 유전자 조작이 가장 널리 알려진 것은 영화 〈쥬라기 공원〉(1993)을 통해서다. 여기서는 공룡들이 유전자 조작을 통해 현대에 부활한다. 이러한 유전자 조작법은 1973년부터 이미 가능한 상태였다.

유전자 조작에서는 유전자를 적당히 자르거나 붙여서 단백질을 합성할 수 있도록 만드는 기술이 가장 중요하다. DNA를 붙이는 데 사용되는 DNA 연결효소(DNA ligase)는 이미 1966년에 발견되어 실용화 단계다. DNA의 중간 부분을 자를 수 있는 효소는 1952년에 아버(Werner Arber, 1929~)가 이미 발견했다. 이것을 '제1형 제한효소'라 하는데, 자르는 부위와 인식하는 부위가 일치하지 않아 실용화되지는 못했다.

1970년에 스미스(Hamilton O. Smith, 1931~)는 자르는 부위와 인식하는 부위가 일치하는 '제2형 제한효소'를 발견해, 연구자가 임의로 DNA를 자르는 일이 가능해졌다. 또 네이선스(Daniel Nathans, 1928~1999)는 이 효소를 이용하여 SV40 바이러스 유전자(Simian vacuolating Virus 40, 폴리오마바이러스polyomavirus의 한 종류로 사람과 영장류에 감염된다. 유전자로부터 단백질이 생성되는 과정과 세포의 성장기전을 연구하는 데 널리 이용된다)가 어떤 절단 부위를 가지는지를 표시한 '유전자 지도'를 작성했다. 이 세 명은 1978년에 노벨 생리의학상을 공동으로 수상했다. 이를 통해 과학자들은 DNA를 임의로 자르거나 붙일 수 있었으며, 1973년에는 재조합 DNA를 최초로 만들 수 있었다.

DNA가 중요한 이유는 단 한 가지다. 단백질을 만들어낼 수 있는 유전정보를 가지기 때문이다. 염색체를 이루는 DNA는 아주 긴 이중나선 모양이며, 단백질을 만드는 데 이용되는 부위가 군데군데 들어있다. 특정 단백질을 합성할 수 있는 정보를 지닌 유전자를 적당히 잘라내어 다른 유전자나 DNA에 붙여버리면 이 세상에 존재하지 않는 새로운 종류의 단백질을 만들어낼 수 있다.

이 같은 DNA 재조합 기술을 이용해 새로 만들어낸 유전자를 대장균 DNA 등에 임의로 집어넣으면, 대장균의 DNA 복제 기전을 이용하여 대량으로 증폭할 수 있다. 유전자 조작은 실험실에서 하루 이틀 만에 간단히 할 수 있는 일이었으므로, 1970년대 중반 이미 전 세계의 수많은 연구기관이 그러한 능력이 있었다. 오늘날에는 분자생물학을 연구하는 실험실이면 어디서나 재조합 기술을 이용한 유전자 조작을 행한다.

이렇듯 생명과학 연구자라면 누구나 손쉽게 유전자를 조작하지만, 몸에 해로울 수 있는 유전자일 경우 그것이 실제로 안전할지에 대해서는 의문이다. '이론'과 '현실'은 엄연히 다르기 때문이다. 〈쥬라기 공원〉에서도 볼 수 있듯, 생명체란 인간이 예상하지 못한 능력을 언제든 발휘할 수 있다. 인간이 과연 생명의 근원인 유전자를 마음대로 조작해도 되는가 하는 의문이 제기된 이유도 여기에 있다.

1974년 7월 《사이언스》에 광고가 게재되었다. 재조합 DNA를 만드는 것이 생명과학 연구에 아무리 중요하다 해도 위험성이 정확히 파악될 때까지 연구를 자제하자는 내용이었다. 그리고 몇 달 뒤 그때까지의 연구결과를 바탕으로 유전자 조작 기술을 어느 정도까지 사용할 것인지를 토론하기 위한 모임이 꾸려졌다.

1975년 2월, 캘리포니아의 아실로마Asilomar 회의장에는 당대 최고의 분자생물학자 100여 명이 모여들었다. 여기서는 안전성이 확실히 검증되지 않은 상태에서 재조합 DNA를 만드는 실험은 제한해야 한다고 합의를 보았다. 그리하여 유전적으로 시험관 밖에서는 성장이 안 되는 세균에만 재조합 DNA를 클로닝하고, 그렇지 않은 세균에는 재조합 DNA를 사용하지 않기로 결정했다. 이 모임에서 합의한 연구지침서가 발표된 후 미국 국립보건연구소에서도 유전자 조작 기술을 함부로 사용하지 못하게 하는 지침서를 발표했다.

이 내용은 곧 입법으로 이어져 법적으로 유전자 조작을 제한하게 되었다. 그러나 생명과학이 계속 발전하면서 제한을 풀어야 한다는 의견이 과학자들에 의해 제기되었다. 연구결과가 쌓이면서 처음 예상보다 유전자 조작이 덜 위험하다는 결론에 이른 것이다. 그리하여 유전자 조작실험을 제한하는 지침서는 전보다 완화된 내용으로 개정되어 1979년 1월에 발표되었다. 이때부터 인체에 암을 일으킬 수 있는 바이러스 암유전자를 자르고 붙이는 일도 가능해졌고, 생명과학은 더 빨리 발전하게 되었다.

당뇨병 치료를 위해 사용하는 인슐린은 사람의 췌장에서 아주 극소량이 생성되는 호르몬의 일종이다. 1923년에 인슐린이 당뇨병 해결에 도움을 줄 수 있다는 내용이 알려졌지만, 사람에서 인슐린을 뽑을 수는 없었으므로 동물로부터 인슐린을 분리하여 당뇨병 치료에 이용했다. 그러나 유전자 조작 기술이 가능해짐에 따라 다른 방법을 사용하고 있다. 사람의 유전자를 '플라즈미드plasmid' 라는 세균의 염색체 밖에 위치하는 DNA에 집어넣어 재조합 DNA를 만든 후 대장균에 주입한 다음 대장균을 대량 증식시키는 방법이다. 이 같이 재조합 DNA를 만들어 클로닝하는 실험방법이 생명과학 연구에 기초가 됨으로써, 우리의 생명과학기술(Biotechnology, BT)은 의학은 물론 수의학, 식물학, 동물학 등 다양한 분야에 이용되고 있다.

유전자 증폭의 방법을 찾아라

중합효소 연쇄반응polymerase chain reaction은 1988년부터 보편화되기 시작했는데, 앞에서도 말한 〈쥬라기 공원〉을 통해 일반인들도 이 방법에 대해 잘 알게 되었다. 호박에서 분리한 DNA를 증폭해 공룡의 전체 유전자를 얻는 과정이 등장했던 것이다. 이때 DNA를 증폭하는 과정이 바로 중합효소 연쇄반응에 의한 방법이다. 이 방법을 고안해낸 주인공은 뮬리스(Kary Banks Mullis, 1944~)라는 과학자다. 그는 우연하게도 〈쥬라기 공원〉이 개봉한 1993년 노벨상을 수상했으며, 현재 이 방법은 생명과학은 물론이고 고고학·법의학 등 여러 분야에 널리 이용되고 있다. 만약 이 방법이 사라져버린다면 온 세상이 발칵 뒤집힐, 20세기 후반의 생명과학 기술 가운데 최고다.

사람의 유전체는 30억 개의 DNA로 이루어지고, 이 DNA는 23쌍의 염색체에 들어있다. 그런데 과학적 연구를 하기에는 30억이라는 숫자가 너무나도 크다. 예를 들어 우주인이 지구상의 누군가와 접선할 때, 지구에 한 명이 산다면 쉽겠지만 수십억 명이 살고 있는 상황에서는 특정인 한 명을 찾기 어렵다. 인간 유전체 프로젝트가 공식적으로 완료된 지금, 사람이 가진 유전자는 약 3만 개 정도로 알려져있다. 유전자 한 개가 적어도 한 개의 단백질을 합성할 수 있으므로 인체에서 기능하는 단백질은 적어도 3만 개다.

이중에는 인슐린처럼 기능이 잘 알려져있는 단백질도 있지만, 구조와 기능이 밝혀지지 않은 채 유전자 서열을 토대로 아미노산 서열만 알고 있는 단백질도 많다. 의학자와 생명과학자들은 특별한 기능을 하는 단백질을 하나 찾아내어 그 기능을 조절함으로써 신약 개발이나 질병 발생을 억제하는 일에 관심이 있다.

그런데 새로운 단백질을 찾아내기 위해서는 그 단백질을 합성할 수 있는 유전자 부위를 유전체에서 골라내야 한다. 모집단이 작으면 어렵지 않겠지만 30억 개나 되는 유전체에서 기껏해야 수천 개 크기밖에 되지 않는 유전자 부위를 골라내는 일은 쉽지 않다. 예를 들면 인체 조직 1그램에서 DNA를 분리하면 약 1밀리그램을 얻을 수 있고, 이 1밀리그램의 DNA 덩어리(유전체 DNA) 내에는 30억 개의 DNA가 존재하고 있다.

만일 연구하려는 유전자 크기가 3000개라면 분리한 1밀리그램의 DNA 속에는 원하는 DNA가 100만 분의 일밖에 들어있지 않은 셈이 된다. 연구자가 원하는 작은 크기의 DNA만을 얻으려면 분리하기도 힘들거니와 아무리 많이 DNA를 분리해봐야 여기에 포함된 표적으로 하는 DNA 양은 너무 적어서 연구에 이용하기가 어렵다. 따라서 전체 DNA 중에서 필요한 부분만 선택적으로 얻는 일이 아주 중요하며, 이 방법을 가능하게 해준 해결사가 바로 뮬리스다.

뮬리스가 중합효소 연쇄반응 방법을 고안해야겠다고 결심한 때는

1983년이었다. 큰 DNA 덩어리에서 원하는 부위만 골라내야 한다고 생각한 그는, 유전체에서 필요한 DNA를 분리하는 일은 너무 어려우니, 유전체에 포함되어있는 작은 DNA를 증폭시켜 그 수를 늘려야 한다고 여겼다. DNA를 합성하는 방법이 이미 밝혀졌기에 선택한 방법이었다. 그렇다면 어떻게 DNA를 증폭시킬 수 있을까?

인체가 성장하는 과정에서는 DNA 복제와 세포 분열이 수시로 일어난다. 세포가 분열할 때는 염색체 수가 두 배로 늘어나는데, 그 반응온도는 인체온도와 같은 섭씨 37도가 가장 적당하는 사실을 알았다. 이 과정에서 인체 내에 존재하는 DNA 중합효소가 작용하며, 반응 위치를 결정하는 시발체primer 한 쌍도 있어야 한다는 사실을 1950년대에 이미 연구해놓았다. 본격적인 세포 분열 전에 콘버그가 발견한 DNA 중합효소에 의해 DNA 복제가 일어나고, 세포 분열 시기에 DNA 덩어리인 염색체가 반으로 나뉜다.

뮬리스는 DNA 복제 기전이 밝혀진 이상, 시험관으로도 이러한 과정이 가능하다고 보았다. 다만 연구자들이 자신이 원하는 DNA 조각을 얻기 위해서는 다른 재료는 똑같이 사용하고, 시발체만 자신이 증폭시키고 싶은 DNA 염기서열 앞뒷부분에 결합시키면 DNA를 아주 많이 복제할 수 있다고 생각했다. 한 번 복제에 DNA는 두 배가 되므로 이 과정을 한 번씩 더할 때마다 DNA는 제곱수로 복제될 것이었다. 반응횟수만 늘리면 원하는 DNA를 대량으로 얻을 수 있다고 생각한 그는 1985년 이를 논문으로 발표했다.

그러나 아주 해결하기 힘든 문제가 있었다. 뮬리스가 고안한 방법으로 DNA를 복제하려면 반응 온도를 섭씨 90도 이상으로 올려야 했기 때문이다. 그런데 반응에 가장 중요한 기능을 하는 DNA 중합효소의 최적

작용 온도는 섭씨 37도이며, 이 효소는 다른 대부분의 단백질과 마찬가지로 섭씨 70도 이상이 되면 성질이 변화하여 DNA를 합성하는 고유기능을 잃는다. 그래서 복제 반응이 한 번씩 진행될 때마다 섭씨 90도 이상으로 온도를 높였다가 섭씨 37도로 온도를 내려 효소를 첨가해주어야 하는 불편이 있었다.

효소가 가장 잘 기능하는 섭씨 37도에서는 DNA 복제반응이 일어나기 전 가열했을 때 떨어진 DNA 두 가작이 서로 붙어버리는 현상이 일어나 복제가 힘들다는 점도 문제다. 따라서 뮬리스가 고안한 방법은 이론적으로는 아주 그럴 듯하지만 실제로는 사용이 거의 불가능한 방법이었으므로 사장되었다.

온천에서 발견한 문제 해결의 키

뮬리스가 고안한 방법은 이론적으로는 흠잡을 데 없었지만 실행하는 데는 여러 제한이 있어서 실용화가 어려웠다. 이를 해결한 사람은 일본인 사이키Randall K. Saiki다. 사이키는 미생물학을 전공한 학자로 온천에서 생존하는 세균을 연구하고 있었다. 미생물 감염을 예방하기 위해 물을 끓여먹는 것에서 알 수 있듯이, 끓인 물에서는 미생물이 사멸되는 것이 당연하다.

하지만 뜨거운 온천물에는 세균이 생존한다는 사실에 사이키는 관심을 가지고 있었다. 그는 높은 온도에도 기능을 발휘할 수 있는 DNA 중합효소가 있다면, 뮬리스가 고안한 중합효소 연쇄반응의 문제점을 해결할 수 있으리라 생각했다. 그렇다면 높은 온도에서도 작용 가능한 DNA 중합효소를 어디서 얻을 수 있을까?

인체의 DNA 중합효소는 체온과 같은 섭씨 37도에서 가장 잘 기능한다. 그렇다면 높은 온도에서 작용하는 DNA 중합효소는 당연히 높은 온도에서 생존하는 생명체에서 얻으면 될 일이다. 높은 온도에서 생존하는 생명체가 모두 사라지지 않는다면 그 생명체는 무슨 수를 쓰더라도 복제를 해야 종족보존을 할 수 있을 것이며, 복제 과정에서 유전형질을 물려주기 위해서는 반드시 DNA를 복제할 수 있는 효소를 가지고 있어야 하기 때문이다.

여기까지 생각이 미친 사이키는 자신이 연구하던 온천에 사는 생물들이 유전형질을 물려주기 위한 방법으로 어떤 효소를 가지고 있는지를 연구하기 시작했다. 온천에 사는 어떤 특정한 세균에서 분리한 단백질 중에서 DNA를 합성할 수 있는 기능을 가진 것을 분리하고자 노력한 결과, 높은 온도에서도 변성되지 않고 DNA 합성 기능을 발휘할 수 있는 DNA 중합효소를 찾아내는 데 성공했다. 그는 이 세균이 온천물에서 살고 있다는 뜻으로 '터무스 아쿠아티쿠스Thermus aquaticus'라 명명했고, 이 세균의 종명 한 자와 속명 한 자를 따서 자신이 찾아낸 효소의 이름을 'Taq DNA polymerase'라 했다.

이 효소를 이용하여 뮬리스가 고안한 방법대로 중합효소 연쇄반응을 실시한 결과, 끓는 물에서 DNA를 변성시킨 후에도 효소를 더 첨가할 필요가 없었다. 그리고 최적 작용온도가 섭씨 72도라서, 원치 않는 DNA의 재생(DNA가 변성되기 전에 이중나선 구조를 이루고 있던 상태로 돌아가려는 성질)을 방지할 수 있었으므로, 원하고자 하는 DNA를 아주 쉽게 대량으로 얻을 수 있었다.

사이키와 뮬리스는 1988년 《사이언스》에 이 방법으로 원하는 크기의 DNA만 대량으로 증폭할 수 있다는 사실을 발표했다. 이 연구 결과는 곧

전 세계에 알려졌으며, 사이키가 분리한 Taq DNA polymerase는 특허 취득 후 판매를 시작하자마자 날개 돋친 듯이 팔려나갔다. 분자생물학 실험실은 물론, 다양한 연구실에서 이 방법을 이용했고, 그 결과 뮬리스는 1993년도 노벨 화학상을 수상했다.

사이키와 뮬리스의 연구업적이 높은 평가를 받는 이유는 파급효과가 아주 크기 때문이다. 피 한 방울, 머리카락 하나로 누구의 것인지를 알 수 있는 것은, 여기에 포함된 DNA의 수를 중합효소 연쇄반응으로 얼마든지 늘릴 수 있기 때문이다. 중합효소 연쇄반응법은 생명과학에서 DNA나 RNA의 양이 아무리 적어도 이용 가능함을 보여주었으므로, 지금은 법의학적 신원 확인, 친생자 감별, 인류의 조상 추적 등 그 활용 범위를 점점 넓혀가고 있다.

사랑이 과학적 발견을 낳는다

중합효소 연쇄반응을 고안한 뮬리스는 괴짜로 유명한 과학자다. 1979년부터 시투스Cetus Corporation 회사에 연구원으로 입사한 그는 1983년부터 중합효소 연쇄반응에 대한 이론을 연구해서 2년 후 완성했다. 그런데 회사가 이 방법에 대한 특허를 다른 회사에 3억 달러를 받고 팔면서, 뮬리스에게 1만 달러의 포상금만을 지급하자 화가 나 사표를 내버렸다. 그 후 여러 회사를 거쳤고 1988년에는 독립하여 핵산 화학에 관한 상담역을 하는 프리랜서 일을 시작했으며 한때 스타진StarGene이라는 회사를 창립하기도 했다.

그는 마음에 드는 여자의 관심을 끌기 위해 연구한다고 이야기하곤 했다. 세 번의 결혼 실패 후, 현재 네 번째 아내와 살고 있는 그는 연애를 좋아한다는 뜻에서 '닥터 러브'라고도 불렸다. 그가 중합효소 연쇄반응이라는 불세출의 업적을 남기는 데는 세 번째 아내인 바넷이 자극제가 되었다. 바넷은 시투스 연구원 시절의 동료였는데, 뮬리스가 중합효소 연쇄반응법을 고안하려 한 이유가 그녀의 관심을 끌기 위해서였다고 한다.

이렇듯 뮬리스의 가슴에 큐피드의 화살을 꽂은 바넷은 학식과 미모를 겸비한 여성이었다. 중합효소 연쇄반응에 대한 실마리가 풀린 것도 책상이나 실험실이 아니라 샌프란시스코에서 멘도치노Mendocino로 가는 128번 고속도로 위였다. 옆자리에는 바넷이 앉아있었다고 한다. 뮬리스는 "그날 나는 고속도로 위를 시속 80킬로미터 속도로 달렸다. 나는 운전 중에 좋은 아이디어가 떠오르곤 편이었다."라고 회상하며, "좋은 연구가 반드시 고통스러운 노력의 결과로 나타나지는 않는다"고 덧붙였다.

그러나 바넷도 오래지 않아 그의 곁을 떠났고, 뮬리스는 현재 캘리포니아에서 네 번째 아내와 살고 있다. 윈드서핑을 즐기다가 의뢰를 받으면 세계를 돌아다니며 우주론, 신비주의, 컴퓨터 바이러스, 인공 지능 등에 대한 강의와 자문을 하는 것이 직업이다.

그가 괴짜라는 별명을 가지게 된 것은 여자를 좋아하고, 찢어진 바지를 즐겨입기 때문만은 아니다. 50세도 되기 전에 노벨상을 수상했기에 은퇴하기에는 먼 나이인데도 그는 다른 노벨상 수상자와는 달리 연구와 논문 쓰기를 그만 두었다. 이렇듯 새로운 연구업적이 전혀 나오지 않고 있는 점도 그를 괴짜라고 부르게 한다. 이러한데도 그의 능력을 높이 샀기 때문인지 열 개가 넘는 회사의 자문역을 맡아서 바쁜 생활을 하고 있다. 허나 1990년대 이후 연구결과가 한 편도 없는 노벨상 수상자다.

연구하지 않는 뮬리스이지만 HIV가 에이즈의 원인이 아니라는 주장을 줄곧 제기함으로써 가끔씩 매스컴에 이름이 오르내리고 있다. 그는 이 바이러스가 에이즈를 발생시키는 한 가지 인자에 불과할 뿐 주된 원인은 아니라고 한다. 그 이유는 자신이 발견한 중합효소 연쇄반응법으로 에이즈 환자의 몸속에 들어있는 바이러스의 양을 측정해보면, 환자의 상태와 바이러스양이 비례하지 않는다는 것이다.

자본과 과학기술의 만남, 인간 유전체 프로젝트

인간 유전체 프로젝트의 시작

인간의 세포에는 23쌍의 염색체가 들어있고, 이 속의 DNA를 한 줄로 늘어세우면 모두 약 30억 개다. 이것이 사람의 유전체다. 21세기가 시작되자마자 언론에 가장 많이 오르내린 주제라 할 수 있는 인간 유전체 프로젝트는 사람이 지닌 약 30억 개의 염기 서열을 1번부터 30억 번까지 알아내겠다는 거창한 계획이었다. 이 계획은 초기에 무모하게 여겨지기도 했지만 정치와 언론이 끼어들면서 한 편의 드라마처럼 아주 흥미진진한 일들이 벌어졌다.

콜린즈Francis S. Collins와 벤터J. Craig Venter를 내세운 미국 국립보건연구소와 셀레라 지노믹스Celera Genomics가 판을 벌여놓자, 이 사업에 그다지 어울리지 않게 보이는 클린턴 전 미국 대통령과 블레어 전 영국 총리가 등장했다. 이렇게 해서 인류에게 도움이 될 위대한 사업이라기보다는, 지켜보기만 해도 뭔가 재미있는 일이 벌어질 것 같은 화젯거리가 되었고, 반전에 반전을 거듭하는 영화처럼 누가 승리자가 될 것인지에 관심을 가지지 않을 수 없었다.

인간 유전체 염기서열을 완전히 해독해야겠다는 계획을 처음 제시한 사람은 신세이머였다. 그는 1985년에 인간 유전체 전체를 해독하자는 제안을 했으나 반대 의견이 많았고, 찬성자들의 의도도 다양하여 계획

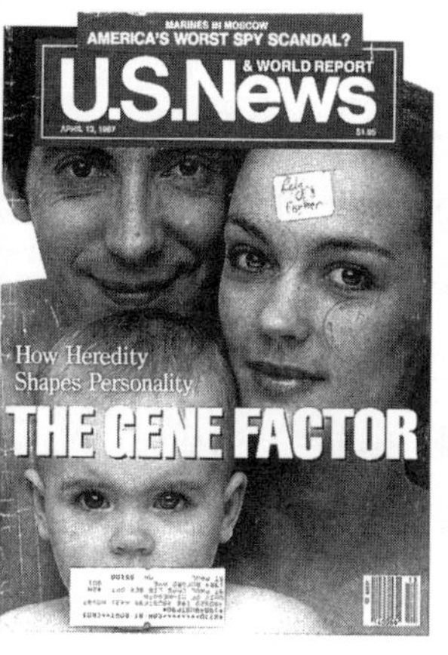

'유전자 연구' 특집을 대대적으로 보도한 잡지들. 유전자의 발견은 과학에만 머물지 않았다. 자본과 결탁하면서 무궁무진한 상업적 가치가 있는 획기적인 사업으로 각광받았다.

에 대한 합의를 볼 수 없었다. 가장 큰 문제는 효용성과 실현 가능성에 대한 과학계의 회의적인 태도였다. 염기서열 하나 해독하는 데 대략 1달러가 필요하다고 할 때 30억 달러라는 총사업비와 상상하기조차 어려운 노동력이 요구되는 작업에 선뜻 동의하지 못한 것은 지극히 당연한 일이였다.

그런데 과학계의 새로운 스타 뮬리스가 중합효소 연쇄반응법을 고안하면서 비현실적이던 인간 유전체 프로젝트가 실현가능한 일이 되었다. 살아있는 전설 왓슨의 등장도 이런 불가능한 사업이 가능할 수 있으리라는 기대를 갖게 했다. '왓슨이 나선다면….' 이라는 희망적인 의견이 나오기 시작한 것이다.

왓슨의 등장과 적극적인 개입은 많은 생물학자들의 호응을 받으며 언론 매체와 정부의 동의를 얻을 수 있었다. 때마침 미국 경제가 호전되면서 생명공학 관련 벤처기업에 투자 열풍이 불기 시작했으며, 이로 인해 많은 과학자들이 창의적이면서도 부가가치가 큰 사업에 뛰어들게 되어 초기의 발걸음이 빨라지기 시작했다. 그리하여 1988년에 첫 삽을 뜬 인간 유전체 프로젝트는 2005년 완성을 목표로 1990년부터 전 세계 10여 개국에서 약 350개 연구실이 참여한다는 계획으로 진행되었다.

왓슨이 미국 국립보건연구소에서 인간 유전체 프로젝트를 지휘하고 있을 때 인접한 다른 부서에 벤터가 근무하고 있었다. 벤터는 1991년에 자신의 연구팀이 발견한 유전자들에 대한 특허를 출원하려 했으나, 왓슨은 반대했다. 염기서열만 알 뿐 기능이 제대로 확인되지 않은 유전자를 특허 출원하면 과학계의 자유로운 정보 교환이 불가능해질 것이기 때문이다. 그는 학문 발전에 커다란 장애가 발생할 것을 우려하여 벤터의 계획에 일침을 놓았다. 벤터를 지지하던 연구소장과 개인적 갈등이 더해지면서 왓슨은 인간 유전체 프로젝트에서 손을 떼어야 했고, 후에 콜린즈가 이 사업을 이어받았다.

왓슨의 사퇴 이후 벤터도 인간 유전체 프로젝트를 수행하는 주류 과학자들과의 관계가 소원해지면서 국립보건연구소를 떠나야 했다. 벤터는 자신의 방식대로 인간 유전체 프로젝트 연구를 계속 수행하기 위해 사설 연구소를 차렸고, 퍼킨엘머PerkinElmer 사의 지원을 받아 1998년 셀레라 지노믹스라는 회사를 차리고 연구를 계속했다. 많은 과학자들은 벤터가 계획한 샷건shotgun 방식의 유전체 분석 방법이 과학적이라기보다는 요행이 따라야 하는 무모한 일로 생각했다. 그러나 벤터는 인간 유전체 프로젝트 사업단이 시간과 비용이 지나치게 소모되는 방법을 사용한다 생각하고, 독자적으로 연구를 진행하고자 했다.

이론적으로는 유전체를 한쪽 끝에서부터 한 염기씩 순서대로 읽어나가는 것이 가장 합리적이었다. 하지만 분리 과정에서 DNA가 수만 개의 조각으로 부서지므로 그렇게 할 수는 없고, 부서진 조각을 순서대로 나열한 후 차례대로 해독하는 것이 다국적팀의 방법이었다. 그러나 벤터는 여러 개체로부터 얻은 수많은 조각난 유전체의 염기서열을 일단 읽은 다음, 공통되는 염기서열의 앞뒤를 이어붙이는 방법으로 연구를 진행하고자 했다. 벤터가 자신의 방법에 확신을 가진 이유는 DNA 염기서열 자동분석기와 슈퍼컴퓨터의 기능을 믿고 있었기 때문이다.

1990년대 후반에 들어서자 미국 국립보건연구소를 중심으로 한 다국적팀과 벤터가 이끄는 일개 민간 기업인 셀레라 지노믹스의 한 판 승부에서 최후의 승자는 누가 될 것인지가 초미의 관심사로 대두되었다. 애초부터 승부가 될 수 없다는 전망을 뒤엎고 2000년이 가까워질 무렵 셀레라가 승자가 될 것이라는 예상이 대세를 이루었다.

1990년 시작된 인간 유전체 프로젝트가 전체 예산 30억 달러 중 60퍼센트 이상을 소비한 1997년 말까지 전체 유전체 중 3퍼센트(다른 통계로는 약 20퍼센트)밖에 해독하지 못하는 부진을 보이고 있었기 때문이다. 이에 반해 독자적으로 연구를 시작한 벤터는 이미 1995년 인플루엔자 바이러스 유전체를 해독했으며, 1998년에 셀레라 지노믹스를 설립하면서 계속해서 굵직한 뉴스거리를 터뜨리며 활발한 행보를 계속하고 있었다.

그러나 컴퓨터 기술의 발달과, 자동화된 DNA 염기서열 결정법의 발전은 다국적팀의 연구에도 가속을 붙여주어 1998년부터 눈에 띄는 성과가 나타나기 시작했다. 셀레라 지노믹스에서 완성 시기를 앞당긴다는 이야기를 할 때마다 다국적팀의 예상 완성시기도 빨라지기 시작했다.

인간 유전체 프로젝트가 처음 제안되었을 때 일부 보수적인 과학자들은 이 프로젝트가 수백 년이 지나야 완료되리라 예측했으나, 기술적인 진보에 힘입어 당초 2005년을 목표로 했던 계획이 점점 앞당겨졌다. 마침내 1999년 셀레라 지노믹스는 2000년 상반기 중에 자체적으로 인간 유전체 프로젝트를 완료할 것이라는 발표했고, 미국 정부도 2000년 초에 90퍼센트가 완성된 인간 유전체 초안을 발표할 것이라고 공표했다.

완성도와 결과의 신빙성에 대한 의문점이 제기되기도 했지만 결과적으로 다국적팀이 2001년 2월 15일자 《네이처》에, 벤터의 연구팀은 2월 16일자 《사이언스》에 연구결과를 발표함으로써 승부를 가리지 못했다. 공식 발표는 100퍼센트가 아닌 99퍼센트 완성했다는 것이었고, 그 후 얼마의 세월이 흐른 후 100퍼센트 완료되었는 발표가 있었다. 그런데 개체마다 유전체가 다르니 100퍼센트가 도대체 무얼 뜻하는 것인지는 얼마든지 비판할 수 있다.

인간 유전체 프로젝트가 시작되기 전에는 사람이 약 10만 개의 유전자를 가지고 있을 것으로 예상했지만, 실제로는 약 3만 개 정도에 불과했다. 사람과 침팬지의 유전체는 98.7퍼센트가 동일하고, 1.3퍼센트만 다르다는 점도 새로 알게 된 사실이다. 유전체를 놓고 보면 사람과 침팬지가 친척 사이인 셈이다. 유전학적으로는 불과 1.3퍼센트의 차이가 이 세상을 지배하고 있는 인간과 밀림 한쪽 구석에서 멸종위기를 맞고 있는 침팬지의 특성을 좌우하고 있는 것이다.

인간 유전체 프로젝트와 미래 사회

인간 유전체 프로젝트의 완성 전후를 비교할 때 단지 BT 산업에 종사하는 업체의 주식값이 오르내렸을 뿐 가시적인 변화는 아무 것도 일어나지 않았다. 인간 유전체 프로젝트의 책임을 맡은 콜린즈는 완성 이전부터 언론 매체와의 인터뷰나 강연 요청에 응하면서 생명공학의 중요성과 앞으로의 발전 방향에 대한 이야기하곤 했다. 생명과학의 발달은 인류에게 장밋빛 미래를 보여주고 있기는 하지만, 윤리적이고 철학적인 고찰을 수반한다. 생명과학은 바로 생명 그 자체를 다루는 과학과 기술이기 때문이다.

생명과학자들의 기본적인 인식은 인간을 비롯한 모든 생명체는 자연 또는 신이 만든 매우 복잡한 기계라는 것이다. 공학자들이 새로운 기계를 발명하거나 고장 난 기계를 고치듯이 생명과학자들은 인간을 포함하여 우리 주변의 가축, 농작물 등에서 결함을 제거하고 장점을 강화하고자 한다. 물론 그 궁극적인 목적은 사람들의 삶을 보다 풍요롭고 건강하게 만드는 것이다.

기아에 굶주리고 있는 많은 사람들을 위해 좀 더 많은 양의 곡식을, 좀 더 저렴한 비용으로 생산할 수는 없을까? 농작물을 병충해에 강하도록 만들어 농부와 소비자에게 혜택을 줄 방법은 없을까? 왜 우리는 병들고 늙고 허약해져야 하는가? 건강하고 오래 살 수 있는 방법은 무엇일까? 생명공학자들은 이에 대한 해결책을 추구한다. 그러나 이상주의적인 생명공학자들의 열정과 탐구욕이 마침내 현실로 나타날 무렵에는 부작용이 염려되는 것도 사실이다.

인류는 항상 현실에 머물러있기를 거부해왔다. 인류는 페스트, 두창, 소아마비와 같은 질병에 가족과 이웃이 희생되는 것을 받아들일 수 없었고, 이제 암과 치매 그리고 노화 자체에 대해서도 참을 수 없게 되었다. 인류에게 주어진 냉혹한 현실을 극복하기 위한 노력은 문명 발전의 원동력이 되었다. 그중 과학기술은 인간이 자연과 현실을 개선하고 극복하기 위해 개발한 노력 중에서 가장 강력하고 효과적인 수단이었다.

이러한 과정에서 부작용이나 가치관의 혼란이 초래될 수는 있지만,

대다수 사람들은 그러한 도전을 기꺼이 감수하며 앞으로 나아가기를 원하고 있다. 인간 유전체 프로젝트로 상징되는 생명공학의 전개는 인류의 이러한 노력 가운데 가장 대담하고 야심찬 시도다. 자본주의가 득세하는 이 시대의 생명과학은 돈 되는 사업이라는 점에서도 당분간 인간 사회의 중심에 서있을 것이다.

인간 유전체 프로젝트가 완성된 뒤, 과거에는 유전이라고 생각하기 어려웠던 치매, 알코올 중독, 집중력 부족, 비만 등이 유전자와 밀접한 관련이 있다는 사실을 알게 되었다. 그뿐 아니라 여러 유전자가 톱니바퀴 돌아가듯 서로 연결되어 한 가지 질병을 일으키므로, 유전자 만능론에 빠져서는 안 된다는 사실도 알려졌다. 인간 유전체 프로젝트 이후에도 생명의 비밀을 풀기 위한 과제는 여전히 남아있다. 결국 그 하나하나를 풀어가는 것이야말로, 우리 인간의 삶의 질을 향상시키는 지름길인 셈이다.

참고문헌

국내

강구정, 《수술, 마지막 선택》, 공존, 2007
기창덕, 《의학, 치과의학의 선구자들》, 아카데미아, 1995
김종성, 《춤추는 뇌》, 사이언스북스, 2005
김진수, 〈베일 벗는 인간 게놈 프로젝트〉, 《신동아》, 2000년 4월호
김현원, 〈인공혈액〉, 《생화학뉴스》, 1998
김호, 《허준의 동의보감 연구》, 일지사, 2000
뉴턴 편집부, 강금희 역, 《성을 결정하는 X와 Y》, 뉴턴코리아, 2007
대한 미생물학회 편, 《의학미생물학》, 현문사, 2004
대한 아토피 피부염학회, 《아토피 피부염의 모든 것》, 월간조선사, 2006
레일린 K. 제임스, 양정성 역, 《노벨화학수상자》, 경남대학교 출판부, 1998
박광균 외, 《치과생화학》, 군자출판사, 2007
서민, 《헬리코박터를 위한 변명》, 다밋, 2005
손종구 · 이상필 · 강현무, 《인공혈액》, 한국 과학기술정보연구원, 2002
손태중 · 권혁련 편, 《노벨상 : 의학 · 생리학》, 나눔문화, 1996
스티븐 올슨, 이영돈 역, 《우리 조상은 아프리카인이다》, 몸과마음, 2004
스티븐 존스, 김희백 · 김재희 역, 《유전자 언어》, 김영사, 2001
신응철, 《관상의 문화학》, 책세상, 2006
아커크네히트, 허주 편역, 《세계의학의 역사》, 민영사, 1993
안성구 외, 《피부미학》, 고려의학, 2002
앨버트 S. 라이언즈 · R. 조지프 페트루첼리, 황상익 · 권복규 역, 《세계의학의 역사》, 한울, 1994
에드워드 골럽, 예병일 외 역, 《의학의 과학적 한계》, 몸과마음, 2001
예병일, 《의학사의 숨은 이야기》, 한울, 1999
예병일, 《현대의학, 그 위대한 도전의 역사》, 사이언스북스, 2004
윌리엄 H. 맥닐, 허정 역, 《전염병과 인류의 역사》, 한울, 1998
윌리엄 브로드 · N. 웨이드, 박익수 역, 《배신의 과학자들》, 겸지사, 1989
이남희, 《관상과 수상》, 다밋, 2006
이시하마 아츠미, 손영수 역, 《섹스 사이언스》, 전파과학사, 1987
제임스 D. 왓슨, 하두봉 역, 《이중나선》, 전파과학사, 2000
조용진, 《미인》, 해냄, 2007
조용진, 《얼굴, 한국인의 낯》, 사계절, 1999
존 H. 릴리스포드, 이경식 역, 《유전자 인류학》, 휴먼앤북스, 2003
쿤트 헤거, 김정미 역, 《삽화로 보는 수술의 역사》, 이룸, 2005
히포크라테스, 반덕진 역, 《히포크라테스 선서》, 사이언스북스, 2006
히포크라테스, 윤임중 역, 《의학이야기》, 서해문집, 1998

해외

Larry R. Squire(Ed), 《The History of Neuroscience in Autobiography》 Vol. 1&2, Society for Neuroscience, 1996
Rudolf Probst, Gerhard Grevers, and Heinrich Iro, 《Basic Otorhinolaryngology》, George Thieme Verlag, 2005
Alfred Henry Sturtevant, 《A History Of Genetics》, Cold Spring Harbor Laboratory Press, 2001
Alan J. Wein et al., 《Campbell-Walsh Urology》 9th Ed., Vol 4. Saunders Elsevier, 2007
Garlnad E. Allen, 《Thomas Hunt Morgan: The man and his science》, Princeton University Press, 1978
Burton Feldman, 《The Nobel Prize》, Arcade Publishing, 2001
Charles H. M. Thorne et al., 《Grabb and Smith's Plastic Surgery》 6th Ed., Lippincott Williams & Wilkins, 2006
Charles H. Olin, 《Phrenology》, Kessinger Publishing, LLC, 2004
George Sarton, 《Ancient Science through the Golden Age of Greece》, Dover Publications, 1980
Hal Hellman, 《Great Feuds in Medicine》, John Wiley & Sons, 2001
Han T. Siem,《Men, Microbes and Medical Microbiologists》, Erasmus Publishing, 2003
Irvin Modlin, 《Evolution of Therapy in Gastroenterology》, Axcan Pharma Inc, 2002
John Daintith, Derek Gjertsen(Ed), 《A Dictionary of Scientists》, Oxford University Press, 1999
John Harold Talbott, 《A Biographical History of Medicine》, Grune & Stratton, 1970
Jonathan S. Berek, 《Berek & Novak's Gynecology》 14th Ed., Lippincott Williams & Wilkins, 2006
Kevin Davies, 《Cracking the Genome》, Johns Hopkins University Press, 2002
Laurence Brunton, John Lazo, Keith Parker, 《Goodman & Gilman's The Pharmacological Basis of Therapeutics》 11th Ed., McGraw-Hill Professional, 2005
Qiyong P. Liu et al., 〈Bacterial glycosidases for the production of universal red blood cells〉, Nature Biotechnology. 25(4): 454~464, 2007
Logan Clendening, 《Source Book of Medical History》, Dover Publications, 1993
Oxford University(Ed), 《Dictionary of Scientists》, Oxford University Press. 1999
Stanley Finger, 《Minds Behind The Brain》, Oxford University Press, 2004
T. V. N. Persaud,《A History of Anatomy: The Post-Vesalian Era》, Charles C. Thomas Publisher Ltd, 1997
University of Chicago editing department, 《Hippocrates, Galen》, Encyclopedia Britannica, 1978
The History Channel(USA), 〈The XY Factor〉, (DVD), 2006

인터넷 사이트

노벨재단 nobelprize.org
미국 질병통제센터 cdc.gov
미국 적십자사 redcross.org
수혈 의학회 bloodtransfusion.org
영국 왕립협회 royalsoc.ac.kr
위키피디아 백과사전 wikipedia.org
이원택 교수 홈페이지 anatomy.yonsei.ac.kr

찾아보기

내 몸을 찾아 떠나는

의학사 여행

2500년 몸의 신비를 탐사하다

1판 1쇄 펴냄 2007년 11월 26일
2판 1쇄 찍음 2009년 8월 25일
2판 1쇄 펴냄 2009년 9월 5일

지은이 예병일

펴낸이 송영만
펴낸곳 효형출판
주소 우413-756 경기도 파주시 교하읍 문발리 파주출판도시 532-2
전화 031 955 7600
팩스 031 955 7610
웹사이트 www.hyohyung.co.kr
이메일 info@hyohyung.co.kr
등록 1994년 9월 16일 제406-2003-031호

ISBN 978-89-5872-081-2 03400

값 13,000원